煤矿特种作业安全培训教材

煤矿安全检查作业

主　编　肖　明

中国矿业大学出版社
·徐州·

图书在版编目(CIP)数据

煤矿安全检查作业/肖明主编. —徐州：中国矿业大学出版社，2024.4

煤矿特种作业安全培训教材

ISBN 978-7-5646-6229-5

Ⅰ. ①煤… Ⅱ. ①肖… Ⅲ. ①煤矿—矿山安全—安全检查—安全培训—教材 Ⅳ. ①TD7

中国国家版本馆 CIP 数据核字(2024)第 078654 号

书　　名　煤矿安全检查作业
主　　编　肖　明
责任编辑　齐　畅
出版发行　中国矿业大学出版社有限责任公司
（江苏省徐州市解放南路　邮编 221008）
营销热线　(0516)83885370　83884103
出版服务　(0516)83995789　83884920
网　　址　http://www.cumtp.com　**E-mail**：cumtpvip@cumtp.com
印　　刷　徐州中矿大印发科技有限公司
开　　本　850 mm×1168 mm　1/32　**印张** 10.125　**字数** 272 千字
版次印次　2024 年 4 月第 1 版　2024 年 4 月第 1 次印刷
定　　价　36.00 元

《煤矿特种作业安全培训教材》编写委员会

前　言

本书是新时期煤矿特种作业安全培训系列教材编纂工作的前期成果。

党的十八大、特别是党的二十大以来，面对煤矿安全生产工作出现的新情况、新问题，为推进煤矿安全工作高质量发展，贯彻落实习近平总书记关于安全生产重要论述及党中央国务院关于煤矿安全生产系列指导性文件，在更高水平上服务于新时期煤矿安全生产工作，我们联系有关院校、企业和科技支撑单位的人员筹划编写了本系列教材。

本系列教材编写采取模块化结构，主要由具有共性的煤矿安全生产常识和各特种作业类别专业知识两部分组成，以便相关单位有针对性地组织教学，从而有效提高煤矿特种作业从业人员的专业化水平。在内容上，本系列教材力求条理明确、逻辑清晰，教学、自学皆宜。

本系列教材在编写调研期间，得到了陕西省煤矿安全生产主管部门、各煤矿企业和煤矿安全培训机构的大力指导、帮助和支持，在此我们表示衷心的感谢。

由于作者水平有限，难免有不妥之处，敬请读者批评指正。

作　者

目　　录

第一章 安全生产法律法规及煤矿安全管理

第一节 煤矿安全生产方针

一、安全生产方针的内容

安全生产，是指在社会生产活动中，通过人、机、物、环境的和谐运作，使生产过程中潜在的各种事故风险和伤害因素始终处于有效控制状态，切实保护劳动者的生命安全和身体健康。安全生产方针是国家对安全生产工作总的要求，是安全生产工作的指导思想和行为准则。我国长期坚持“安全第一、预防为主、综合治理”的安全生产方针。这个方针是我国党和政府根据工作的实际情况，逐步总结出来的。多年来的实践证明，我国的安全生产方针是完全正确的。根据这一方针，国家制定了一系列安全生产的政策、法令、法规和规程，安全生产工作取得了巨大的成就。

“安全第一”是指强调安全，强调人的生命与健康高于一切，安全优先，以人为本，把安全放在一切工作的首位。煤矿企业要树立红线意识，落实“不安全不生产，隐患不排除不生产，安全措施不落实不生产”的原则，井下从业人员要珍惜自身生命健康，保持随时、随地安全生产的习惯，杜绝侥幸心理，实现自主保安、相互保安。

“预防为主”是指实现安全生产的主要工作在于预防，把安全生产工作的关口前移，超前防范，通过预防工作及时把各类事故消灭在萌芽之中。一切隐患都是可以消除的，一切事故都是可以预防的。煤矿企业要建立隐患排查、事故预防机制，采取有效的事前控制措施，保证安全生产。井下作业人员要自觉执行作业规程和操作规程，严格遵守劳动纪律，搞好安全生产。

“综合治理”是指综合运用各种手段，包括加强安全生产管理，保证安全生产投入，加强安全生产教育培训，做好业务保安、科技兴安工作，充分发挥各方面的安全监督作用，从而保证安全生产。“综合治理”要求做到全方位、全过程、全员管理；重视科学技术对煤矿安全的重要支撑作用，提高煤矿生产机械化、自动化、信息化、智能化水平。“综合治理”是安全生产工作的重心所在，是保证安全管理目标实现的重要途径。

“安全第一、预防为主、综合治理”的安全生产方针是一个有机统一的整体。安全第一是目的，是预防为主、综合治理的统帅和灵魂，没有安全第一的思想，预防为主就失去了思想支撑，综合治理就失去了整治依据。预防为主是实现安全第一的根本途径。只有把安全生产的重点放在建立事故隐患预防体系上，超前防范，才能有效减少事故发生，实现安全第一。综合治理是落实安全第一、预防为主的手段和方法。只有不断健全和完善综合治理工作机制，才能有效贯彻安全生产方针，真正把安全第一、预防为主落到实处，实现安全生产。

2023年，《中共中央办公厅 国务院办公厅关于进一步加强矿山安全生产工作的意见》印发。该意见是经党中央、国务院同意印发的矿山安全生产领域纲领性文件，充分体现了以习近平同志为核心的党中央对矿山安全生产工作的高度重视。该意见指出，矿山安全生产事关人民群众生命财产安全，事关经济发展和社会稳定大局，是安全生产的重中之重。为深入贯彻党的二十大精神，进一步加强矿山安全生产工作，该意见提出严格矿山安全生产准入、推进矿山转型升级、防范化解重大安全风险、强化企业主体责任、落实地方党政领导责任和部门监管监察责任、推进矿山安全依法治理、强化组织实施等七个方面共二十四条意见。

二、安全生产方针对于井下一般从业人员的要求

(1) 牢固树立“安全第一”的思想,不安全不生产。

(2) 遵守班组安全管理制度,学法、知法、守法,树立依法进行煤矿安全生产作业的意识。

(3) 遵纪守规,杜绝“三违”(违章指挥、违章作业、违反劳动纪律)现象。

(4) 遵守本工种质量标准化标准,按照安全操作规程作业,做到操作标准化。

(5) 参加安全生产培训,掌握煤矿安全知识和实际操作技能。

(6) 做好劳动保护,避免职业伤害。

(7) 工作中随时检查自己所处的作业环境,做到自主保安和相互保安。

(8) 树立安全意识,实现由“要我安全”向“我要安全”和“我能安全”的转变。

第二节　法律基础知识及煤矿常见违法行为

法律是由国家制定或认可的、由国家强制力保障实施的、反映统治阶级意志的行为规范的总和。

一、法律基础知识

(一) 违法

1. 违法的概念

违法是指不履行法定义务或做出法律禁止的行为;也就是行为人违反法律规定,从而给社会造成危害,有过错的行为。

2. 违法构成

(1) 必须是一种行为。

(2) 必须是侵犯了客体。

(3) 违法的主体必须是有责任能力的人或法人。

(4) 必须是行为者主观上出于故意或过失。

3. 违法分类

(1) 刑事违法:构成犯罪。

(2) 民事违法:违犯《中华人民共和国民法典》(简称《民法典》)等。

(3) 行政违法:违犯行政管理法规。

(4) 违犯《中华人民共和国宪法》(简称《宪法》)。

4. 法律责任

法律责任是指违法者对其违法行为所造成的对社会和受害者的危害应承担的法律后果。

5. 法律制裁

法律制裁是指特定的国家机关对责任主体依其所负的法律责任而实施的惩罚性或保护性强制措施。

(1) 刑事制裁。

刑事制裁是指触犯了刑事法律,国家对刑事违法者给予的法律制裁。这是法律制裁中最为严厉的一种,包括主刑和附加刑。主刑分为管制、拘役、有期徒刑、无期徒刑、死刑;附加刑有罚金、剥夺政治权利、没收财产等。主刑、附加刑可单独使用,也可一并使用。

(2) 民事制裁。

民事制裁是指国家对民事违法者,根据其应承担的法律责任给予的强制性制裁。民事制裁主要有停止侵害、返还财产、赔偿损失、消除影响和恢复名誉、赔礼道歉等。

(3) 行政制裁。

行政制裁是指国家机关或企事业单位对违反法律、法规并应追究其行政责任的违法者给予的制裁。行政制裁包括行政处罚和行政处分两种。

① 行政处罚。它是由国家特定的行政机关对行政违法但又构不成犯罪的单位和个人给予的一种制裁,其形式有警告、罚款、

没收非法财产、责令改正、责令停产整顿、责令停产、吊销执照或许可证等。

② 行政处分。它是指国家机关和企事业单位对其工作人员和职工的违法、违纪和违章所进行的处分，其形式有警告、记过、记大过、降级、降职、撤职、留用察看和开除等。

（二）犯罪

1. 犯罪的概念

犯罪是指危害社会、触犯刑律应该受到刑事处罚的行为，也是严重的违法行为。

《中华人民共和国刑法》（简称《刑法》）第十三条规定，一切危害国家主权、领土完整和安全，分裂国家、颠覆人民民主专政的政权和推翻社会主义制度，破坏社会秩序和经济秩序，侵犯国有财产或者劳动群众集体所有的财产，侵犯公民私人所有的财产，侵犯公民的人身权利、民主权利和其他权利，以及其他危害社会的行为，依照法律应当受刑罚处罚的，都是犯罪，但是情节显著轻微危害不大的，不认为是犯罪。

2. 犯罪的分类

根据犯罪的主观心态，犯罪可分为两种：故意犯罪和过失犯罪。

（1）故意犯罪。

《刑法》第十四条规定，明知自己的行为会发生危害社会的结果，并且希望或者放任这种结果发生，因而构成犯罪的，是故意犯罪。

故意犯罪，应当负刑事责任。

（2）过失犯罪。

《刑法》第十五条规定，应当预见自己的行为可能发生危害社会的结果，因为疏忽大意而没有预见，或者已经预见而轻信能够避免，以致发生这种结果的，是过失犯罪。

过失犯罪，法律有规定的才负刑事责任。

过失犯罪分为疏忽大意的过失和过于自信的过失。

3. 犯罪特征

（1）具有社会危害性，这是一切犯罪的客观属性。

（2）刑事违法性，即违反刑事法律的禁令。

（3）应受到惩罚性，多数情况下，这是犯罪的必然结果。

二、煤矿生产中常见的违法行为

根据《中华人民共和国安全生产法》（简称《安全生产法》）、《中华人民共和国矿山安全法》（简称《矿山安全法》）、《中华人民共和国煤炭法》（简称《煤炭法》）、《煤矿安全生产条例》等法律法规，煤矿生产中常见的违法行为有很多，列举如下。

（1）安全设施和条件不符合国家安全标准、行业安全标准、《煤矿安全规程》和行业技术规范。

（2）未使用专用器材设备，或使用不符合国家安全标准或者行业安全标准的设备、器材、仪器、仪表、防护用品。

（3）未按规定进行安全教育和培训。

（4）煤矿作业场所的瓦斯、粉尘或者其他有毒有害气体的浓度超过标准。

（5）违章指挥、违章作业、违反劳动纪律等。

（6）对事故预兆或者已发现的事故隐患不及时采取措施。

（7）拒绝、阻碍煤矿安全监察机构及安全监察人员现场检查，或者提供虚假情况、隐瞒存在的事故隐患。

（8）超能力、超强度、超定员（“三超”）生产。

此外，从业人员、安全管理人员发现他人违章不制止也属于违法行为。

《刑法》中规定的犯罪行为主要有以下几种。

（1）重大责任事故罪。

《刑法》第一百三十四条第一款规定，在生产、作业中违反有关安全管理的规定，因而发生重大伤亡事故或者造成其他严重后果的，处三年以下有期徒刑或者拘役；情节特别恶劣的，处三年以上七年以下有期徒刑。

（2）强令、组织他人违章冒险作业罪。

强令他人违章冒险作业，或者明知存在重大事故隐患而不排除，仍冒险组织作业，因而发生重大伤亡事故或者造成其他严重后果的，处五年以下有期徒刑或者拘役；情节特别恶劣的，处五年以上有期徒刑。

（3）危险作业罪。

《刑法》第一百三十四条之一规定，在生产、作业中违反有关安全管理的规定，有下列情形之一，具有发生重大伤亡事故或者其他严重后果的现实危险的，处一年以下有期徒刑、拘役或者管制：

① 关闭、破坏直接关系生产安全的监控、报警、防护、救生设备、设施，或者篡改、隐瞒、销毁其相关数据、信息的；

② 因存在重大事故隐患被依法责令停产停业、停止施工、停止使用有关设备、设施、场所或者立即采取排除危险的整改措施，而拒不执行的；

③ 涉及安全生产的事项未经依法批准或者许可，擅自从事矿山开采、金属冶炼、建筑施工，以及危险物品生产、经营、储存等高度危险的生产作业活动的。

（4）重大劳动安全事故罪。

《刑法》第一百三十五条规定，安全生产设施或者安全生产条件不符合国家规定，因而发生重大伤亡事故或者造成其他严重后果的，对直接负责的主管人员和其他直接责任人员，处三年以下有期徒刑或者拘役；情节特别恶劣的，处三年以上七年以下有期徒刑。

（5）危险物品肇事罪。

《刑法》第一百三十六条规定，违反爆炸性、易燃性、放射性、毒害性、腐蚀性物品的管理规定，在生产、储存、运输、使用中发生重大事故，造成严重后果的，处三年以下有期徒刑或者拘役；后果特别严重的，处三年以上七年以下有期徒刑。

(6) 贻误事故抢救(知情不报、谎报、晚报)罪。

《刑法》第一百三十九条之一规定，在安全事故发生后，负有报告职责的人员不报或者谎报事故情况，贻误事故抢救，情节严重的，处三年以下有期徒刑或者拘役；情节特别严重的，处三年以上七年以下有期徒刑。

第三节　安全生产法律法规

一、我国煤矿安全生产法律法规体系

中华人民共和国成立以来、特别是改革开放以来，我国的立法工作发展较快，煤矿安全生产法律法规体系已经形成，主要有四个层次。

(1) 全国人大及其常务委员会颁布的关于安全生产的法律。

如《中华人民共和国安全生产法》、《中华人民共和国矿山安全法》、《中华人民共和国煤炭法》、《中华人民共和国矿产资源法》(简称《矿产资源法》)、《中华人民共和国劳动法》(简称《劳动法》)、《中华人民共和国职业病防治法》(简称《职业病防治法》)、《中华人民共和国劳动合同法》(简称《劳动合同法》)等。

(2) 国务院颁布的关于安全生产的行政法规。

如《煤矿安全生产条例》《安全生产许可证条例》《煤炭生产许可证管理办法》《国务院关于特大安全事故行政责任追究的规定》《矿山安全法实施条例》《生产安全事故报告和调查处理条例》《关于加强国有重点煤矿安全基础管理的指导意见》《关于加强小煤矿安全基础管理的指导意见》《工伤保险条例》等。

(3) 省(自治区、直辖市)级人民代表大会及其常务委员会颁

布的关于安全生产的地方性法规。

(4) 国务院有关部委、地方政府颁布的安全生产的规章和地方政府规章。

如《安全生产违法行为行政处罚办法》《煤矿安全监察行政处罚办法》《煤矿安全培训规定》《煤矿安全规程》等。

二、煤矿安全生产相关法律法规简介

(一)《安全生产法》

《安全生产法》于 2002 年 6 月 29 日第九届全国人民代表大会常务委员会第二十八次会议通过，自 2002 年 11 月 1 日起施行。2009 年 8 月 27 日第一次修正，2014 年 8 月 31 日第二次修正。2021 年 6 月 10 日，根据第十三届全国人民代表大会常务委员会第二十九次会议《关于修改〈中华人民共和国安全生产法〉的决定》第三次修正。这是我国第一部规范安全生产的综合性基础法律。部分条文如下。

第一条规定，为了加强安全生产工作，防止和减少生产安全事故，保障人民群众生命和财产安全，促进经济社会持续健康发展，制定本法。

第三条规定，安全生产工作坚持中国共产党的领导。

安全生产工作应当以人为本，坚持人民至上、生命至上，把保护人民生命安全摆在首位，树牢安全发展理念，坚持安全第一、预防为主、综合治理的方针，从源头上防范化解重大安全风险。

安全生产工作实行管行业必须管安全、管业务必须管安全、管生产经营必须管安全，强化和落实生产经营单位主体责任与政府监管责任，建立生产经营单位负责、职工参与、政府监管、行业自律和社会监督的机制。

第四条规定，生产经营单位必须遵守本法和其他有关安全生产的法律、法规，加强安全生产管理，建立健全全员安全生产责任制和安全生产规章制度，加大对安全生产资金、物资、技术、人员的投入保障力度,改善安全生产条件,加强安全生产标准化、信息化建设,构建安全风险分级管控和隐患排查治理双重预防机制,健全风险防范化解机制,提高安全生产水平,确保安全生产。

平台经济等新兴行业、领域的生产经营单位应当根据本行业、领域的特点,建立健全并落实全员安全生产责任制,加强从业人员安全生产教育和培训,履行本法和其他法律、法规规定的有关安全生产义务。

第六条规定,生产经营单位的从业人员有依法获得安全生产保障的权利,并应当依法履行安全生产方面的义务。

第七条规定,工会依法对安全生产工作进行监督。

生产经营单位的工会依法组织职工参加本单位安全生产工作的民主管理和民主监督,维护职工在安全生产方面的合法权益。生产经营单位制定或者修改有关安全生产的规章制度,应当听取工会的意见。

第十六条规定,国家实行生产安全事故责任追究制度,依照本法和有关法律、法规的规定,追究生产安全事故责任单位和责任人员的法律责任。

第十八条规定,国家鼓励和支持安全生产科学技术研究和安全生产先进技术的推广应用,提高安全生产水平。

第十九条规定,国家对在改善安全生产条件、防止生产安全事故、参加抢险救护等方面取得显著成绩的单位和个人,给予奖励。

第二十条规定,生产经营单位应当具备本法和有关法律、行政法规和国家标准或者行业标准规定的安全生产条件;不具备安全生产条件的,不得从事生产经营活动。

第二十八条规定,生产经营单位应当对从业人员进行安全生产教育和培训,保证从业人员具备必要的安全生产知识,熟悉有关的安全生产规章制度和安全操作规程,掌握本岗位的安全操作技能,了解事故应急处理措施,知悉自身在安全生产方面的权利和义务。未经安全生产教育和培训合格的从业人员,不得上岗作业。

生产经营单位使用被派遣劳动者的,应当将被派遣劳动者纳入本单位从业人员统一管理,对被派遣劳动者进行岗位安全操作规程和安全操作技能的教育和培训。劳务派遣单位应当对被派遣劳动者进行必要的安全生产教育和培训。

生产经营单位接收中等职业学校、高等学校学生实习的,应当对实习学生进行相应的安全生产教育和培训,提供必要的劳动防护用品。学校应当协助生产经营单位对实习学生进行安全生产教育和培训。

生产经营单位应当建立安全生产教育和培训档案,如实记录安全生产教育和培训的时间、内容、参加人员以及考核结果等情况。

第二十九条规定,生产经营单位采用新工艺、新技术、新材料或者使用新设备,必须了解、掌握其安全技术特性,采取有效的安全防护措施,并对从业人员进行专门的安全生产教育和培训。

第三十条规定,生产经营单位的特种作业人员必须按照国家有关规定经专门的安全作业培训,取得相应资格,方可上岗作业。

特种作业人员的范围由国务院应急管理部门会同国务院有关部门确定。

第五十一条规定,生产经营单位必须依法参加工伤保险,为从业人员缴纳保险费。

国家鼓励生产经营单位投保安全生产责任保险;属于国家规定的高危行业、领域的生产经营单位,应当投保安全生产责任保险。具体范围和实施办法由国务院应急管理部门会同国务院财政部门、国务院保险监督管理机构和相关行业主管部门制定。

第六十一条规定,生产经营单位使用被派遣劳动者的,被派遣劳动者享有本法规定的从业人员的权利,并应当履行本法规定的从业人员的义务。

第一百零九条规定,高危行业、领域的生产经营单位未按照国家规定投保安全生产责任保险的，责令限期改正，处五万元以上十万元以下的罚款；逾期未改正的，处十万元以上二十万元以下的罚款。

第一百一十一条规定，有关地方人民政府、负有安全生产监督管理职责的部门，对生产安全事故隐瞒不报、谎报或者迟报的，对直接负责的主管人员和其他直接责任人员依法给予处分；构成犯罪的，依照刑法有关规定追究刑事责任。

第一百一十四条规定，发生生产安全事故，对负有责任的生产经营单位除要求其依法承担相应的赔偿等责任外，由应急管理部门依照下列规定处以罚款：① 发生一般事故的，处三十万元以上一百万元以下的罚款；② 发生较大事故的，处一百万元以上二百万元以下的罚款；③ 发生重大事故的，处二百万元以上一千万元以下的罚款；④ 发生特别重大事故的，处一千万元以上二千万元以下的罚款。

发生生产安全事故，情节特别严重、影响特别恶劣的，应急管理部门可以按照前款罚款数额的二倍以上五倍以下对负有责任的生产经营单位处以罚款。

（二）《矿山安全法》

该法于 1992 年 11 月 7 日第七届全国人民代表大会常务委员会第二十八次会议通过，1993 年 5 月 1 日起施行。根据 2009 年 8 月 27 日第十一届全国人民代表大会常务委员会第十次会议《关于修改部分法律的决定》修正。

1. 立法目的

防止矿山事故，保护矿山职工的人身安全，促进采矿工业健康发展，健全矿山法制。

2. 立法指导思想

坚持保护矿工生命安全的宗旨，从实际出发，做到安全综合管理部门监督与矿山企业主管部门的管理相结合，国家监察和群众监督相结合，建立健全各级生产和管理人员的安全生产责任制。

3. 主要内容

该法共 8 章 50 条。有关主要内容如下。

第七条规定，矿山建设工程的安全设施必须和主体工程同时设计、同时施工、同时投入生产和使用。

第九条规定，矿山设计下列项目必须符合矿山安全规程和行业技术规范：① 矿井的通风系统和供风量、风质、风速；② 露天矿的边坡角和台阶的宽度、高度；③ 供电系统；④ 提升、运输系统；⑤ 防水、排水系统和防火、灭火系统；⑥ 防瓦斯系统和防尘系统；⑦ 有关矿山安全的其他项目。

第十八条规定，矿山企业必须对下列危害安全的事故隐患采取预防措施：① 冒顶、片帮、边坡滑落和地表塌陷；② 瓦斯爆炸、煤尘爆炸；③ 冲击地压、瓦斯突出、井喷；④ 地面和井下的火灾、水害；⑤ 爆破器材和爆破作业发生的危害；⑥ 粉尘、有毒有害气体、放射性物质和其他有害物质引起的危害；⑦ 其他危害。

第二十五条规定，矿山企业工会发现企业行政方面违章指挥、强令工人冒险作业或者生产过程中发现明显重大事故隐患和职业危害，有权提出解决的建议；发现危及职工生命安全的情况时，有权向矿山企业行政方面建议组织职工撤离危险现场，矿山企业行政方面必须及时作出处理决定。

第二十六条规定，矿山企业必须对职工进行安全教育、培训；未经安全教育、培训的，不得上岗作业。矿山企业安全生产的特种作业人员必须接受专门培训，经考核合格取得操作资格证书的，方可上岗作业。

第二十七条规定，矿长必须经过考核，具备安全专业知识，具有领导安全生产和处理矿山事故的能力。矿山企业安全工作人员必须具备必要的安全专业知识和矿山安全工作经验。

第四十四条规定，已经投入生产的矿山企业，不具备安全生产条件而强行开采的，由劳动行政主管部门会同管理矿山企业的主管部门责令限期改进；逾期仍不具备安全生产条件的，由劳动行政主管部门提请县级以上人民政府决定责令停产整顿或者由有关主管部门吊销其采矿许可证和营业执照。

(三)《煤炭法》

该法于1996年8月29日第八届全国人民代表大会常务委员会第二十一次会议通过，1996年12月1日起施行。2009年8月27日第一次修正，2011年4月22日第二次修正，2013年6月29日第三次修正。2016年11月7日，根据第十二届全国人民代表大会常务委员会第二十四次会议《关于修改〈中华人民共和国对外贸易法〉等十二部法律的决定》第四次修正。

1. 立法目的

合理开发利用和保护煤炭资源，规范煤炭生产、经营活动，促进和保障煤炭行业的发展。

2. 主要内容

该法共8章81条。相关内容如下。

第三条规定，煤炭资源属于国家所有。地表或者地下的煤炭资源的国家所有权，不因其依附的土地的所有权或者使用权的不同而改变。

第四条规定，国家对煤炭开发实行统一规划、合理布局、综合利用的方针。

第五条规定，国家依法保护煤炭资源，禁止任何乱采、滥挖破坏煤炭资源的行为。

第九条规定，国家鼓励和支持在开发利用煤炭资源过程中采用先进的科学技术和管理方法。

煤矿企业应当加强和改善经营管理，提高劳动生产率和经济效益。

第十一条规定，开发利用煤炭资源，应当遵守有关环境保护的法律、法规，防治污染和其他公害，保护生态环境。

第二十条规定，煤矿投入生产前，煤矿企业应当依照有关安全生产的法律、行政法规的规定取得安全生产许可证。未取得安全生产许可证的，不得从事煤炭生产。

第二十二条规定，开采煤炭资源必须符合煤矿开采规程，遵守合理的开采顺序，达到规定的煤炭资源回采率。

第四十八条规定，任何单位或者个人不得危害煤矿矿区的电力、通讯、水源、交通及其他生产设施。

禁止任何单位和个人扰乱煤矿矿区的生产秩序和工作秩序。

（四）《煤矿安全生产条例》

该条例于2023年12月18日国务院第21次常务会议通过，2024年1月24日中华人民共和国国务院令第774号公布，自2024年5月1日起施行。

1. 条例的意义

该条例共6章76条。是煤矿安全生产领域的一部基础主干法规，全面总结了近年来煤矿安全生产工作经验，是在贯彻新发展理念、推动安全生产工作高质量发展过程中形成的重要立法成果，对煤矿安全生产工作影响深远。该条例的颁布和实施，有利于全面规范煤矿安全生产工作，进一步落实煤矿企业安全生产主体责任，进一步强化监管监察职责，对促进煤矿安全生产形势稳定好转具有重要意义。

2. 相关主要内容

第三条规定，煤矿安全生产工作坚持中国共产党的领导。

煤矿安全生产工作应当以人为本，坚持人民至上、生命至上，把保护人民生命安全摆在首位，贯彻安全发展理念，坚持安全第一、预防为主、综合治理的方针，从源头上防范化解重大安全风险。

煤矿安全生产工作实行管行业必须管安全、管业务必须管安全、管生产经营必须管安全，按照国家监察、地方监管、企业负责，强化和落实安全生产责任。

第四条规定，煤矿企业应当履行安全生产主体责任，加强安全生产管理，建立健全并落实全员安全生产责任制和安全生产规章制度，加大对安全生产资金、物资、技术、人员的投入保障力度，改善安全生产条件，加强安全生产标准化、信息化建设，构建安全风险分级管控和隐患排查治理双重预防机制，健全风险防范化解机制，提高安全生产水平，确保安全生产。

煤矿企业主要负责人（含实际控制人，下同）是本企业安全生产第一责任人，对本企业安全生产工作全面负责。其他负责人对职责范围内的安全生产工作负责。

第九条规定，县级以上人民政府负有煤矿安全生产监督管理职责的部门、国家矿山安全监察机构及其设在地方的矿山安全监察机构应当建立举报制度，公开举报电话、信箱或者电子邮件地址等网络举报平台，受理有关煤矿安全生产的举报并依法及时处理；对需要由其他有关部门进行调查处理的，转交其他有关部门处理。

任何单位和个人对事故隐患或者安全生产违法行为，有权向前款规定的部门和机构举报。举报事项经核查属实的，依法依规给予奖励。

第十条规定，煤矿企业从业人员有依法获得安全生产保障的权利，并应当依法履行安全生产方面的义务。

第十八条规定，煤矿企业主要负责人对本企业安全生产工作负有下列职责：

(1) 建立健全并落实全员安全生产责任制，加强安全生产标准化建设；

(2) 组织制定并实施安全生产规章制度和作业规程、操作规程；

(3) 组织制定并实施安全生产教育和培训计划；

(4) 保证安全生产投入的有效实施；

（5）组织建立并落实安全风险分级管控和隐患排查治理双重预防工作机制，督促、检查安全生产工作，及时消除事故隐患；

（6）组织制定并实施生产安全事故应急救援预案；

（7）及时、如实报告煤矿生产安全事故。

第十九条规定，煤矿企业应当设置安全生产管理机构并配备专职安全生产管理人员。安全生产管理机构和安全生产管理人员负有下列安全生产职责：

（1）组织或者参与拟订安全生产规章制度、作业规程、操作规程和生产安全事故应急救援预案；

（2）组织或者参与安全生产教育和培训，如实记录安全生产教育和培训情况；

（3）组织开展安全生产法律法规宣传教育；

（4）组织开展安全风险辨识评估，督促落实重大安全风险管控措施；

（5）制止和纠正违章指挥、强令冒险作业、违反规程的行为，发现威胁安全的紧急情况时，有权要求立即停止危险区域内的作业，撤出作业人员；

（6）检查安全生产状况，及时排查事故隐患，对事故隐患排查治理情况进行统计分析，提出改进安全生产管理的建议；

（7）组织或者参与应急救援演练；

（8）督促落实安全生产整改措施。

煤矿企业应当配备主要技术负责人，建立健全并落实技术管理体系。

第二十条规定，煤矿企业从业人员负有下列安全生产职责：

（1）遵守煤矿企业安全生产规章制度和作业规程、操作规程，严格落实岗位安全责任；

（2）参加安全生产教育和培训，掌握本职工作所需的安全生产知识，提高安全生产技能，增强事故预防和应急处理能力；

(3) 及时报告发现的事故隐患或者其他不安全因素。

对违章指挥和强令冒险作业的行为，煤矿企业从业人员有权拒绝并向县级以上地方人民政府负有煤矿安全生产监督管理职责的部门、所在地矿山安全监察机构报告。

煤矿企业不得因从业人员拒绝违章指挥或者强令冒险作业而降低其工资、福利等待遇，无正当理由调整工作岗位，或者解除与其订立的劳动合同。

第二十四条规定，煤矿企业应当为从业人员提供符合国家标准或者行业标准的劳动防护用品，并监督、教育从业人员按照使用规则佩戴、使用。

煤矿井下作业人员实行安全限员制度。煤矿企业应当依法制定井下工作时间管理制度。煤矿井下工作岗位不得使用劳务派遣用工。

第二十六条规定，煤矿的采煤、掘进、机电、运输、通风、排水、排土等主要生产系统和防瓦斯、防煤(岩)与瓦斯(二氧化碳)突出、防冲击地压、防火、防治水、防尘、防热害、防滑坡、监控与通讯等安全设施，应当符合煤矿安全规程和国家标准或者行业标准规定的管理和技术要求。

煤矿企业及其有关人员不得关闭、破坏直接关系生产安全的监控、报警、防护、救生设备、设施，或者篡改、隐瞒、销毁其相关数据、信息，不得以任何方式影响其正常使用。

第六十四条规定，对存在重大事故隐患仍然进行生产的煤矿企业，责令停产整顿，明确整顿的内容、时间等具体要求，并处50万元以上200万元以下的罚款；对煤矿企业主要负责人处3万元以上15万元以下的罚款。

第六十七条规定，发生煤矿生产安全事故，对负有责任的煤矿企业除要求其依法承担相应的赔偿等责任外，依照下列规定处以罚款：

(1) 发生一般事故的,处50万元以上100万元以下的罚款;

(2) 发生较大事故的,处150万元以上200万元以下的罚款;

(3) 发生重大事故的,处500万元以上1 000万元以下的罚款;

(4) 发生特别重大事故的,处1 000万元以上2 000万元以下的罚款。

发生煤矿生产安全事故,情节特别严重、影响特别恶劣的,可以按照前款罚款数额的2倍以上5倍以下对负有责任的煤矿企业处以罚款。

第七十条规定,煤矿企业存在下列情形之一的,应当提请县级以上地方人民政府予以关闭:

(1) 未依法取得安全生产许可证等擅自进行生产的;

(2) 3个月内2次或者2次以上发现有重大事故隐患仍然进行生产的;

(3) 经地方人民政府组织的专家论证在现有技术条件下难以有效防治重大灾害的;

(4) 有《中华人民共和国安全生产法》规定的应当提请关闭的其他情形。

有关地方人民政府作出予以关闭的决定,应当立即组织实施。关闭煤矿应当达到下列要求:

(1) 依照法律法规有关规定吊销、注销相关证照;

(2) 停止供应并妥善处理民用爆炸物品;

(3) 停止供电,拆除矿井生产设备、供电、通信线路;

(4) 封闭、填实矿井井筒,平整井口场地,恢复地貌;

(5) 妥善处理劳动关系,依法依规支付经济补偿、工伤保险待遇,组织离岗时职业健康检查,偿还拖欠工资,补缴欠缴的社会保险费;

(6) 设立标识牌;

(7) 报送、移交相关报告、图纸和资料等;

(8) 有关法律法规规定的其他要求。

(五)《生产安全事故报告和调查处理条例》

《生产安全事故报告和调查处理条例》于 2007 年 3 月 28 日以中华人民共和国国务院令第 493 号公布,自 2007 年 6 月 1 日起施行。

第九条规定,事故发生后,事故现场有关人员应当立即向本单位负责人报告;单位负责人接到报告后,应当于 1 小时内向事故发生地县级以上人民政府安全生产监督管理部门和负有安全生产监督管理职责的有关部门报告。情况紧急时,事故现场有关人员可以直接向事故发生地县级以上人民政府安全生产监督管理部门和负有安全生产监督管理职责的有关部门报告。

第十二条规定,报告的内容应包括:事故发生单位概况,事故发生的时间、地点及事故现场情况,事故的简要经过,事故已经造成或者可能造成的伤亡人数等。

发生事故后,事故调查处理过程中最重要的一条原则就是“四不放过”,即事故原因没有查清不放过,事故责任者没有严肃处理不放过,广大职工没有受到教育不放过,防范措施没有落实不放过。煤矿职工要牢记事故教训,提高责任意识、安全意识和自我保护能力,避免安全事故的发生。

(六)《工伤保险条例》

《工伤保险条例》于 2003 年 4 月 27 日以国务院令第 375 号公布,自 2004 年 1 月 1 日起施行。2010 年 12 月 20 日,根据《国务院关于修改〈工伤保险条例〉的决定》修订。

有关内容如下。

1. 建立工伤保险基金的目的

保障因工作遭受事故伤害或者患职业病的职工获得医疗救治和经济补偿,促进工伤预防和职业康复,分散用人单位的工伤风险。

2. 缴费原则

用人单位应当按时缴纳工伤保险费。职工个人不缴纳工伤保险费。

3. 工伤认定的申请时限

职工所在单位应当自职工事故伤害发生之日或者被诊断、鉴定为职业病之日起30日内，向统筹地区社会保险行政部门提出工伤认定申请。遇有特殊情况，经报社会保险行政部门同意，申请时限可以适当延长。

用人单位未按前款规定提出工伤认定申请的，工伤职工或者其近亲属、工会组织在事故伤害发生之日或者被诊断、鉴定为职业病之日起1年内，可以直接向用人单位所在地统筹地区社会保险行政部门提出工伤认定申请。

4. 劳动能力鉴定

职工发生工伤，经治疗伤情相对稳定后存在残疾、影响劳动能力的，应当进行劳动能力鉴定。

劳动能力鉴定是指劳动功能障碍程度和生活自理障碍程度的等级鉴定。

劳动功能障碍分为十个伤残等级，最重的为一级，最轻的为十级。

生活自理障碍分为三个等级：生活完全不能自理、生活大部分不能自理和生活部分不能自理。

5. 关于停工留薪的规定

职工因工作遭受事故伤害或者患职业病需要暂停工作接受工伤医疗的，在停工留薪期内，原工资福利待遇不变，由所在单位按月支付。

停工留薪期一般不超过12个月。伤情严重或者情况特殊，经设区的市级劳动能力鉴定委员会确认，可以适当延长，但延长不得超过12个月。工伤职工评定伤残等级后，停发原待遇，按照本条例的有关规定享受伤残待遇。工伤职工在停工留薪期满后仍需治疗的，继续享受工伤医疗待遇。

生活不能自理的工伤职工在停工留薪期需要护理的，由所在单位负责。

6. 工伤待遇

工伤及职业病伤残等级对应工伤待遇见表1-1，一次性工亡及丧葬补助金、供养亲属抚恤金相关规定见表1-2。

表1-1　工伤及职业病伤残等级对应工伤待遇

伤残等级	一次性伤残补助金	伤残津贴(按月)	劳动关系
一级	27个月的本人工资	本人工资的90%	保留劳动关系，退出工作岗位
二级	25个月的本人工资	本人工资的85%	
三级	23个月的本人工资	本人工资的80%	
四级	21个月的本人工资	本人工资的75%	
五级	18个月的本人工资	本人工资的70%	保留劳动关系，安排适当工作
六级	16个月的本人工资	本人工资的60%	
七级	13个月的本人工资	—	劳动、聘用合同期满终止，或者职工本人提出解除劳动、聘用合同的
八级	11个月的本人工资	—	
九级	9个月的本人工资	—	
十级	7个月的本人工资	—	

表1-2　一次性工亡及丧葬补助金、供养亲属抚恤金相关规定

类别	规定
一次性工亡补助金	上一年度全国城镇居民人均可支配收入的20倍
丧葬补助金	6个月的统筹地区上年度职工月平均工资
供养亲属抚恤金	配偶每月：死亡职工本人工资的40%； 其他亲属每月：死亡职工本人工资的30%； 孤寡老人或孤儿每月：上述标准的基础上增加10%； 核定的各供养亲属的抚恤金之和不应高于因工死亡职工生前的工资

(七)《煤矿安全培训规定》

为了加强和规范煤矿安全培训工作,提高从业人员安全素质,防止和减少伤亡事故,2017 年 12 月 11 日国家安全监督管理总局第 16 次局长办公会议审议通过并公布《煤矿安全培训规定》,自 2018 年 3 月 1 日起施行。

第四条规定,煤矿企业是安全培训的责任主体,应当依法对从业人员进行安全生产教育和培训,提高从业人员的安全生产意识和能力。煤矿企业主要负责人对本企业从业人员安全培训工作全面负责。

第二十四条规定,煤矿特种作业人员必须经专门的安全技术培训和考核合格,由省级煤矿安全培训主管部门颁发《中华人民共和国特种作业操作证》(简称"特种作业操作证")后,方可上岗作业。

第二十五条规定,煤矿特种作业人员在参加资格考试前应当按照规定的培训大纲进行安全生产知识和实际操作能力的专门培训。其中,初次培训的时间不得少于 90 学时。

第三十五条规定,煤矿企业其他从业人员的初次安全培训时间不得少于 72 学时,每年再培训的时间不得少于 20 学时。

第三十六条规定,煤矿企业新上岗的井下作业人员安全培训合格后,应当在有经验的工人师傅带领下,实习满 4 个月,并取得工人师傅签名的实习合格证明后,方可独立工作。工人师傅一般应当具备中级工以上技能等级、3 年以上相应工作经历和没有发生过违章指挥、违章作业、违反劳动纪律等条件。

第三十七条规定,企业井下作业人员调整工作岗位或者离开本岗位一年以上重新上岗前,以及煤矿企业采用新工艺、新技术、新材料或者使用新设备的,应当对其进行相应的安全培训,经培训合格后,方可上岗作业。

(八)《煤矿安全规程》

《煤矿安全规程》于2016年2月25日以国家安全生产监督管理总局令第87号公布,自2016年10月1日起施行。该规程是安全生产法律法规体系的重要组成部分,具有强制性、科学性、规范性、稳定性的特点,在煤矿安全生产领域居于主体规章地位,是安全生产监管、监察、执法的重要依据,是规范煤矿安全生产行为的重要准绳。

现行的《煤矿安全规程》根据2022年1月6日应急管理部令第8号修正,自2022年4月1日起施行。修订的四项主要原则如下。

第一,严格贯彻落实习近平总书记关于安全生产工作的重要论述精神,并衔接适应新修改的《安全生产法》等法律的规定和要求。

第二,深刻汲取近年来的煤矿灾害事故教训,认真分析灾害事故中暴露出的煤矿安全生产和技术管理漏洞及不合理因素,查找影响煤矿安全生产的危险因素和事故隐患。

第三,衔接协调《煤矿防治水细则》《防治煤与瓦斯突出细则》《防治煤矿冲击地压细则》《煤矿防灭火细则》等煤矿安全规范性文件及相关标准,充分体现《煤矿安全规程》在煤矿安全生产领域的主体规章地位。

第四,解决好《煤矿安全规程(2016版)》实施5年多来煤矿现场管理的重要问题,尽量满足煤矿现场的使用需求。

第四节　煤矿从业人员的权利和义务

《安全生产法》《矿山安全法》《劳动法》《煤炭法》等法律规定了从业人员在安全生产方面的权利和义务。关心、维护和保障从业人员在安全生产方面的权利,是实现安全生产的重要条件。

一、煤矿从业人员在安全生产中的权利

（一）劳动合同保障权

生产经营单位不得以任何形式与从业人员订立协议免除或者减轻其对从业人员因生产安全事故伤亡依法应承担的责任。

《劳动合同法》第四条规定，用人单位应当依法建立和完善劳动规章制度，保障劳动者享有劳动权利、履行劳动义务。

用人单位在制定、修改或者决定有关劳动报酬、工作时间、休息休假、劳动安全卫生、保险福利、职工培训、劳动纪律以及劳动定额管理等直接涉及劳动者切身利益的规章制度或者重大事项时，应当经职工代表大会或者全体职工讨论，提出方案和意见，与工会或者职工代表平等协商确定。

在规章制度和重大事项决定实施过程中，工会或者职工认为不适当的，有权向用人单位提出，通过协商予以修改完善。

用人单位应当将直接涉及劳动者切身利益的规章制度和重大事项决定公示，或者告知劳动者。

（二）安全生产危险因素知情权和建议权

煤矿井下生产是很危险的工作，瓦斯、煤尘爆炸，火灾，水灾，顶板灾害等危险因素很多，从业人员有权知道作业场所和工作岗位存在的危险因素、发生规律和防范措施。

（三）批评、检举、控告权

《安全生产法》第五十四条规定，从业人员有权对本单位安全生产工作中存在的问题提出批评、检举、控告。生产经营单位不得因从业人员对本单位安全生产工作提出批评、检举、控告或者拒绝违章指挥、强令冒险作业而降低其工资、福利等待遇或者解除与其订立的劳动合同。

（四）拒绝违章指挥权

《煤矿安全规程》第八条规定，从业人员有权制止违章作业，拒绝违章指挥。

（五）不安全状况停止作业权

《安全生产法》第五十五条规定，从业人员发现直接危及人身安全的紧急情况时，有权停止作业或者在采取可能的应急措施后撤离作业场所。

（六）享受工伤保险权

《安全生产法》第五十六条规定，因生产安全事故受到损害的从业人员，除依法享有工伤保险外，依照有关民事法律尚有获得赔偿的权利的，有权向本单位提出赔偿要求。

《煤炭法》第三十七条规定，煤矿企业应当依法为职工参加工伤保险缴纳工伤保险费。鼓励企业为井下作业职工办理意外伤害保险，支付保险费。

（七）安全生产教育培训权

《矿山安全法》第二十六条规定，矿山企业必须对职工进行安全教育、培训；未经安全教育、培训的，不得上岗作业。

矿山企业安全生产的特种作业人员必须接受专门培训，经考核合格取得操作资格证书的，方可上岗作业。

《煤炭法》第三十三条规定，煤矿企业应当对职工进行安全生产教育、培训；未经安全生产教育、培训的，不得上岗作业。

《煤矿安全规程》第九条规定，煤矿企业必须对从业人员进行安全教育和培训。培训不合格的，不得上岗作业。

特种作业人员必须按国家有关规定培训合格，取得资格证书，方可上岗作业。

煤矿从业人员是安全生产事故的受害者，又是安全生产的实施者，对安全生产中的问题和隐患最清楚，有权参与安全管理。通过职工大会、职工代表大会，参与企业有关安全生产规划、管理制度、管理办法、安全技术措施和规章的制定，对不符合党和国家方针政策与法律、法规的规章、制度有权提出修改意见。

此外，2006 年 6 月 7 日，国家安全生产监督管理总局、国家煤矿安全监察局、国家发展和改革委员会、监察部、劳动和社会保障部、国务院国有资产监督管理委员会、中华全国总工会联合发出的《关于加强国有重点煤矿安全基础管理的指导意见》中，赋予井下职工以下十项权利：① 带班人员不下井，工人有权不下井；② 带班人员早出井，工人有权早出井；③ 安全隐患不排查，工人有权不作业；④ 管理人员违章指挥，工人有权不执行；⑤ 没有安全措施，工人有权不开工；⑥ 不组织班前安全学习，工人有权不下井；⑦ 未进行“三位一体”(班长、安全检查员、瓦斯检查员)安全检查，工人有权不开工；⑧ 监测监控系统安装不到位、运行不正常，工人有权不开工；⑨ 不配全合格的劳动保护、防护用品，工人有权不下井；⑩ 避灾路线不标识，工人有权不下井。煤矿不得因上述原因扣发职工工资、辞退职工。

二、煤矿从业人员在安全生产中的义务

(1) 遵法守纪、服从管理的义务。

《安全生产法》第五十七条规定，从业人员在作业过程中，应当严格遵守本单位的安全生产规章制度和操作规程，服从管理，正确佩戴和使用劳动防护用品。

《煤炭法》第三十三条规定，煤矿企业职工必须遵守有关安全生产的法律、法规、煤炭行业规章、规程和企业规章制度。

(2) 接受教育培训、学习安全生产技能的义务。

《安全生产法》第五十八条规定，从业人员应当接受安全生产教育和培训，掌握本职工作所需的安全生产知识，提高安全生产技能，增强事故预防和应急处理能力。

(3) 及时报告危险情况，参加抢险救灾的义务。

《安全生产法》第五十九条规定，从业人员发现事故隐患或者其他不安全因素，应当立即向现场安全生产管理人员或者本单位负责人报告；接到报告的人员应当及时予以处理。

(4) 正确佩戴、使用劳动保护用品的义务。

三、煤矿企业从业人员安全生产职责

《煤矿安全生产条例》第二十条规定，煤矿企业从业人员负有下列安全生产职责。

(1) 遵守煤矿企业安全生产规章制度和作业规程、操作规程，严格落实岗位安全责任；

(2) 参加安全生产教育和培训，掌握本职工作所需的安全生产知识，提高安全生产技能，增强事故预防和应急处理能力；

(3) 及时报告发现的事故隐患或者其他不安全因素。

对违章指挥和强令冒险作业的行为，煤矿企业从业人员有权拒绝并向县级以上地方人民政府负有煤矿安全生产监督管理职责的部门、所在地矿山安全监察机构报告。

煤矿企业不得因从业人员拒绝违章指挥或者强令冒险作业而降低其工资、福利等待遇，无正当理由调整工作岗位，或者解除与其订立的劳动合同。

第五节　煤矿安全管理制度

《安全生产法》《煤矿安全规程》等法律法规明确规定，生产经营单位必须建立健全全员安全生产责任制和安全生产规章制度，职工必须遵守企业制定的安全生产管理制度。

一、安全生产责任制度

安全生产责任制度是所有安全管理制度的核心，是最基本的安全管理制度。安全生产责任制，按照岗位、职能、权利和责任相统一的原则，明确各层级、各部门、各岗位的安全生产责任和义务，形成人人有责、各负其责、权责清晰的安全生产责任体系。

二、安全目标管理制度

安全目标管理制度，应依据政府有关部门或上级下达的安全指标，结合实际制定年度或阶段的安全生产目标，并将指标逐层分

解，明确责任、保证措施、考核和奖惩办法。

三、安全投入保障制度

安全投入保障制度，应按国家有关规定建立稳定的安全投入资金渠道，保证新增、改善和更新安全系统、设备、设施，消除事故隐患，改善安全生产条件，进行安全生产宣传、教育、培训、安全奖励，推广应用先进安全技术措施和管理经验，以及应对抢险救灾等均有可靠的资金来源。安全投入应能充分保证安全生产需要，安全投入资金要专款专用。煤矿企业应当编制年度安全技术措施计划，确定项目，落实资金、完成时间和责任人。

四、安全奖惩制度

安全奖惩制度是指为了规范职工安全行为，依据“奖惩分明、公平合理”的原则，明确考评人员、奖罚办法、考核方式等内容，对工作人员实施奖励和处罚、起到教育和引导的作用的制度。该制度是激发集体和个人不断前进的有效手段之一。

五、安全技术审批制度

安全技术审批制度，要确定各类工程设计、作业规程、安全措施和方案等安全技术审批的内容、程序、标准、时限、审批级别；审批人员职别和资格，编制、审核、审批员的职责、权限和义务。安全技术审批应保证依据充分、正确，内容全面、具体，安全措施可靠，能够有效指导生产施工、作业和操作。

六、安全教育与培训制度

安全教育与培训制度，应保证煤矿企业职工掌握本职工作应具备的法律法规知识、安全知识、专业技术知识和操作技能；明确企业职工教育与培训的周期、内容、方式、标准和考核办法；明确相关部门安全教育与培训的职责和考核办法；明确年度安全生产教育与培训计划，确定任务，保证安全培训的条件，落实费用。

七、安全办公会议制度

安全办公会议制度，要明确安全办公会议的召开周期、内容、主持人和参加人员，会议应当有完整的记录，载明议定的事项、决定以及落实的人员、措施和期限。会议记录、纪要应纳入档案管理。

八、安全监督检查制度

安全监督检查制度，应能保证有效地监督安全生产规章制度、规程、标准、规范等的执行情况；明确安全检查的内容、周期、检查标准、检查方式、负责组织检查的部门和人员、对检查结果的处理办法；对查出的问题和隐患应按要求落实处理，并将结果进行通报及存档。

九、事故隐患排查治理制度

事故隐患排查治理制度，应明确领导小组成员及其职责，应能保证及时发现和消除矿井在通风、瓦斯、煤尘、火灾、顶板、机电、运输、爆破、水害和其他方面存在的隐患；明确事故隐患识别、分级、登记、评估、报告、监控和治理标准；按照分级管理的原则，明确隐患治理的责任和义务，并保证隐患治理资金的投入。

十、安全风险分级管控工作制度

安全风险分级管控工作制度，应明确安全风险分级管控责任体系；明确安全风险辨识评估范围、方法，能全面辨识矿井各系统、各环节可能存在的安全风险、危害因素以及重大危险源；明确安全风险辨识、评估、管控、公告、报告工作流程；明确安全风险分级管控教育培训要求。

十一、入井检身与出入井人员清点制度

入井检身与出入井人员清点制度要明确入井人员禁止带入井下的物品和检查方法；明确人员入井和升井登记、清点和统计、报告办法，保证准确掌握井下作业人数和人员名单，及时发现未能正常升井的人员并查明原因。

十二、煤矿领导带班下井制度

煤矿应当建立健全领导带班下井制度，并严格考核。带班下

井制度应当明确带班下井人员、每月带班下井的人数、在井下工作时间、带班下井的任务和职责权限、群众监督和考核奖惩等内容，并要健全下井带班的详细记录，以备检查。

十三、安全生产标准化管理制度

安全生产标准化管理制度要明确年度达标计划和考核标准；明确检查周期、考核评级奖惩办法、组织检查的部门和人员等方面的内容。

十四、矿用设备、器材使用管理制度

矿用设备、器材使用管理制度，应保证在用设备、器材符合相关标准，保持完好状态；明确矿用设备、器材使用前的检测标准、程序、方法和检验单位、人员的资质；明确使用过程中的检验标准、周期、方法和校验单位、人员的资质；明确维修、更新和报废的标准、程序和方法。

十五、矿井主要灾害预防管理制度

矿井主要灾害预防管理制度要明确可能导致重大事故的"一通三防"、防治水、冲击地压、职业危害等主要危险，有针对性地分别制定专门制度，强化管理，加强监控，制定预防措施。

十六、煤矿事故应急救援制度

煤矿事故应急救援制度，要制定事故应急救援预案，明确发生事故后的上报时限、上报部门、上报内容、应采取的应急救援措施等。

十七、安全操作规程管理制度

操作规程要涵盖从进入操作现场、操作准备到操作结束和离开操作现场全过程的各个操作环节，要分别制定各工种岗位操作规程，明确各工种、岗位对操作人员的基本要求、操作程序和标准，明确违反操作程序和标准可能导致的危险和危害。

十八、安全生产现场管理制度

煤矿要建立健全安全生产现场管理制度。该制度要符合现场安全生产管理的相关要求；要明确现场管理人员的职责、权限，现场管理内容和要求以及现场应急处置等方面的内容。

十九、职业病危害防治制度

煤矿企业应建立健全职业病危害防治领导机构、防治管理机构，建立健全职业病危害防治制度。

第六节　劳动保护

一、《劳动法》相关规定

第十六条规定，劳动合同是劳动者与用人单位确立劳动关系、明确双方权利和义务的协议。

建立劳动关系应当订立劳动合同。

第十七条规定，订立和变更劳动合同，应当遵循平等自愿、协商一致的原则，不得违反法律、行政法规的规定。

劳动合同依法订立即具有法律约束力，当事人必须履行劳动合同规定的义务。

第十八条规定，下列劳动合同无效：

(1) 违反法律、行政法规的劳动合同；

(2) 采取欺诈、威胁等手段订立的劳动合同。

无效的劳动合同，从订立的时候起，就没有法律约束力。确认劳动合同部分无效的，如果不影响其余部分的效力，其余部分仍然有效。

劳动合同的无效，由劳动争议仲裁委员会或者人民法院确认。

第二十一条规定，劳动合同可以约定试用期。试用期最长不得超过六个月。

第三十六条规定，国家实行劳动者每日工作时间不超过八小时、平均每周工作时间不超过四十四小时的工时制度。

第三十八条规定，用人单位应当保证劳动者每周至少休息一日。

第五十四条规定,用人单位必须为劳动者提供符合国家规定的劳动安全卫生条件和必要的劳动防护用品,对从事有职业危害作业的劳动者应当定期进行健康检查。

第五十五条规定,从事特种作业的劳动者必须经过专门培训并取得特种作业资格。

第五十六条规定,劳动者在劳动过程中必须严格遵守安全操作规程。

劳动者对用人单位管理人员违章指挥、强令冒险作业,有权拒绝执行;对危害生命安全和身体健康的行为,有权提出批评、检举和控告。

第五十九条规定,禁止安排女职工从事矿山井下、国家规定的第四级体力劳动强度的劳动和其他禁忌从事的劳动。

第六十条规定,不得安排女职工在经期从事高处、低温、冷水作业和国家规定的第三级体力劳动强度的劳动。

第六十一条规定,不得安排女职工在怀孕期间从事国家规定的第三级体力劳动强度的劳动和孕期禁忌从事的劳动。对怀孕七个月以上的女职工,不得安排其延长工作时间和夜班劳动。

第六十三条规定,不得安排女职工在哺乳未满一周岁的婴儿期间从事国家规定的第三级体力劳动强度的劳动和哺乳期禁忌从事的其他劳动,不得安排其延长工作时间和夜班劳动。

第六十四条规定,不得安排未成年工从事矿山井下、有毒有害、国家规定的第四级体力劳动强度的劳动和其他禁忌从事的劳动。

第六十五条规定,用人单位应当对未成年工定期进行健康检查。

第九十三条规定,用人单位强令劳动者违章冒险作业,发生重大伤亡事故,造成严重后果的,对责任人员依法追究刑事责任。

二、《职业病防治法》相关规定

第三条规定，职业病防治工作坚持预防为主、防治结合的方针，建立用人单位负责、行政机关监管、行业自律、职工参与和社会监督的机制，实行分类管理、综合治理。

第四条规定，劳动者依法享有职业卫生保护的权利。

用人单位应当为劳动者创造符合国家职业卫生标准和卫生要求的工作环境和条件，并采取措施保障劳动者获得职业卫生保护。

第六条规定，用人单位的主要负责人对本单位的职业病防治工作全面负责。

第七条规定，用人单位必须依法参加工伤保险。

第十三条规定，任何单位和个人有权对违反本法的行为进行检举和控告。有关部门收到相关的检举和控告后，应当及时处理。

第二十二条规定，用人单位必须采用有效的职业病防护设施，并为劳动者提供个人使用的职业病防护用品。

用人单位为劳动者个人提供的职业病防护用品必须符合防治职业病的要求；不符合要求的，不得使用。

第二十四条规定，产生职业病危害的用人单位，应当在醒目位置设置公告栏，公布有关职业病防治的规章制度、操作规程、职业病危害事故应急救援措施和工作场所职业病危害因素检测结果。

对产生严重职业病危害的作业岗位，应当在其醒目位置，设置警示标识和中文警示说明。警示说明应当载明产生职业病危害的种类、后果、预防以及应急救治措施等内容。

第三十条规定，任何单位和个人不得生产、经营、进口和使用国家明令禁止使用的可能产生职业病危害的设备或者材料。

第三十一条规定，任何单位和个人不得将产生职业病危害的作业转移给不具备职业病防护条件的单位和个人。不具备职业病防护条件的单位和个人不得接受产生职业病危害的作业。

第三十三条规定，用人单位与劳动者订立劳动合同（含聘用合同，下同）时，应当将工作过程中可能产生的职业病危害及其后果、职业病防护措施和待遇等如实告知劳动者，并在劳动合同中写明，不得隐瞒或者欺骗。

劳动者在已订立劳动合同期间因工作岗位或者工作内容变更，从事与所订立劳动合同中未告知的存在职业病危害的作业时，用人单位应当依照前款规定，向劳动者履行如实告知的义务，并协商变更原劳动合同相关条款。

用人单位违反前两款规定的，劳动者有权拒绝从事存在职业病危害的作业，用人单位不得因此解除与劳动者所订立的劳动合同。

第三十四条规定，用人单位的主要负责人和职业卫生管理人员应当接受职业卫生培训，遵守职业病防治法律、法规，依法组织本单位的职业病防治工作。

用人单位应当对劳动者进行上岗前的职业卫生培训和在岗期间的定期职业卫生培训，普及职业卫生知识，督促劳动者遵守职业病防治法律、法规、规章和操作规程，指导劳动者正确使用职业病防护设备和个人使用的职业病防护用品。

劳动者应当学习和掌握相关的职业卫生知识，增强职业病防范意识，遵守职业病防治法律、法规、规章和操作规程，正确使用、维护职业病防护设备和个人使用的职业病防护用品，发现职业病危害事故隐患应当及时报告。

第三十五条规定，对从事接触职业病危害的作业的劳动者，用人单位应当按照国务院安全生产监督管理部门、卫生行政部门的规定组织上岗前、在岗期间和离岗时的职业健康检查，并将检查结果书面告知劳动者。职业健康检查费用由用人单位承担。

用人单位不得安排未经上岗前职业健康检查的劳动者从事接触职业病危害的作业；不得安排有职业禁忌的劳动者从事其所禁忌的作业；对在职业健康检查中发现有与所从事的职业相关的健

康损害的劳动者,应当调离原工作岗位,并妥善安置;对未进行离岗前职业健康检查的劳动者不得解除或者终止与其订立的劳动合同。

第三十六条规定,用人单位应当为劳动者建立职业健康监护档案,并按照规定的期限妥善保存。

职业健康监护档案应当包括劳动者的职业史、职业病危害接触史、职业健康检查结果和职业病诊疗等有关个人健康资料。

劳动者离开用人单位时,有权索取本人职业健康监护档案复印件,用人单位应当如实、无偿提供,并在所提供的复印件上签章。

第三十八条规定,用人单位不得安排未成年工从事接触职业病危害的作业;不得安排孕期、哺乳期的女职工从事对本人和胎儿、婴儿有危害的作业。

第三十九条规定,劳动者享有下列职业卫生保护权利:

(1) 获得职业卫生教育、培训;

(2) 获得职业健康检查、职业病诊疗、康复等职业病防治服务;

(3) 了解工作场所产生或者可能产生的职业病危害因素、危害后果和应当采取的职业病防护措施;

(4) 要求用人单位提供符合防治职业病要求的职业病防护设施和个人使用的职业病防护用品,改善工作条件;

(5) 对违反职业病防治法律、法规以及危及生命健康的行为提出批评、检举和控告;

(6) 拒绝违章指挥和强令进行没有职业病防护措施的作业;

(7) 参与用人单位职业卫生工作的民主管理,对职业病防治工作提出意见和建议。

用人单位应当保障劳动者行使前款所列权利。因劳动者依法行使正当权利而降低其工资、福利等待遇或者解除、终止与其订立的劳动合同的,其行为无效。

第四十八条规定，职业病诊断、鉴定过程中，用人单位不提供工作场所职业病危害因素检测结果等资料的，诊断、鉴定机构应当结合劳动者的临床表现、辅助检查结果和劳动者的职业史、职业病危害接触史，并参考劳动者的自述、安全生产监督管理部门提供的日常监督检查信息等，作出职业病诊断、鉴定结论。

劳动者对用人单位提供的工作场所职业病危害因素检测结果等资料有异议，或者因劳动者的用人单位解散、破产，无用人单位提供上述资料的，诊断、鉴定机构应当提请安全生产监督管理部门进行调查，安全生产监督管理部门应当自接到申请之日起三十日内对存在异议的资料或者工作场所职业病危害因素情况作出判定；有关部门应当配合。

医疗卫生机构发现疑似职业病病人时，应当告知劳动者本人并及时通知用人单位。

第五十五条规定，医疗卫生机构发现疑似职业病病人时，应当告知劳动者本人并及时通知用人单位。

用人单位应当及时安排对疑似职业病病人进行诊断；在疑似职业病病人诊断或者医学观察期间，不得解除或者终止与其订立的劳动合同。

疑似职业病病人在诊断、医学观察期间的费用，由用人单位承担。

三、《工伤保险条例》相关规定

第四条规定，用人单位应当将参加工伤保险的有关情况在本单位内公示。

用人单位和职工应当遵守有关安全生产和职业病防治的法律法规，执行安全卫生规程和标准，预防工伤事故发生，避免和减少职业病危害。

职工发生工伤时，用人单位应当采取措施使工伤职工得到及时救治。

第十条规定,用人单位应当按时缴纳工伤保险费。职工个人不缴纳工伤保险费。

第十四条规定,职工有下列情形之一的,应当认定为工伤:

(1) 在工作时间和工作场所内,因工作原因受到事故伤害的;

(2) 工作时间前后在工作场所内,从事与工作有关的预备性或者收尾性工作受到事故伤害的;

(3) 在工作时间和工作场所内,因履行工作职责受到暴力等意外伤害的;

(4) 患职业病的;

(5) 因工外出期间,由于工作原因受到伤害或者发生事故下落不明的;

(6) 在上下班途中,受到非本人主要责任的交通事故或者城市轨道交通、客运轮渡、火车事故伤害的;

(7) 法律、行政法规规定应当认定为工伤的其他情形。

第十五条规定,职工有下列情形之一的,视同工伤:

(1) 在工作时间和工作岗位,突发疾病死亡或者在48小时之内经抢救无效死亡的;

(2) 在抢险救灾等维护国家利益、公共利益活动中受到伤害的;

(3) 职工原在军队服役,因战、因公负伤致残,已取得革命伤残军人证,到用人单位后旧伤复发的。

职工有前款第(一)项、第(二)项情形的,按照本条例的有关规定享受工伤保险待遇;职工有前款第(三)项情形的,按照本条例的有关规定享受除一次性伤残补助金以外的工伤保险待遇。

第十六条规定,职工符合本条例第十四条、第十五条的规定,但是有下列情形之一的,不得认定为工伤或者视同工伤:

(1) 故意犯罪的;

(2) 醉酒或者吸毒的;

(3) 自残或者自杀的。

第四十二条规定，工伤职工有下列情形之一的，停止享受工伤保险待遇：

(1) 丧失享受待遇条件的；

(2) 拒不接受劳动能力鉴定的；

(3) 拒绝治疗的。

第二章　安全生产技术

第一节　煤矿地质基本知识

一、煤层的形成与赋存特征

（一）煤层的形成

在成煤的古地质年代，大量的高等植物死亡后，堆积的植物遗体经泥炭化作用，转变成泥炭或腐泥。泥炭或腐泥被掩埋后，由于地层下降而沉埋至地下深部，经成岩作用而转变成褐煤。由于温度和压力逐步升高，再经变质作用后转变成烟煤至无烟煤。如图 2-1 所示。

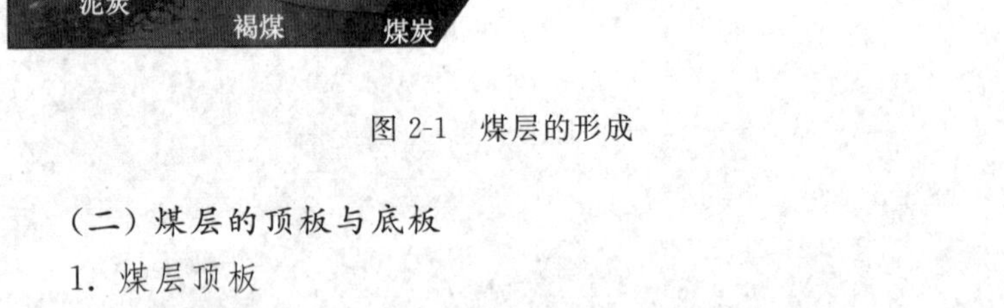

图 2-1　煤层的形成

（二）煤层的顶板与底板

1. 煤层顶板

位于煤层上部、后于煤层形成的岩层称为煤层顶板。根据顶板的岩石性质、距煤层的距离以及垮落的难易程度，一般将煤层顶板分为伪顶、直接顶和基本顶三部分，如图 2-2 所示。

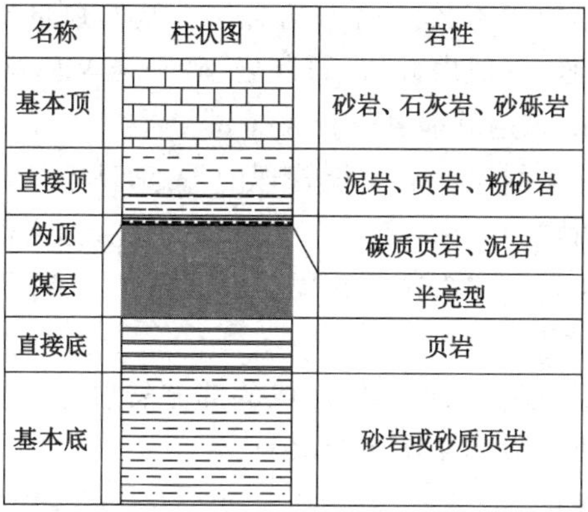

图 2-2　煤层柱状图

(1) 伪顶。

伪顶是直接位于煤层之上、极易垮落的较薄岩层。它由泥岩、碳质页岩等软弱岩层组成，厚度小于 0.5 m，常随采随落。伪顶厚度大时，会导致煤的灰分增加，影响煤炭质量。

(2) 直接顶。

直接顶是位于伪顶或煤层之上的一层或几层相同或不同的岩层。它由泥岩、页岩、粉砂岩等不稳定岩层组成，通常会随回柱放顶而垮落。直接顶的厚度是指回柱放顶后能在采空区自行垮落的岩层厚度，一般为 0.5～2 m。

直接顶破碎时会导致工作面的冒顶事故；反之，直接顶坚硬，不能自行垮落时，会出现采空区大面积悬顶的情况，此时须采取强制放顶的措施，用来保证采煤工作面的安全。所以，直接顶是采掘工作面顶板管理的重点，要求支护设备能够承担直接顶所带来的载荷。若支护设备工作阻力不足，极易出现冒顶事故，造成人员伤亡。

(3) 基本顶。

基本顶是位于直接顶之上的岩层。基本顶自然分层厚度较大,整体性较强,一般由砂岩、石灰岩、砂砾岩等坚硬岩石组成,其厚度大于 2 m,采空后能悬露较大面积。

直接顶是采煤工作面顶板管理的重点,基本顶是采煤工作面顶板控制的对象,在支护密度设计以及支架选型时必须考虑能否有效抵抗基本顶的初次来压和周期来压强度,以确保安全生产。

2. 煤层底板

位于煤层之下,先于煤层形成的部分岩层称为煤层底板。煤层底板分为直接底和基本底两部分。

煤层底板的稳定性对采掘工作面支护有很大影响。如果底板破碎松软或者遇水膨胀出现底鼓,会对巷道的支护、运输带来极大影响。

3. 煤层的形态与结构

煤层埋藏特征受到成煤时期的原始条件和地壳运动的影响而不同。

埋藏在地下的煤层的赋存状态,煤层顶底板岩石性质及含水性,煤层的含瓦斯性及自燃倾向,以及受地质构造影响的程度等,称为煤层的埋藏特征。

根据煤层厚度的变化情况及其对开采的影响,可将煤层分为稳定煤层、较稳定煤层、不稳定煤层和极不稳定煤层。

(1) 稳定煤层:在井田范围内厚度均大于最低可采厚度,厚度的变化有一定规律。

(2) 较稳定煤层:厚度的变化较大,但在井田范围内大多可采,仅局部不可采。

(3) 不稳定煤层:厚度的变化很大,在井田范围内经常出现不可采区。

(4) 极不稳定煤层:煤层常呈鸡窝状、串珠状,断断续续分布,在井田范围内仅局部可采。

根据煤层中有无较稳定的夹石层，可将煤层分为简单结构煤层和复杂结构煤层。

（1）简单结构煤层：煤层中不含夹石层，但仍可能夹杂一些矿物质透镜体或结核。

（2）复杂结构煤层：煤层中常含有较稳定的夹石层。

4. 煤层厚度

煤层厚度指煤层顶板与底板之间的垂直距离，可分为以下三类。

（1）薄煤层：可采厚度小于 1.3 m。

（2）中厚煤层：可采厚度为 1.3～3.5 m。

（3）厚煤层：可采厚度大于 3.5 m。

随着综合机械化采煤技术的发展，一般将厚度大于 6 m 的煤层称为特厚煤层。

煤层厚度直接关系到采煤方法及采煤工艺。神华集团神东煤炭集团的上湾煤矿对于厚度为 8.8 m 的煤层采取一次采全高，无论是采煤机体积结构还是支架的最大支护高度，都处于世界领先地位。而对于特厚煤层，一般采取综采放顶煤的采煤方法开采。

（三）煤矿常见地质构造及对安全生产的影响

煤矿常见地质构造有单斜构造、断裂构造、褶皱构造、陷落柱等，这些地质构造对煤矿的生产和安全都有着不同程度的影响。

1. 单斜构造

在一定范围内，岩层大致向一个方向倾斜的构造形态称为单斜构造。为了更好地形容单斜构造，一般用煤层产状来表述。煤层的产状要素有煤层的走向、倾向和倾角。如图 2-3 所示。

（1）煤层走向：煤层层面和假想水平面的交线叫走向线，如图 2-3 中 *ab* 所示。走向线的延伸方向代表煤层走向。

（2）煤层倾向：在煤层层面上，与走向线垂直并沿倾斜面向下

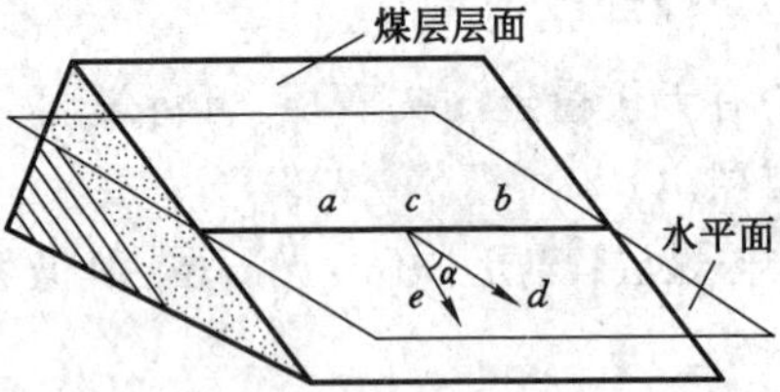

ab—走向线;*cd*—倾向线;*ce*—倾斜线;α—煤层倾角。

图 2-3 单斜构造

所引的直线称为倾斜线,如图 2-3 中 *ce* 所示。倾斜线在水平面上的投影线称为倾向线,倾向线所指的方向即为煤层的倾向,如图 2-3 中 *cd* 所示。

(3) 煤层倾角:煤层面和水平面的夹角叫煤层的倾角。根据倾角的大小,可将煤层分为以下四类。

① 近水平煤层:$\alpha<8°$。

② 缓倾斜煤层:$8°\leqslant\alpha<25°$。

③ 倾斜煤层:$25°\leqslant\alpha\leqslant45°$。

④ 急倾斜煤层:$\alpha>45°$。

单斜构造的倾角大小对开采影响极大。对于近水平煤层,一般采用倾斜长壁采煤法;对于缓倾斜煤层,一般采用走向长壁采煤法;对于急倾斜煤层,一般采用急倾斜煤层的特殊采煤方法。

2. 断裂构造

岩层受力后,作用力超过岩层强度时产生断裂,断裂后的构造形态叫断裂构造。煤岩层断裂后,根据断裂面两侧煤岩体相对位移大小及断裂面的显著程度,可将断裂构造分为节理和断层。

(1) 节理。

断裂面两侧的岩层没有发生明显位移的断裂构造叫节理,又称裂隙。

(2) 断层。

断裂面两侧的岩层产生明显位移的断裂构造叫断层，如图 2-4 所示。根据断层的形状不同，可将断层分为正断层、逆断层和平移断层，如图 2-5 所示。

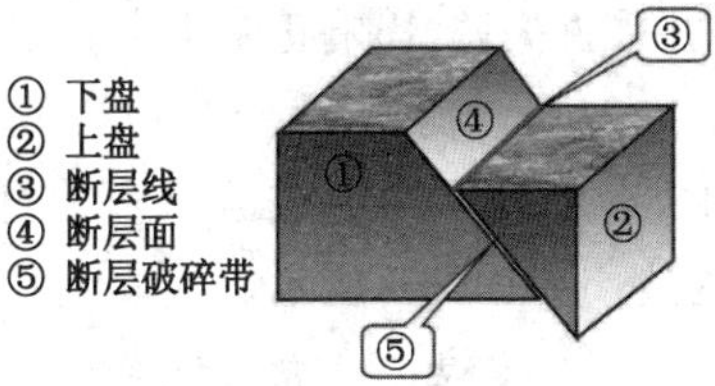

图 2-4　断层构造

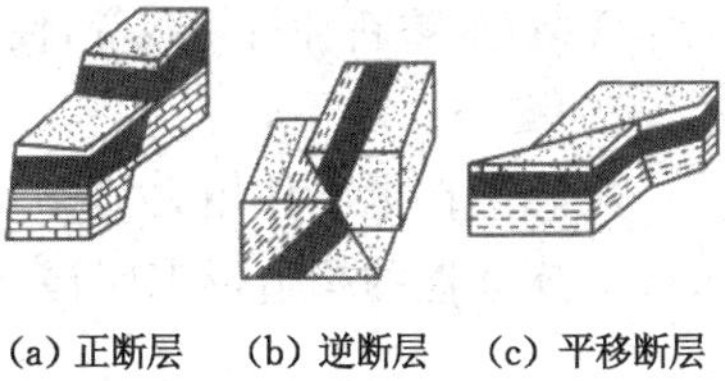

图 2-5　断层的分类

① 正断层：上盘相对下降，下盘相对上升。

② 逆断层：上盘相对上升，下盘相对下降。

③ 平移断层：煤层只是在层面内发生水平位移，没有垂直落差。

(3) 断裂构造对煤矿安全生产的影响

① 采掘工作面遇到断裂构造以后易发生冒顶事故。断裂带有一定的宽度，同时断裂带内煤层的顶底板岩层变得破碎，如不采取相关安全措施，采掘工作面接近断裂带以后容易发生顶板事故，从而给工作面的顶板管理带来很大困难。

② 断层带内可能含有矿井水。断层带波及范围较广，若与含水层、溶洞等连通，地下水进入断裂带内后极易造成水害事故。有时断裂带可直达地表，此时地表水、大气降水也可通过断裂带进入断层带内。

③ 断裂带中可能含有大量瓦斯气体。断裂构造的存在，会加大瓦斯事故发生的可能性。断裂带内的岩层破碎，煤层中的游离状态瓦斯会涌入断裂带中，形成瓦斯库，当采掘工作面接近瓦斯贮存地点时会出现瓦斯异常涌出现象，若不采取相应的安全技术措施，极易发生瓦斯事故。

④ 断层的出现可能导致掘进工作面煤层消失,加大巷道掘进工程量,甚至导致巷道报废。当断距不大时,工作面强行过断层,造成煤机截割强度增加,影响煤质;当断距过大时,需留设保护煤柱,工作面搬家,重新补打切眼等,使矿井采掘失调,影响正常生产。

3. 褶皱构造

煤岩层在地质作用力的影响下,产生变形而形成波状弯曲且未失去连续性的构造形态叫褶皱构造。如图 2-6 所示。

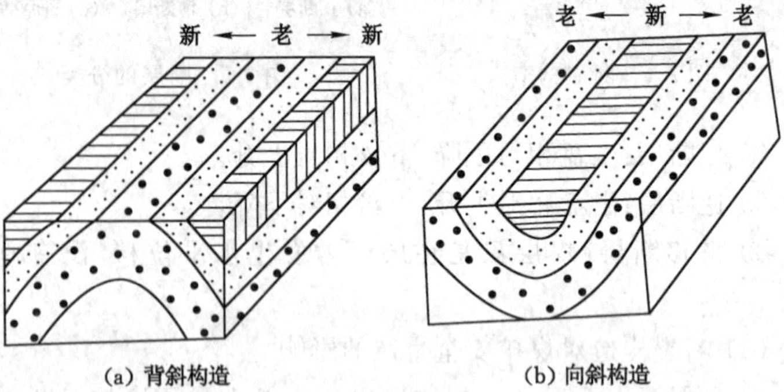

图 2-6　褶皱构造

褶皱中的一个弯曲称为褶曲。褶曲的基本形态分为背斜和向斜两种。背斜中最高的部位叫作背斜的轴,向斜最下面的部位叫作向斜的轴。

褶皱构造对煤矿安全生产的影响主要有以下几个方面。

(1) 增大开采难度。大型的向斜由于其核部煤层埋藏较深,所需开采技术较为复杂。

(2) 给顶板管理带来困难。褶曲轴部裂隙发育,岩层较为破碎,顶板不好管理,容易发生冒顶事故。

(3) 容易引起瓦斯事故。褶曲轴部较为破碎时,是瓦斯涌出的良好通道,也是瓦斯赋存的重要场所,因此易发生瓦斯事故。向斜轴部是瓦斯突出的危险区。

(4) 易发生水灾事故。褶曲轴部的裂隙是水贮存的良好场所和涌出的良好通道,因此易发生水灾事故。

4. 陷落柱

煤系地层下部存在厚度很大的可溶性石灰石、白云岩等,由于受地下水的溶蚀作用,形成岩溶空洞,在上覆岩层重力作用下,引起溶洞上部煤系地层塌陷,形成不规则的环形柱状体,即陷落柱。如图 2-7 所示。

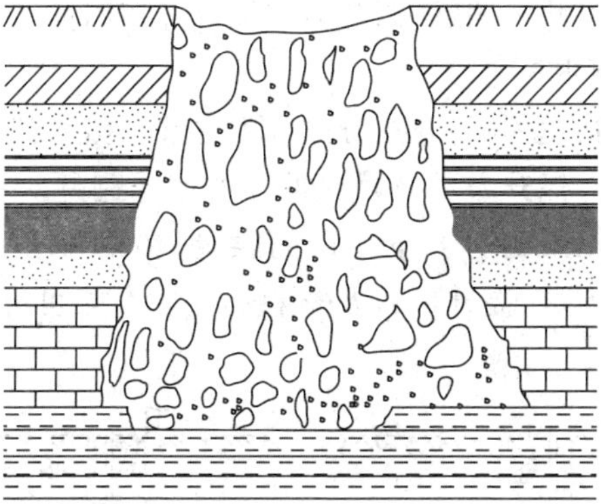

图 2-7　陷落柱

陷落柱对煤矿安全生产的影响主要有以下几个方面。

(1) 在陷落柱比较发育的矿区,煤系地层常遭到严重破坏,使煤炭储量减少。

(2) 陷落柱破坏了煤层的连续性,给巷道布置、采煤方法的选择造成很多困难。

(3) 采煤工作面若遇到陷落柱,整个生产组织将复杂化,对安全生产极为不利。

(4) 在富水矿区,陷落柱穿透含水层时,可将地下水导入井巷,对矿井安全生产的威胁极大。

第二节　煤矿开采基本知识

一、矿井开拓基本知识

（一）矿井开拓方式

为了开采地下的煤炭资源，必须在井田内从地面开掘一系列井（筒）巷（道）进入地下煤层，我们把这一系列井巷的设计、开掘统称为井田开拓。按照进入煤层的井硐形式不同，可将井田开拓分为立井开拓、斜井开拓、平硐开拓和综合开拓四种。

1．立井开拓

主副井均为立井的开拓方式称为立井开拓。其中提升煤炭的立井叫作主井，提升人员及材料的立井叫作副井。在主井中一般都安装箕斗，用来提升井下生产的煤炭；在副井中一般都安装罐笼，用来升降人员、提升矸石及材料。立井开拓可分为多种方式，如图2-8所示。

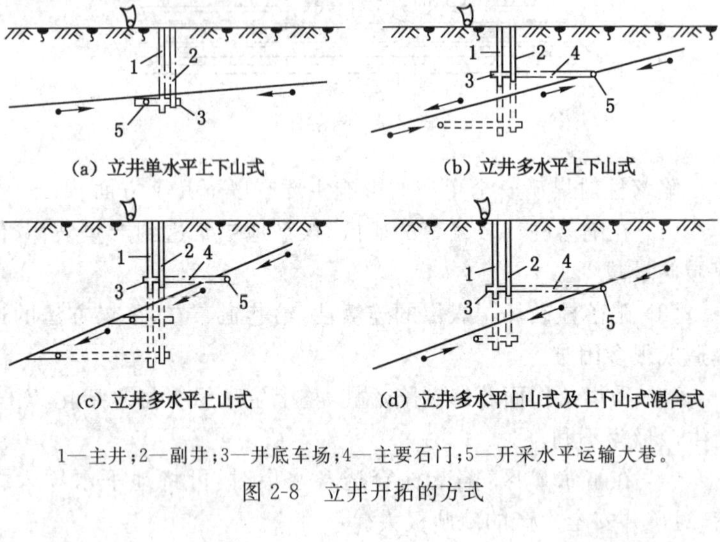

1—主井；2—副井；3—井底车场；4—主要石门；5—开采水平运输大巷。

图2-8　立井开拓的方式

立井开拓一般适用于煤层埋藏比较深、矿井水文地质条件比较复杂的煤层埋藏条件。

2. 斜井开拓

主副井均为斜井的开拓方式称为斜井开拓。斜井开拓分为片盘斜井和分区斜井两种开拓方式。如图 2-9、图 2-10 所示。

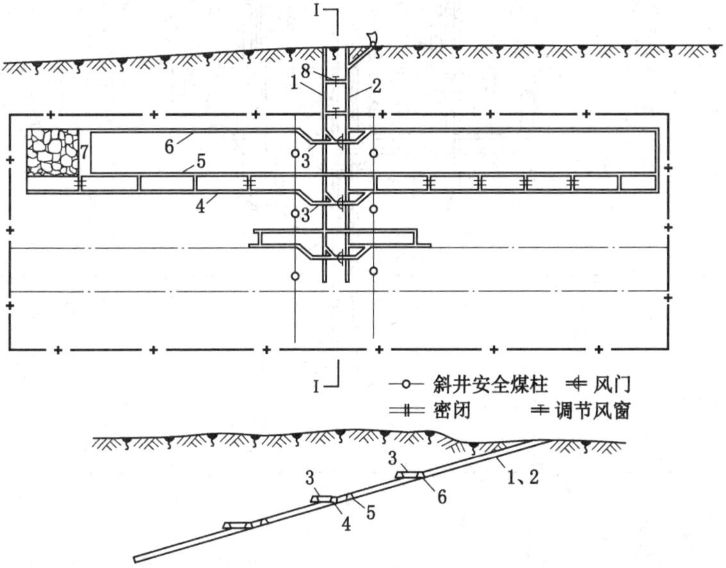

1—主井；2—副井；3—片盘车场；4—阶段运输平巷；5—辅巷；6—阶段回风平巷；7—采煤工作面；8—联络巷。

图 2-9　片盘斜井开拓

根据矿井生产能力、井筒倾角大小不同，斜井开拓的井筒装备也不同。

斜井开拓适用于煤层埋藏较浅、表土层不厚、水文地质条件简单、井筒不需要特殊施工的缓倾斜煤层和倾斜煤层埋藏条件。

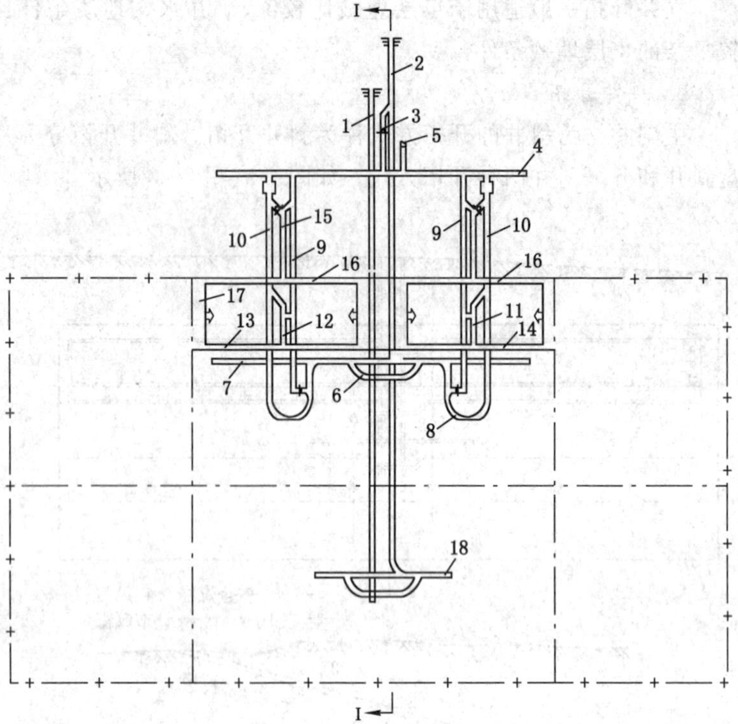

1—主斜井；2—副斜井；3—＋80 m 辅助车场；4—＋80 m 总回风道；5—边界风井；
6—井底车场；7—－100 m 运输大巷；8—采区下部车场；9—采区运输上山；
10—采区轨道上山；11—M4 区段运输平巷；12—区段运输石门；
13—M1 区 段运输平巷；14—M4 区段回风平巷；15—区段回风石门；
16—M1 区段回风平巷；17—采煤工作面；18—－280 m 运输大巷。

图 2-10　分区斜井开拓

3. 平硐开拓

从地面利用水平巷道进入地下煤层的开拓方式称为平硐开拓。

平硐开拓常用在一些山岭和丘陵地区。

根据煤层与平硐的相对位置关系，平硐开拓可分为走向平硐、垂直平硐和斜交平硐。走向平硐和垂直平硐如图 2-11 所示。

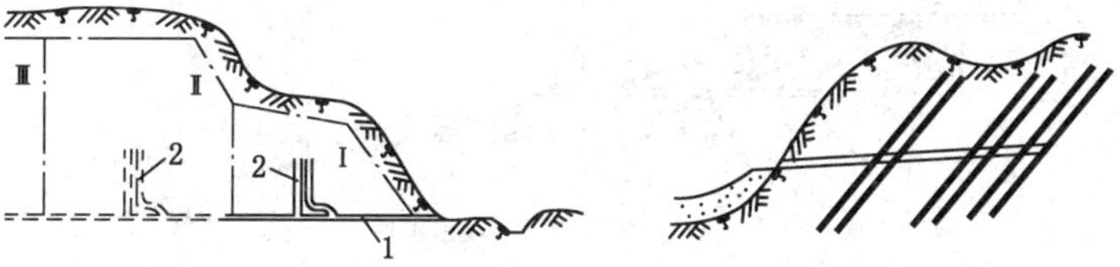

(a) 走向平硐　　(b) 垂直平硐

1—主平硐；2—盘区上山。

图 2-11 平硐开拓

平硐开拓是最优的和最简单的开拓方式，其生产系统简单，通过能力大，施工设备简单，施工容易，建设速度比其他方式要快，工期短，出煤快，初期投资少，利于排水，投入与运营成本相对较低，便于运输。

4. 综合开拓

矿井的主副井采用不同的井筒形式进行开拓时，称为综合开拓。常见的综合开拓方式有主斜井-副立井开拓（图 2-12）、平硐-立井开拓等。

（二）矿井生产系统

矿井的生产系统主要有采煤系统，运煤系统，通风系统，运料、排矸系统，排水系统，供电系统，供水系统等。

1. 采煤系统

在采区内布置准备巷道和回采巷道，建立完善的出煤、排矸、运料、通风、排水和供电等生产系统，称为采区巷道布置，亦称采煤系统。

根据不同的地质条件，采用不同的采煤工艺，采煤系统会有很大的差别。但是其巷道的构成是基本一致的，都由采煤工作面或切眼、采煤工作面上下平巷、采区上（下）山或盘区石门等巷道组成。

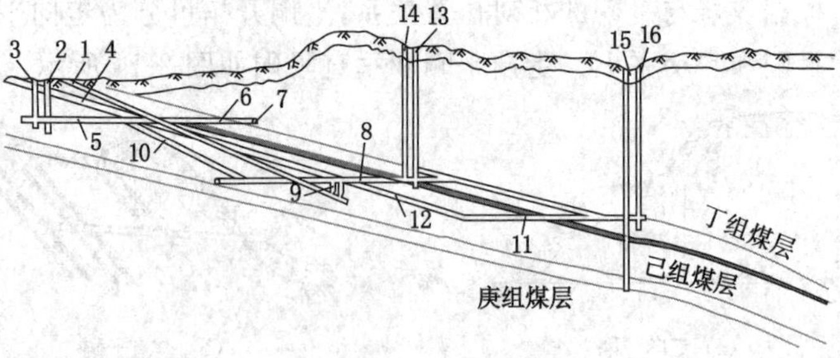

1—主斜井；2—一水平主立井；3—副立井；4—戊组采区回风井；
5,6—一水平戊组和丁组主石门；7—一水平分组运输大巷；
8—二水平主石门；9—二水平井底煤仓；10—二水平暗斜井；
11—三水平主石门；12—三水平暗斜井；13—二水平材料立井；
14—二水平回风立井；15—三水平材料立井；16—三水平回风立井。

图 2-12　大型矿井主斜井-副立井综合开拓

2. 运煤系统

运煤系统是把煤炭从采场运出，通过一些关联的巷道、井(硐)，利用一些运输设备将采煤工作面生产的煤炭运送到地面的系统。各种矿井开拓方式、不同的采煤方法都有其独特的和完整的采煤及运输煤炭的方法。

为保证连续生产，一般都在井下布置有采区煤仓和主煤仓用来缓解采运之间的矛盾，以实现均衡生产。

3. 通风系统

风流由进风井口进入矿井后，经过井下各用风场所，并从回风井排出矿井。风流所经过的整个路线及配套的通风设施，总称为通风系统。通风系统包括矿井通风方式、通风方法和通风网络。

4. 运料、排矸系统

煤矿井下掘进、采煤等场所所需的材料、设备，一般情况下都是从地面副井经由井底车场、大巷等运送的。而采煤工作面回收的材料、设备和掘进工作面运出的矸石，又要由与运料时相反的方向运至地面,这就形成了运料、排矸系统。

5. 排水系统

为了保证煤矿的生产安全,井下的自然涌水、工程废水等都必须排至井上。由排水沟、井底水仓及采区水仓、排水泵、排水管路等所形成的系统称为排水系统。

6. 供电系统

矿井的供电系统是非常重要的系统,它主要提供矿井生产的动力电源。

7. 供水系统

井下的供水系统是提供井下生产用水及洒水灭尘不可缺少的系统。

(三) 采煤方法与采煤工艺

采煤方法为采煤系统与采煤工艺的总称。根据不同的矿山地质及技术条件,可以将不同的采煤方法与采煤工艺相结合,井田内的地质条件与开采条件的不同,直接影响到采煤方法的选择。采煤方法大体上可归纳为壁式采煤法和柱式采煤法两大体系。这两大体系的采煤方法在巷道布置、运输方式和采煤工艺上都有很大区别,采煤设备也不相同。世界上除美国等少数国家以柱式采煤法为主外,其他各主要产煤国都以壁式采煤法为主。

采煤工艺包括采煤工作面的破煤、装煤、运煤、支护及采空区处理。根据采煤工作面机械化程度不同,可分为爆破采煤、普通机械化采煤和综合机械化采煤。

1. 爆破采煤工艺

爆破采煤也称炮采,其工艺过程包括爆破落煤、装煤、运煤、炮采工作面的支护和采空区处理等。

(1) 爆破落煤。

爆破落煤是指先由采煤工人用煤电钻在煤壁上打眼(视煤层的厚度可打单排眼、双排眼或三排眼),眼深一般为 1~1.5 m,并向炮眼内安装炸药、雷管和填塞炮泥，再由爆破工人用专门的起爆器爆破。图 2-13 为单排眼布置爆破落煤。

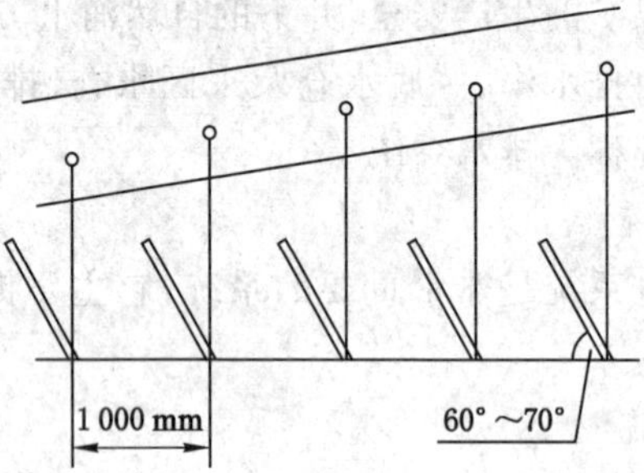

图 2-13　单排眼布置爆破落煤

(2) 装煤与运煤。

爆破后炸碎的煤堆积在煤层及底板上，需要用人力装入刮板输送机运出。工作面运煤是炮采工作面实现机械化的唯一工序。

(3) 炮采工作面的支护和采空区处理。

炮采工作面通常采用单体液压支柱配合金属铰接顶梁或者Ⅱ形梁支护。其布置方式有齐梁直线柱和错梁直线柱两种。一般根据直接顶的岩性采用 3～4 排管理。炮采工作面支护方式如图 2-14 所示。

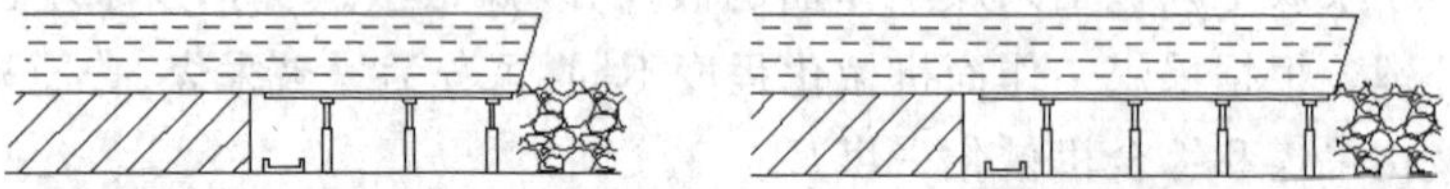

图 2-14　炮采工作面支护方式

炮采工作面采用单体支柱配合金属顶梁支护，在支护到人工回柱放顶过程中，由于支护强度较小加之是单体支柱，故而容易发生冒顶事故。

采空区处理方法一般为全部垮落法，即采煤工作面达到最大控顶距时，有计划地回收采空区一侧 1～2 排支柱，使顶板自然垮落，以减轻工作面支柱上的压力。同时，将垮落的直接顶充填于采空区内，以减轻基本顶对工作面的压力。

(4) 炮采工作面的安全问题。

炮采工作面常出现炮烟中毒、拒爆、放空炮、爆破崩人、爆破崩倒支架及爆破引燃瓦斯等安全问题。

2. 普通机械化采煤工艺

普通机械化采煤工作面安装有单滚筒或双滚筒浅截齿采煤机、可弯曲刮板输送机、金属摩擦支柱或单体液压支柱、金属铰接顶梁以及液压千斤顶等设备。采煤工作面回采工艺的落煤、装煤和运煤实现了机械化，而支护和采空区处理需要由人工完成。

普采工作面采用单滚筒采煤机割煤，在割煤的同时，利用滚筒上的螺旋叶片将煤推入工作面的刮板输送机溜槽内。为了采煤机能顺利割煤，需要在工作面的两端人工打眼爆破开出切口，配合采煤机完成进刀工作。

3. 综合机械化采煤

综合机械化采煤是指采煤工作面的落煤、装煤、运煤、支护和采空区处理等主要工序全部实现了机械化。综采工作面的主要设备是自移式液压支架、采煤机、可弯曲刮板输送机和端头支护设备(端头支架)。

(1) 综采工作面设备布置。

综采工作面设备有大功率的双滚筒采煤机、大功率的双中心链可弯曲刮板输送机、自移式液压支架、桥式转载机、可伸缩带式输送机，实现了采煤全过程机械化。动力装置有移动变电站和乳化液泵站。综采工作面设备布置如图 2-15 所示。

(2) 综采工作面破煤。

综采工作面采用双滚筒采煤机，如图 2-16 所示。

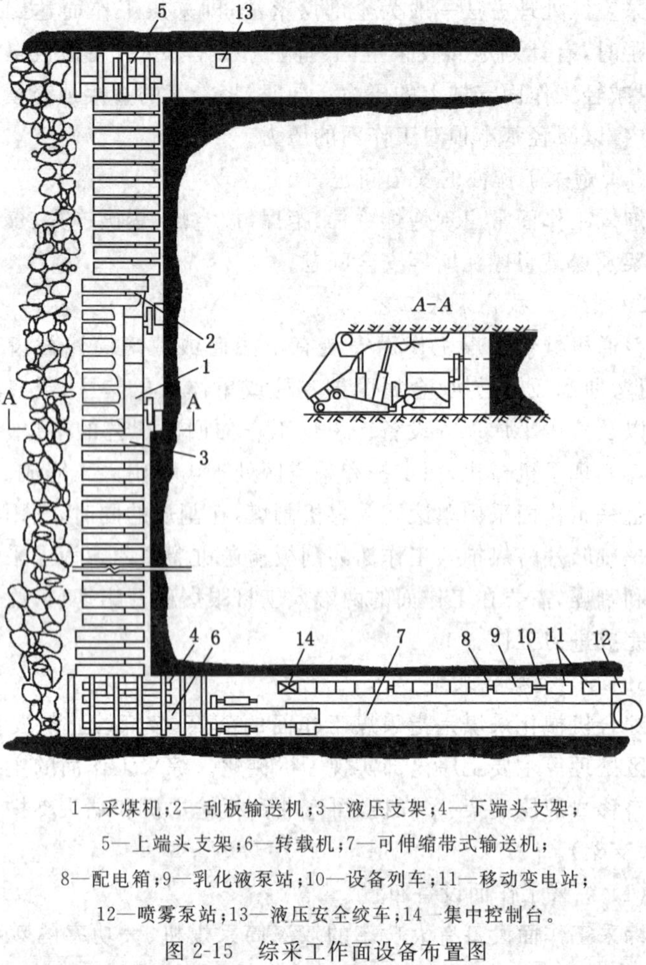

1—采煤机；2—刮板输送机；3—液压支架；4—下端头支架；
5—上端头支架；6—转载机；7—可伸缩带式输送机；
8—配电箱；9—乳化液泵站；10—设备列车；11—移动变电站；
12—喷雾泵站；13—液压安全绞车；14—集中控制台。

图 2-15 综采工作面设备布置图

① 综采工作面采煤机进刀方式。

双滚筒采煤机有自开缺口的能力。目前综采工作面大多采用端头或中部斜切进刀方式。图 2-17 为双滚筒采煤机端部割三角煤斜切进刀方式。

图 2-16　双滚筒采煤机

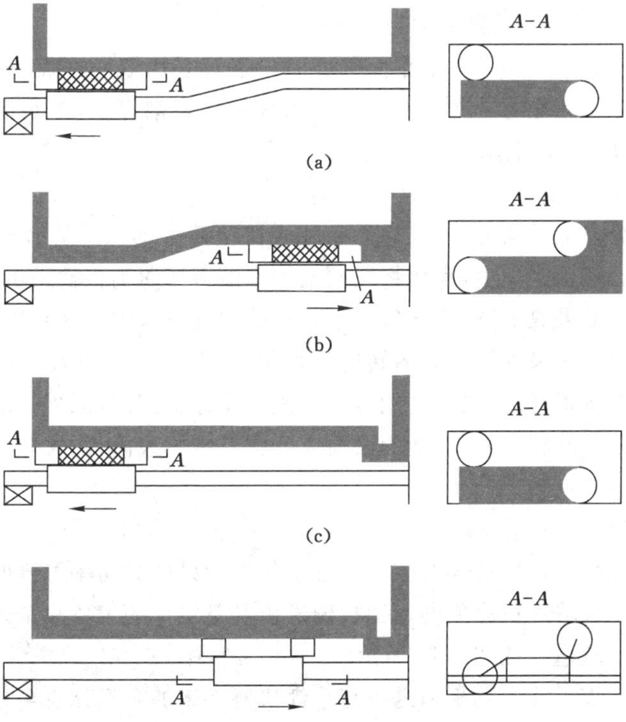

图 2-17　双滚筒采煤机端部割三角煤斜切进刀方式

图 2-17(a):当采煤机割至工作面端头时,其后方一定距离以外的输送机已移近煤壁,前后滚筒间尚留有一段底煤。

图 2-17(b):调换滚筒位置,前滚筒降下,后滚筒升起,并沿输送机弯曲段反向割入煤壁,直至输送机直线段为止,而后将输送机移直。

图 2-17(c):调换两个滚筒的上、下位置,重新返回割三角煤至输送机机头处,机身处留有一段底煤。

图 2-17(d):再次调换滚筒的上、下位置,采煤机上行,将机身下的底煤割掉。煤壁割直后,上行正常割煤。

② 双滚筒采煤机的割煤方式。

双滚筒采煤机在工作面割煤时一般都采用双向割煤,即采煤机在工作面往返一次进两刀。在采煤机正常割煤中,都是前滚筒割顶煤,后滚筒割底煤。

(3) 综采工作面装煤。

综采工作面装煤,依靠的是采煤机滚筒上的螺旋叶片在采煤机滚筒转动割煤中,直接将煤推入工作面可弯曲刮板输送机槽内。为了保证采煤机顺利装煤,对采煤机的螺旋滚筒配置有具体规定。

双滚筒采煤机滚筒的转向和位置原则是:当司机在采煤工作面操作位置时,司机左侧的滚筒应配置左螺旋滚筒,割煤时滚筒逆时针方向旋转;司机右侧的滚筒应配置右螺旋滚筒,割煤时滚筒顺时针方向旋转。

(4) 综采工作面运煤。

综采工作面运煤是依靠沿着工作面铺设的大功率可弯曲双中心链刮板输送机完成的。刮板输送机既是运煤的设备又是采煤机的运行轨道。如图 2-18 所示。

采煤工作面刮板输送机将采煤机割下来的煤炭先运至平巷转载机,再将煤转载至可伸缩带式输送机,以运出工作面。

(5) 综采工作面支护及采空区处理。

图 2-18　可弯曲刮板输送机

液压支架是综采工作面的主要标志。它由顶梁、底座、推移千斤顶、立柱、控制装置等组成。按其与围岩的相互作用方式，液压支架可分为支撑式液压支架、掩护式液压支架和支撑掩护式液压支架三种。

① 支撑式液压支架（垛式支架）：顶梁较长，支撑力大，一般为四柱，切顶性能较好，适用于顶板坚硬完整、周期压力明显和底板较硬的薄及中厚煤层。如图 2-19 所示。

② 掩护式液压支架：支架的顶梁较长，有一个整体的掩护板可将工作空间和采空区完全隔开，适用于中等稳定和易于冒落的顶板。如图 2-20 所示。

③ 支撑掩护式液压支架：以支撑为主，兼有隔离采空区矸石的能力。它的作用介于支撑式液压支架和掩护式液压支架之间，是目前重点发展的架型。如图 2-21 所示。

各种类型支架的动作原理基本相同，均用高压乳化液作为动力。支架的操作由操纵阀控制，可在本架、邻架或分组控制。

综采工作面在移架过程中，采空区后方悬露的直接顶在矿山压力的作用下一般会自然垮落，如果直接顶坚硬、悬顶距离过大，

图 2-19　支撑式液压支架

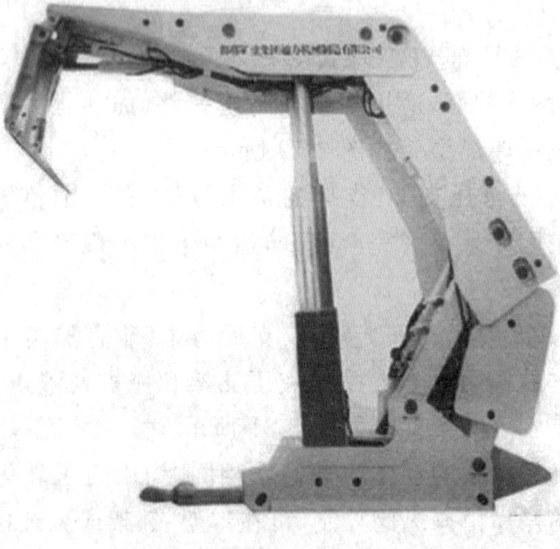

图 2-20　掩护式液压支架

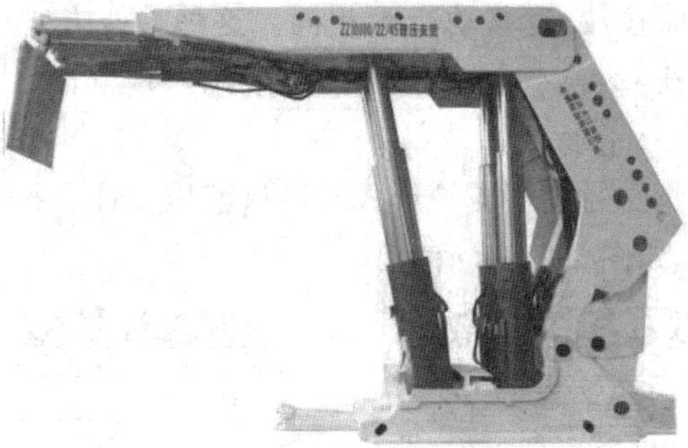

图 2-21　支撑掩护式液压支架

就必须进行强制放顶以减轻支架上方的压力。综采工作面的移架方式有依次顺序式移架、分组间隔交错式移架和分组整体依次顺序式移架三种。

① 依次顺序式移架：又称单架连续式移架，支架沿采煤机牵引方向依次前移，移动步距等于截深，支架移成一条直线。该方式操作简单，容易保证规格质量，能适应不稳定顶板，应用较多。

② 分组间隔交错式移架：移架速度快，适用于顶板较稳定的工作面。

③ 分组整体依次顺序式移架：每次移 1 组，每组 2～3 架。该方式适用于煤层地质条件好、采煤机快速牵引割煤的日产万吨综采工作面。

(6) 综采工作面工序配合方式。

综采工作面主要工序有采煤机割煤、移架、推移输送机等，其配合方式如下。

① 及时支护方式。采煤机割煤以后，支架依次或分组跟机立即前移，输送机随移架逐段移向煤壁，推移步距等于采煤机的截深。

② 滞后支护方式。割煤以后，输送机首先逐段移向煤壁，支

架随输送机前移,二者移动步距相同。这种移架方式由于顶板的空顶时间较长,不利于顶板管理,所以应用比较少。

(7) 综采工作面端头支护。

综采工作面的端头支护形式有单体液压支柱支护和自移式端头支架支护,如图 2-22 所示。

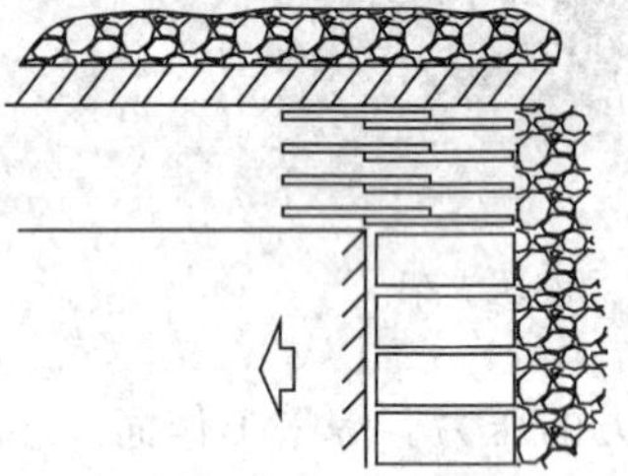
(a) 单体液压支柱支护

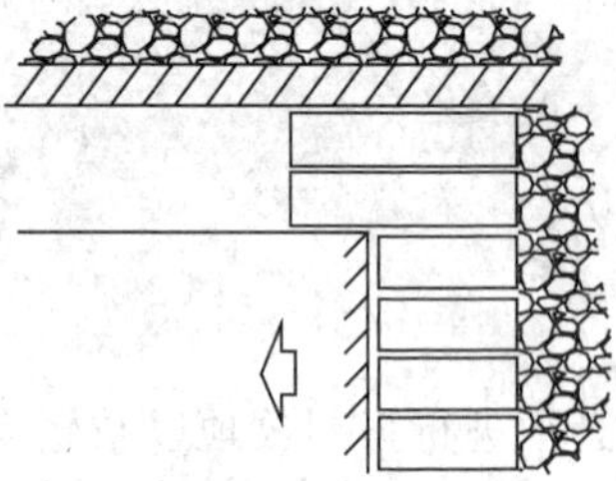
(b) 自移式端头支架支护

图 2-22 综采工作面端头支护形式

① 单体液压支柱支护,如图 2-22(a)所示。该支护方式与普通机械化采煤工作面相同,优点是适应性强,缺点是支护能力较小,劳动强度大。

② 自移式端头支架支护,如图 2-22(b)所示。该支护方式是在工作面上下缺口处各布置两架端头支架,优点是支护能力强、移动速度快,缺点是对平巷条件适应性比较差。

现场工作中端头支架形式要根据具体工作条件选择。

(8) 综采工作面安全管理面临的问题。

① 人为因素造成的安全问题。

造成安全隐患的人为原因主要有:矿工的专业素质不高、文化程度较低,矿工队伍的素质与新技术、新装备的发展不相适应,班组管理不严谨、内部责权利分工不清晰,岗前的安全技术培训未落到实处,安全生产的制度、方针政策以及措施等未落实到矿工身上。

② 设备因素造成的安全问题。

机械设备因素是造成煤矿综采工作产生安全隐患的主要原因之一，其中较为常发的主要有顶板事故、运输事故和机电事故等。机械设备的使用和维修不当、设备的维护检查不合格等原因导致的工作面涌水、瓦斯爆炸、顶板事故以及粉尘爆炸等事故时有发生。

③ 环境因素造成的安全问题。

环境因素是导致煤矿事故发生的基础因素，也是影响煤矿综采工作面安全的重要因素。环境因素主要包括湿度、温度、照度、瓦斯、噪声和生产空间等。矿井下的生产环境非常恶劣，对人的生理和心理健康状况都会产生消极影响。同时，恶劣的生产环境也会对机械设备造成严重的影响和破坏。

④ 煤矿安全管理的系统分析。

基础安全管理和动态安全管理是煤矿安全管理的两个主要方面。在目前煤矿综采工作面的安全管理中，安全管理的结构不完善、监管力度不够、安全管理的检查和评估标准存在缺陷等，导致安全管理系统的评估标准不统一、评估结果缺乏可信度，使煤矿安全评估工作无法制度化和系统化。

4. 特厚煤层采煤法

煤层厚度超过 6 m 时，采用长壁工作面一次采全高比较困难。采高越大，顶板越不易控制，对支护设备材料和结构的要求也越高，安全越难保证。为克服这些困难，可将厚煤层进行分层依次开采，或者采用放顶煤开采方法。

(1) 特厚煤层分层采煤法。

特厚煤层的分层方法主要有倾斜分层、水平分层和斜切分层三种。

① 倾斜分层：沿煤层的倾斜方向，在煤层厚度上将煤层分为若干个分层，各分层的顶板与煤层顶底板平行。在各分层内布置

工作面，各分层依次或同时开采。这种方法适用于开采倾斜及以下的特厚煤层。

② 水平分层：把特厚煤层划分为与水平面平行的若干分层。水平分层适用于开采急斜特厚煤层。

③ 斜切分层：沿煤层走向从顶板以一定的角度将煤层分为若干分层。

(2) 特厚煤层放顶煤采煤法。

放顶煤采煤法是在特厚煤层的某一底部位置布置采煤工作面，其回采工艺与缓斜厚及中厚煤层长壁回采工艺基本相同，但是多了一个利用矿山压力措施将顶煤一起放落的工艺过程。

放顶煤采煤法包括以下四种类型。

① 一次采全厚放顶煤开采。它是在煤层底板布置采煤工作面，在采落的同时放落顶板。该方法一般适用于厚度为 6～12 m 的缓斜特厚煤层。我国在放顶煤采煤中主要使用这种方法。

② 预采顶分层放顶煤开采。具体方法是：先沿煤层顶板布置一个普通一次采全高的长壁工作面，预采顶分层；再沿煤层底板布置放顶煤工作面，将两个工作面之间的顶煤放出。这种方法适用于直接顶坚硬、不易冒落，或者煤层中瓦斯含量大、需要预先排放瓦斯的煤层。

③ 倾斜分段放顶煤开采。当煤层厚度超过 15～20 m 时，可自煤层顶板至底板将煤层分成若干个分段，依次进行放顶煤开采。该方法一般适用于厚度在 15～20 m 以上的煤层。

④ 急倾斜特厚煤层水平分段放顶煤开采。该方法沿垂直高度自上而下分段逐个布置水平或倾斜工作面进行放顶煤开采。

第三章 矿井通风基础

第一节 矿井空气

一、地面空气的组成

地面空气是由干空气和水蒸气组成的混合气体，通常称为湿空气。干空气是指完全不含有水蒸气的空气，是由氧气(O_2)、氮气(N_2)、二氧化碳(CO_2)、氩气(Ar)、氖气(Ne)和其他一些微量气体组成的混合气体。干空气的组成成分比较稳定，如表 3-1 所示。

表 3-1 干空气的组成成分

气体名称	按体积计/%	按质量计/%
氧气(O_2)	20.94	23.14
氮气(N_2)	78.09	75.53
二氧化碳(CO_2)	0.03	0.05
稀有气体	0.94	1.28

湿空气中仅含有少量的水蒸气，但其含量的变化会引起湿空气的物理性质和状态发生变化。

二、矿井空气和气候

(一) 矿井空气主要成分及其性质

地面空气进入矿井采掘地点以后，由于受到污染，其成分和性质会发生一系列的变化。如氧气含量降低，二氧化碳含量升高；混入各种有毒、有害气体和矿尘；空气的状态参数（温度、湿度、压力等）发生改变等。一般将井巷中没经过用风地点、受污染程度较轻的进风巷道内的空气，称为新鲜空气；将经过用风地点、受污染程度较重的回风巷道内的空气，称为污浊空气或乏气。

尽管矿井空气与地面空气相比，在性质上存在许多差异，但进入矿井的新鲜空气的主要成分仍然是氧气、氮气和二氧化碳。

1. 氧气

氧气是维持人体正常生理机能所需要的气体。人类在生命活动过程中，必须不断吸入氧气、呼出二氧化碳。人体维持正常生命过程所需的氧气量取决于人的体质、精神状态和劳动强度等。当空气中的氧浓度降低时，人体就可能产生不良的生理反应，出现种种不舒适的症状，严重时可能导致缺氧死亡。人体缺氧症状与空气中氧浓度的关系如表 3-2 所示。

表 3-2　人体缺氧症状与空气中氧浓度的关系

氧浓度（体积）/%	主要症状
17	静止时无影响，工作时能引起喘息和呼吸困难
15	呼吸及心跳急促，耳鸣目眩，感觉和判断能力降低，丧失劳动能力
10～12	失去理智，时间稍长有生命危险
6～9	失去知觉，呼吸停止，如不及时抢救，几分钟内便可导致死亡

造成矿井空气中氧浓度降低的主要原因有：人员呼吸，煤岩和其他有机物的缓慢氧化，煤炭自燃，瓦斯、煤尘爆炸。此外，煤岩和生产过程中产生的各种有害气体，也会使空气中的氧浓度相对降低。所以，在井下通风不良的地点，空气中的氧浓度可能显著降低，如果不经检查而贸然进入，可能引起人员缺氧窒息。

2. 二氧化碳

二氧化碳不助燃，也不能供人呼吸，略带酸臭味。二氧化碳比空气重，与空气的相对密度为1.52。在风速较小的巷道中，底板附近的二氧化碳浓度较大；在风速较大的巷道中，二氧化碳一般能与空气均匀地混合。

新鲜空气中含有微量的二氧化碳对人体是无害的。二氧化碳对人体的呼吸中枢神经有刺激作用，如果空气中完全不含有二氧化碳，则人体的正常呼吸功能就不能维持。所以在抢救遇险者进行人工输氧时，往往要在氧气中加入5%的二氧化碳，以刺激遇险者的呼吸机能。但当空气中二氧化碳的浓度过高时，也将使空气中的氧浓度相对降低，轻则使人呼吸加快、呼吸量增加，严重时可能造成人员中毒或窒息。

矿井空气中二氧化碳的主要来源有：煤和坑木的氧化；碳酸型岩石的分解；从煤层或围岩中涌出；井下火灾或者火区内；井下爆破作业；人员呼吸；瓦斯、煤尘爆炸等。

3. 氮气

氮气是一种惰性气体，是新鲜空气的主要成分，它本身无毒，不助燃，也不供呼吸。若空气中氮气浓度升高，则势必造成氧浓度相对降低，从而可能导致对人员的窒息性伤害。正因为氮气为惰性气体，因此可将其用于井下防灭火和防止瓦斯爆炸。

矿井空气中氮气的主要来源有：井下爆破和生物的腐烂及从煤岩层中涌出。

(二) 矿井主要有害气体及其主要性质

1. 一氧化碳(CO)

一氧化碳是一种无色、无味、无臭的气体，相对密度为0.97，微溶于水，能与空气均匀地混合。一氧化碳能燃烧，当空气中一氧化碳的浓度在13%～75%时有爆炸危险。

一氧化碳与人体血液中血红素的亲和力比氧大250～300倍。一氧化碳进入人体后，首先与血液中的血红素相结合，因而减少了血红素与氧结合的机会，使血红素失去输氧的功能，从而造成人体血液“窒息”。所以，医学上又将一氧化碳称为血液窒息性气体。

矿井空气中一氧化碳的主要来源有：井下爆破，矿井火灾，煤炭自燃以及煤尘、瓦斯爆炸等。

2. 硫化氢(H_2S)

硫化氢无色、微甜、有浓烈的臭鸡蛋味，当空气中硫化氢的浓度达到0.000 1%时即可嗅到，但当浓度较高时，因嗅觉神经中毒麻痹，反而嗅不到。硫化氢的相对密度为1.19，易溶于水，在常温、常压下一个体积的水可溶解2.5个体积的硫化氢，所以它可能积存于旧巷的积水中。硫化氢能燃烧，当空气中硫化氢的浓度为4.3%～45.5%时有爆炸危险。

硫化氢有剧毒，有强烈的刺激作用，不但能引起鼻炎、气管炎和肺水肿，而且能阻碍生物的氧化过程，使人体缺氧。当空气中硫化氢浓度较低时，以腐蚀刺激作用为主；浓度较高时，能引起人员迅速昏迷或死亡，腐蚀刺激作用往往不明显。

空气中硫化氢的主要来源有有机物腐烂、含硫矿物的水解、矿物氧化和燃烧、从老空区和旧巷积水中放出等，我国有些矿区的煤层中也有硫化氢涌出。

3. 二氧化氮(NO_2)

二氧化氮是一种褐红色的气体，有强烈的刺激性气味，相对密度为1.59，易溶于水。二氧化氮溶于水后会生成腐蚀性很强的硝酸，对眼睛、呼吸道黏膜和肺部组织有强烈的刺激及腐蚀作用，严重时可引起肺水肿。二氧化氮中毒有潜伏期，有些人在严重中毒时尚无明显感觉，还可坚持工作，但6～24 h后症状发作，中毒者的手指头会出现黄色斑点，并出现严重的咳嗽、头痛、呕吐症状，甚至死亡。

矿井空气中二氧化氮的主要来源是井下爆破作业。

4. 二氧化硫(SO_2)

二氧化硫无色、有强烈的硫黄气味及酸味，当空气中二氧化硫的浓度达到 0.000 5%时即可嗅到。二氧化硫的相对密度为 2.22。在风速较小时，二氧化硫易积聚于巷道的底部。二氧化硫易溶于水，在常温、常压下 1 个体积的水可溶解 4 个体积的二氧化硫。二氧化硫遇水后生成硫酸，对眼睛及呼吸系统黏膜有强烈的刺激作用，可引起喉炎和肺水肿。当空气中的二氧化硫浓度达到 0.002%时，眼睛及呼吸器官即感受到强烈的刺激；浓度达到 0.05% 时，短时间内即可造成生命危险。

矿井空气中二氧化硫的主要来源有含硫矿物的氧化与自燃，含硫矿物的爆破以及从含硫矿层中涌出。

5. 氨气(NH_3)

氨气是一种无色、有浓烈臭味的气体，比重为 0.596，易溶于水，当空气中氨气的浓度达到 30%时有爆炸危险。氨气对皮肤和呼吸道黏膜有刺激作用，可引起喉头水肿。

矿井空气中氨气的主要来源有爆破作业、用水灭火等，部分岩层中也有氨气涌出。

6. 氢气(H_2)

氢气无色、无味、无毒，相对密度为 0.07。氢气能自燃，当空气中氢气的浓度为 4%～74%时有爆炸危险。

空气中氢气的主要来源是井下蓄电池充电时放出，有些中等变质的煤层中也有氢气涌出。

(三) 矿井空气主要成分的浓度标准

由于矿井空气质量对人员健康和矿井安全有着重要的影响，所以《煤矿安全规程》对矿井空气主要成分(氧气、二氧化碳)的浓度标准做出了明确的规定：采掘工作面进风流中的氧气浓度不得低于 20%，二氧化碳浓度不得超过 0.5%。有害气体的最高允许浓度如表 3-3 所示。

表 3-3　矿井有害气体最高允许浓度

名称	最高允许浓度/%
一氧化碳	0.002 4
氧化氮(换算成二氧化氮)	0.000 25
二氧化硫	0.000 5
硫化氢	0.000 66
氨气	0.004

注:瓦斯、二氧化碳和氢气的允许浓度按照《煤矿安全规程》的有关规定执行。矿井所有气体的浓度均按体积百分比计算。

(四) 矿井气候

矿井气候是指矿井空气的温度、湿度和流速这三个参数的综合作用状态。矿井气候条件的好坏,对井下作业人员的身体健康和劳动安全有着重要的影响,良好的矿井气候条件是保证矿井安全生产的重要因素。因此,保持良好的矿井气候条件是矿井通风的基本任务之一。

1. 矿井空气温度

矿井空气温度是影响矿井气候条件的主要因素,它与人体温度差的大小直接影响身体向外散热的快慢。温度过高或过低时,都会使人感到不舒适,甚至危害身体健康。最适宜的井下空气温度是 15～20 ℃。

《煤矿安全规程》第六百五十五条规定:当采掘工作面空气温度超过 26 ℃、机电设备硐室超过 30 ℃时,必须缩短超温地点工作人员的工作时间,并给予高温保健待遇。当采掘工作面的空气温度超过 30 ℃、机电设备硐室超过 34 ℃时,必须停止作业。新建、改扩建矿井设计时,必须进行矿井风温预测计算,超温地点必须有降温设施。

《煤矿安全规程》第六百五十六条规定:有热害的井工煤矿应

当采取通风等非机械制冷降温措施。无法达到环境温度要求时，应当采用机械制冷降温措施。

2. 矿井空气的湿度

空气的湿度是指空气中所含水蒸气的量，表示湿度的方法有绝对湿度和相对湿度两种。绝对湿度是指 1 m^3 或 1 kg 空气中所含水蒸气的克数。相对湿度是指某一体积空气中实际含有的水蒸气量与同温同压下饱和水蒸气量之比的百分数。

3. 井巷风速

风速是指风流单位时间内流过的距离。井巷气候条件的好坏主要是指人体向外散热条件的好坏，这与风速有关。风速过低时，汗水不易蒸发，人体多余的热量不易散失掉，人就会感到闷热不舒服，同时瓦斯也容易积聚；风速过高时，容易使人感冒，矿尘飞扬。因此，《煤矿安全规程》规定了井巷中的允许风流速度，如表 3-4 所示。

表 3-4　井巷中的允许风流速度

井巷名称	允许风速/($m \cdot s^{-1}$)	
	最低	最高
无提升设备的风井和风硐		15
专为升降物料的井筒		12
风桥		10
升降人员和物料的井筒		8
主要进、回风巷		8
架线电机车巷道	1.0	8
输送机巷，采区进、回风巷	0.25	6
采煤工作面、掘进中的煤巷和半煤岩巷	0.25	4
掘进中的岩巷	0.15	4
其他通风人行巷道	0.15	

设有梯子间的井筒或修理中的井筒，风速不得超过 8 m/s；梯子间四周经封闭后，井筒中的最高允许风速可以按表 3-4 规定执行。综合机械化采煤工作面，在采取煤层注水和采煤机喷雾降尘等措施后，其最大风速可高于表 3-4 的规定值，但不得超过 5 m/s。

4. 矿井气候条件的改善

改善矿井气候条件的目的是将井下特别是采掘地点的空气温度、湿度和风速合理配置，以创造良好的作业环境，保证作业人员的身体健康和提高劳动生产率。在煤矿生产过程中，控制空气湿度较困难，主要从调节气温和风速入手。

(1) 空气预热。

冬季时，我国北方地区地面温度很低，冷空气进入井下会使井筒和井底车场结冰，对行人、运输和提升都不安全，容易引发事故。因此，需要对进入井下的冷空气预热。一般井口房不密闭时采用冷热风在井筒内混合、在井口房内混合，以及在井口房和井筒内同时混合等方式，如图 3-1 所示。通常采用的预热方法是使用蒸汽或水暖设备，将一部分空气加热到 70～80 ℃，并使其进入井筒与冷空气混合，以使混合后进入井筒的空气温度不低于 2 ℃。

(2) 降温。

在我国南方地区和一些开采深度较大的矿井，夏季时在地面气温和井下其他热源的影响下，采掘工作面的温度和湿度会超过《煤矿安全规程》的规定值，因此，需要采取以下降温措施。

① 通风降温。

通风降温是目前国内外深部开采矿井普遍采用的降温措施之一，主要有以下几种方法。

建立合理的通风系统，减少漏风，增加工作面有效风量。对于深部开采高热矿井，为保证将一定数量和质量的空气送入井下各用风区域，必须建立合理的、可靠的通风系统。

从降温效果来看，在考虑进风井和回风井相对位置时，混合式

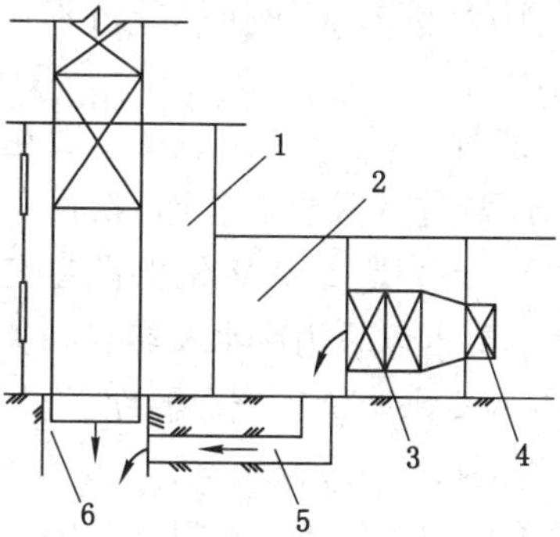

(a) 冷热风在井筒内混合

1—通风机房；2—空气加热室；3—空气加热器；4—通风机；5—热风道；6—井筒。

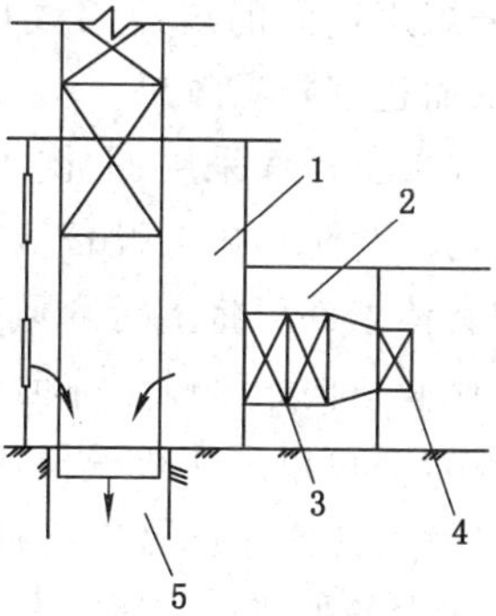

(b) 冷热风在井口房内混合

1—通风机房；2—空气加热室；3—空气加热器；4—通风机；5—井筒。

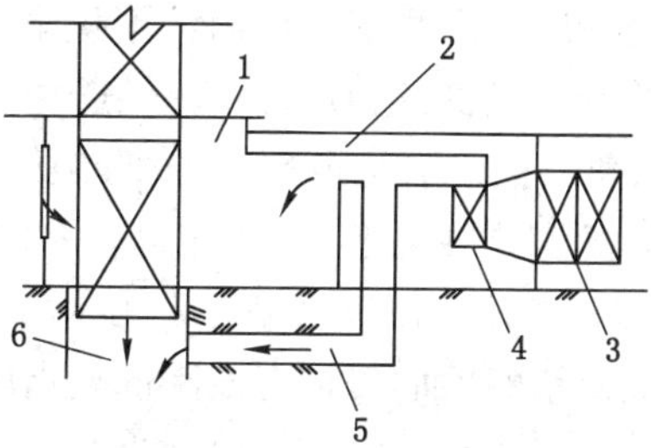

(c) 冷热风在井口房和井筒内同时混合

1—通风机房；2—空气加热室；3—空气加热器；4—通风机；5—热风道；6—井筒。

图 3-1　井口空气预热方式

通风最优，对角式通风次之，中央式通风最差。

对于深部开采的风井，其通风路线较长，风流与井巷的热交换时间长，空气沿途升温较大，所以，尽量将开拓和采区巷道布置在距离热源较远的岩层内，实行分区通风，以缩短风路。

在地质条件和采煤工艺允许时，将采煤工作面 U 形通风系统改为 W 形通风系统能降低其温度。W 形通风系统的主要优点是:采煤工作面的风流路线可以缩短一半,工作面风量可提高1倍,从而达到降温效果。

综采工作面采用U形通风系统时,一般将机电设备安装在进风巷内。为防止机电设备散热随风流进入采煤工作面,根据工作面的具体条件可将上行通风改为下行通风,或者将机电设备安装在回风巷道内。采掘工作面根据需要可以采用冷水喷雾和冰块降温措施,亦可以采用机械设备强制制冷来降低工作面温度。

② 减少各种热源或减弱其散热强度。

减少各种热源或减弱其散热强度的主要措施有以下几种:

a. 地下热水或火区的热水以最短的路线流入水仓、排至地面。

b. 减少机械散热。井下主要的大型机电硐室必须采用独立的回风系统,将温度较高的回风排入回风道内。

c. 减少氧化放热。氧化放热和局部热源放热是井巷风流升温的重要因素,尤其是在井巷干燥、煤尘较多、使用木支架通风路线长的巷道中,风流升温比较明显。采用木材支架或者使用不易氧化的材料涂抹巷道壁面,可以有效降低氧化放热量。

第二节 矿井通风系统

在煤炭地下开采过程中,为将地面的新鲜空气定量地供给井下各用风地点,同时稀释并排出污浊空气,除了需要一系列的巷道,使空气能够按照生产的需要定量、定向而且连续地流向各用风地点以外,还需要一系列的通风动力机械和控制风流的设施,如风门、密闭和风桥等。因此,矿井通风系统是向矿井各作业地点供给新鲜空气、排出污浊空气的进、回风井的布置方式,主要通风机的工作方法、通风网络和通风控制设施的总称。

一、通风方法

通风方法指矿井主要通风机向矿井供风的方式，分为抽出式通风、压入式通风、压抽混合式通风三种。

（一）抽出式通风

抽出式通风是将主要通风机安装在回风井井口，在抽出式主要通风机的作用下，整个矿井通风系统处在低于当地大气压力的负压状态。在这种情况下，回风流不易向其他处乱窜，可以集中而迅速地流入回风系统排出井外。此外，在抽出式通风矿井中，通风设施安设在回风侧，不妨碍运输和行人，管理简单，控制可靠，对于高瓦斯矿井和有自然发火危险的矿井来说是有利的。当主要通风机因故停止运转时，井下风流的压力提高，在一定时间内采空区封闭火区中的瓦斯等有毒有害气体不易涌出，比较安全。

（二）压入式通风

压入式通风是指主要通风机安设在进风井井口，在压入式主要通风机作用下，整个矿井通风系统处在高于当地大气压的正压状态。在压入式通风矿井中，控制风流的设施一般都在进风侧安设，这对运输和行人等都不方便，不易管理和控制，井底车场和进风井井口处漏风较大。在冒落裂隙通达地面时，压入式通风矿井采区的有害气体通过塌陷区向外漏出。当主要通风机因故停止运转时，井下风流的压力降低，采空区或封闭火区的有毒有害气体涌出量增加，对安全不利。所以，一般瓦斯矿井很少采用压入式通风。

（三）压抽混合式通风

压抽混合式通风是在进风井井口设一风机做压入式工作，回风井井口设一风机做抽出式工作。通风系统的进风部分处于正压；回风部分处于负压；工作面大致处于中间，其正压或负压均不大，采空区通连地表的漏风因而较小。该方法的缺点是使用的通风机设备多，管理复杂。因此，在煤矿中一般很少使用压抽混合式的通风方法。

二、通风方式

矿井通风方式是对矿井的进、回风井井筒的相对位置而言的，一个矿井若要构成通风系统至少需要一个进风井和一个回风井。按照进、回风井的相对位置，矿井通风方式可分为中央式通风、对角式通风和混合式通风三类。

（一）中央式通风

该通风方式的进、回风井均位于井田走向中央。根据进、回风井的相对位置，又分为中央并列式通风和中央边界式（中央分列式）通风，分别如图 3-2(a)和图 3-2(b)所示。

在中央式通风方式中，矿井通风路线是折返的，故比其他通风方式的通风阻力大，且阻力的变化幅度也大，主要通风机工作不稳定、效率低、能耗大。由于风流折返和阻力大，进、回风侧的压差较大，矿井漏风大，对矿井防火不利。但中央式通风，尤其是中央并列式通风具有基建费用少、建井时间短、投产快、工矿建筑集中、便于管理、井筒延深工作方便和易实现矿井反风等优点。

（二）对角式通风

对角式通风分为两翼对角式通风、单翼对角式通风和分区对角式通风三种。

两翼对角式通风：如图 3-2(c)所示，进风井位于井田中央，回风井位于井田两翼上部边界。

单翼对角式通风：进风井在井田一侧，回风井在另一侧的通风系统。

分区对角式通风：进风井位于井田中央，在每个采区的井田上部边界设置一个回风井。

对角式通风虽然基建工程量大，但是可用两翼风井进行施工，投产快，具有风流路线短又无折返、通风阻力小、漏风少、矿井风压稳定的特点。但回风井和所用的主要通风机多，基建费用大，布置分散，不便管理。

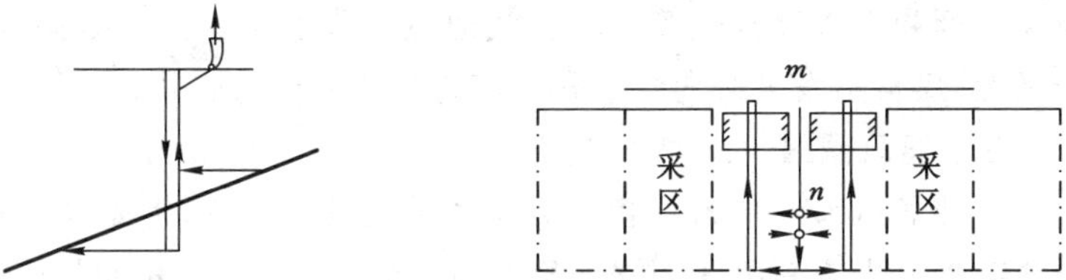

(a) 中央并列式通风

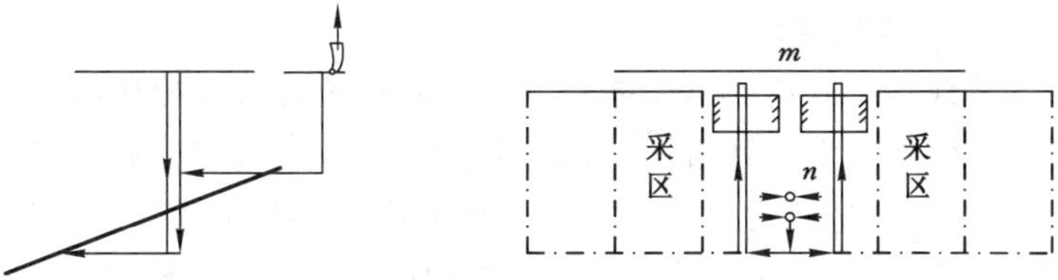

(b) 中央边界式（中央分列式）通风

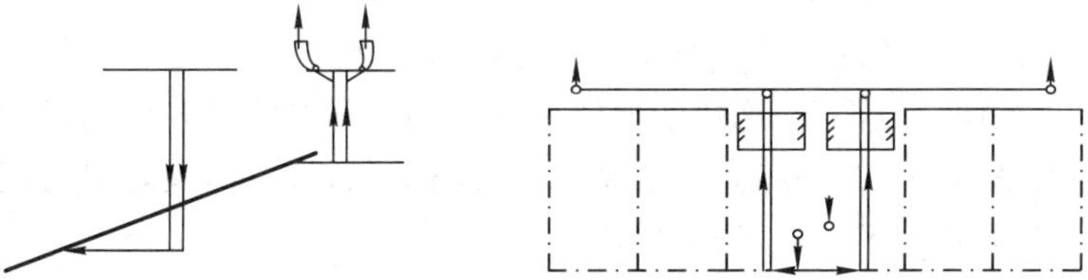

(c) 两翼对角式通风

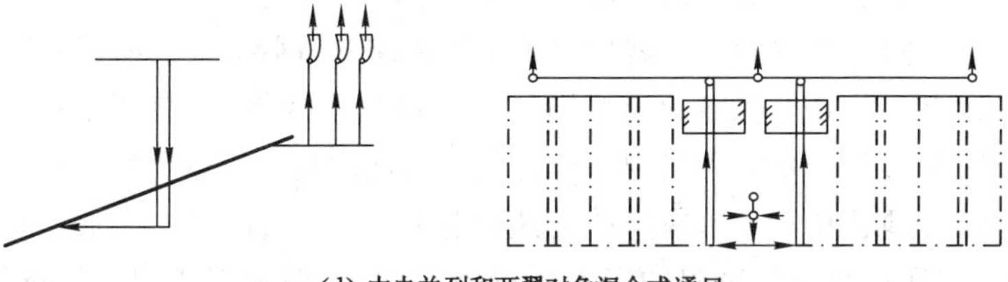

(d) 中央并列和两翼对角混合式通风

图 3-2　矿井通风方式

（三）混合式通风

混合式通风是以上任意两种通风方式的结合。如中央分列式和两翼对角混合式、中央并列和两翼对角混合式[图 3-2(d)]以及中央并列和中央混合式等。混合式通风方式多用于井田范围大、产量大、煤自然发火倾向严重和有煤与瓦斯突出的矿井。

三、通风网络

矿井通风系统中的井巷连接关系是比较复杂的，但是从连接形式上来说主要有串联、并联、角联和复杂连接形式。不同的连接形式具有不同的通风特性和安全效果。

（一）串联网络

若前一个井巷的出风端和下一个井巷的进风端相接，这样的通风网络称为串联网络。串联网络的特点是：串联巷道越多，通风阻力越大；进风侧发生灾害时将影响回风侧，各段巷道中的风量不能随意变更；下一个井巷的进风端使用前一个井巷出风端的回风。

（二）并联网络

两条或者两条以上的通风井巷进风端在同一点分开，出风端在另外同一点汇合，这样的通风网络称为并联网络。并联网络的特点是：并联的井巷越多，各个井巷分得的风量越少，通风阻力越小；各井巷互不干扰，安全性较好。

（三）角联网络

在两条分路组成的并联系统中，若有一条或一条以上的井巷横跨于两个并联巷道上就构成了角联系统，其网络称为角联网络。只含有一条对角网络的角联网络叫简单角联网络，含有两条或两条以上对角网络的角联网络称为复杂角联网络。角联网络的特点是：在角联网络中，边缘风路的风流稳定；对角风路中的风流不稳定，它在边缘风路风阻的影响下可能正向、反向或者无风。因此，在矿井设计中，应尽量避免角联网络的出现。

四、通风设施

为了保证井下风流按规定的路线、方向流动，使井下各用风地点得到所需风量，必须在井下某些巷道中设置相应的通风设施对风流进行井下控制。这些引导、隔断和控制风流的构筑物称为通风设施，如风门、风桥等。一个矿井通风状况的好坏与通风设施的建造质量、数量、位置和维护等有密切的关系，因此，合理地、高质量地设置通风设施并严格保证其始终处于完好状态是矿井通风与安全管理工作的一项重要任务。

（一）风门

井下凡不允许风流通过但需要行人或行车的巷道，必须安设风门。在行人或者通车不多的地方可以安设普通风门，而在行人或者通车比较频繁的主要运输道上，则应构筑自动风门。图 3-3为风门和调节风门的表示方式。

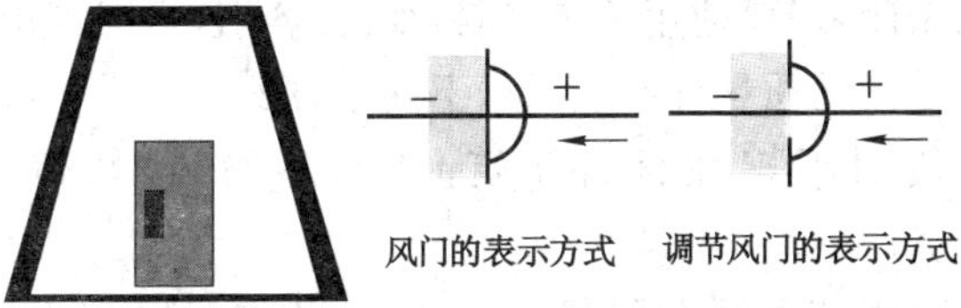

图 3-3　风门和调节风门的表示方式

设置风门的要求包括以下几个方面。

（1）每组风门不少于两道，通车风门间距不小于一列车长度，行人风门间距不小于 5 m。进、回风巷道之间需要设风门处应同时设反向风门，其数量不少于两道。

（2）风门能自动关闭；通车风门实现自动化，矿井总回风和采区回风系统的风门要装有闭锁装置；风门不能同时敞开（包括反向风门）。

（3）门框要包边沿口，有垫衬，四周接触严密，门扇平整不漏风，门扇与门框不歪扭。门轴与门框向关门方向倾斜 80°～85°。

（4）风门墙垛要用不燃材料建筑，厚度不小于 0.5 m，严密不漏风；墙垛周边要掏槽，见硬顶、硬帮且与煤岩接实；墙垛平整，无裂缝、重缝和空缝。

(5) 风门水沟要设反水池或挡风帘,通车风门要设底坎,电管路孔要堵严;风门前后各 5 m 内巷道支护良好,无杂物、积水、淤泥。

(二) 风墙

风墙一般称作密闭,它是隔断风流程度较高的一种通风设施。凡是不运输、不行人,又需要隔断风流的地方都应设风墙。根据服务年限的不同,可分为临时密闭和永久密闭两类。

临时密闭:由于服务年限短,常用木板、木段等修筑,并用黄泥、石灰抹面。

永久密闭:需要使用不燃材料,如砖、料石、水泥等构筑。

永久密闭的质量标准包括以下几个方面。

(1) 使用不燃性材料建筑,严密不漏风,墙体厚度不小于 0.5 m。

(2) 密闭前无瓦斯积聚;5 m 内无杂物、冒顶、片帮、积水和淤泥。

(3) 密闭与周边要掏槽,见硬底、硬帮且与煤岩接实,要抹不少于 0.1 m 的裙边。

(4) 根据出水情况设置观测孔、放水孔和措施孔。

(5) 密闭前要设置栅栏、揭示警标、说明牌板和检查箱。

(6) 墙面平整,无裂缝、重缝和空缝。

(三) 风桥、测风站、防爆门(盖)

1. 风桥

在进风和回风平面相遇的地点必须设置风桥,构成立体交叉风路,使进风和回风能够分开,互不相混。服务年限长,通过风量大于 20 m^3/s 的风桥,要用图 3-4(a)中的绕道式风桥,绕道须开掘在岩石中;服务年限长,通过风量为 10～20 m^3/s 的风桥,要用图 3-4(b)中的混凝土或料石风桥;服务年限短,通过风量小于 10 m^3/s 的风桥,要用图 3-4(c)中的临时风桥。

(a) 绕道式风桥　(b) 混凝土或料石风桥　(c) 临时风桥

图 3-4　风桥

2. 测风站

对构筑测风站有以下几点要求。

(1) 主要进回风道(矿井总进、回风道,一翼进、回风大巷,水平进、回风巷道,采区进、回风巷道)都应设置固定测风站。

(2) 测风站必须设置在平直巷道内。测风站长度不得小于4 m,前后10 m内巷道不得有分叉、拐弯,不得有障碍物,巷道断面应无变化。

(3) 在料石砌碹的巷道中,可按照上述要求选择一段巷道作为测风站。

(4) 在光爆锚喷、锚杆支护或裸体巷道中,应砌碹构筑测风站,或者使用水泥砂浆将测风站四周抹平,并保证测风站的断面与前后巷道的断面相同。

3. 防爆门(盖)

防爆门(盖)是防止矿井发生瓦斯、煤尘爆炸时毁坏风机,而在回风井井口上构筑的一种安全设施。当井下发生瓦斯爆炸时,防爆门被气浪冲开,冲击波直接从该处冲出,从而保护风机。当主要通风机停止运转时,打开防爆门还可以使矿井保持自然通风。

第四章　煤矿主要灾害事故防治

第一节　瓦斯事故及防治

瓦斯事故是指由于瓦斯的存在并失控而导致的事故,包括瓦斯爆炸事故、煤与瓦斯突出事故、瓦斯燃烧事故、窒息事故等。

一、矿井瓦斯

(一) 矿井瓦斯的性质

矿井瓦斯是指矿井中主要由煤层气构成的以甲烷为主的有害气体,有时单独指甲烷。甲烷是无色、无味、无臭的气体,不易溶于水,相对空气密度为0.554,有很强的扩散性、渗透性,本身无毒,不能供人呼吸,不助燃,但具有燃烧和爆炸性。

瓦斯在煤层及围岩中的赋存状态有以下两种。

(1) 游离状态。瓦斯以自由气体状态存在于煤层或围岩的空隙之中,其分子可自由运动,处于承压状态。

(2) 吸附状态。吸附状态的瓦斯按照结合形式的不同,可分为吸着状态和吸收状态。吸着状态是指瓦斯被吸着在煤体或岩体微孔表面,在表面形成瓦斯薄膜;吸收状态是指瓦斯被溶解于煤体中,与煤的分子相结合。

(二) 矿井瓦斯的危害

矿井瓦斯的危害主要有以下三个方面。

(1) 当空气中瓦斯的含量达到一定值时,遇火就会燃烧或爆炸。当瓦斯气体和氧气的量相匹配时,反应就会充分、剧烈,表现为瓦斯爆炸;反之则表现为瓦斯燃烧。

(2) 当空气中的瓦斯浓度很高时,氧含量会相对降低,使人窒息。

(3) 当煤层及围岩中的瓦斯气体达到一定的压力时,在冲击地压和采掘活动等诱因作用下,会导致煤与瓦斯突出。

(三) 矿井瓦斯等级的划分

根据矿井相对瓦斯涌出量、矿井绝对瓦斯涌出量、工作面绝对瓦斯涌出量和瓦斯涌出形式,矿井瓦斯等级划分为低瓦斯矿井、高瓦斯矿井和突出矿井。

二、矿井瓦斯爆炸及防治

矿井瓦斯爆炸就其本质来说,是一定浓度的甲烷和空气中的氧气在一定温度的作用下产生的激烈的氧化反应。矿井瓦斯爆炸的危害非常大,能产生 1 850 ℃以上的高温气体和强大的冲击波,从而造成人员伤亡和设备、设施的损坏;如果爆炸源附近的沉积煤尘被扬起,还会导致煤尘爆炸;瓦斯爆炸产生的大量的有毒有害气体,会造成人员中毒而伤亡。

(一) 瓦斯爆炸的条件

瓦斯爆炸必须同时具备三个条件,即:一定浓度的瓦斯,瓦斯浓度为5%～16%;一定温度的引燃火源,瓦斯在空气中的引爆温度为650～750 ℃;足够的氧气含量,氧含量达到12%。三者缺一不可。

(二) 瓦斯爆炸事故的预防

瓦斯爆炸事故是可以预防的。预防瓦斯爆炸是指消除瓦斯爆炸的条件,并限制爆炸火焰向其他区域传播。预防瓦斯爆炸事故主要从以下三个方面考虑。

1. 防止瓦斯积聚

(1) 加强通风。加强通风是防止瓦斯积聚的根本措施。瓦斯矿井的通风必须做到有效、稳定和连续不断,才能将井下涌出的瓦斯及时稀释并排除。

(2) 先抽后采。先抽后采是预防瓦斯事故的治本措施。对于采用一般通风方法不能解决瓦斯超限的矿井或工作面,可以采用抽采瓦斯的方法,将瓦斯抽排至地面。

(3) 及时处理积聚的瓦斯。瓦斯积聚是指局部空间的瓦斯浓度达到2%、体积超过0.5 m^3的现象。当发生瓦斯积聚时,必须及时处理,以防止局部区域瓦斯达到爆炸浓度的下限。

(4) 加强检查和监测瓦斯。井下采掘工作面和其他地点要按要求检查瓦斯浓度。对于不同地点的瓦斯浓度,《煤矿安全规程》有明确规定。同时,矿井必须装备安全监测监控系统。

2. 防止出现引爆火源

引爆瓦斯的火源主要有明火、爆破火焰、电火花及摩擦火花四种。

《煤矿安全规程》规定,严禁携带烟草和点火物品下井;井下严禁使用灯泡取暖和使用电炉;井下严格电焊、气焊和喷灯焊管理;严格井下火区管理;防止出现爆破火焰;井下不得带电检修电气设备,严禁带电搬迁非本质安全型电气设备、电缆;井下防爆电气设备的运行、维护和修理工作,必须符合防爆性能的各项技术要求。

3. 防止瓦斯爆炸灾害扩大

井下局部区域一旦发生瓦斯爆炸,应尽可能缩小其波及范围,避免继发性的瓦斯煤尘爆炸。防止瓦斯爆炸灾害扩大的措施有以下几种。

(1) 实行分区通风。每一生产水平和每一采区,都必须布置单独的回风巷,防止事故发生区域对其他区域的影响。

(2) 安设隔爆设施。有煤尘、瓦斯爆炸危险的矿井,都必须按要求安设隔爆水槽或岩粉棚,主要是利用它们的降温作用,破坏相邻区域发生继发性煤尘爆炸的条件,防止事故扩大化。

(3) 建立矿井紧急避险系统、压风自救系统,以保证发生事故时相关人员可以有效避难,从而减小伤亡和损失。

(4) 组织编制灾害预防和处理计划以及事故应急预案，并组织演练，提高逃生能力。

三、煤(岩)与瓦斯(二氧化碳)突出事故及防治

煤(岩)与瓦斯(二氧化碳)突出是指在地应力和瓦斯(二氧化碳)气体压力的共同作用下，破碎的煤(岩)和瓦斯(二氧化碳)瞬间由煤体(岩体)内突然喷出到采掘空间的现象。煤(岩)与瓦斯(二氧化碳)突出是一种破坏性极强的动力现象，常发展成较大型事故。强大的能量释放，能摧毁井巷设施，破坏通风系统，造成人员窒息，甚至引发火灾和瓦斯、煤尘爆炸等二次事故，严重时会导致整个矿井正常生产系统的瘫痪。

(一) 煤(岩)与瓦斯(二氧化碳)突出的预兆

(1) 有声预兆。煤层在变形过程中发出劈裂声、爆竹声、闷雷声，间隔时间不一，在突出瞬间常伴有巨雷般的响声；支架受力发出"嘎嘎"的声音，甚至折裂的声音。

(2) 无声预兆。其主要表现是：① 煤层结构变化，层理紊乱，煤层由硬变软、由薄变厚，倾角由小变大，煤由湿变干、暗淡无光泽，煤层顶底板出现断裂，煤岩严重破坏等。② 瓦斯涌出异常(忽大忽小)、煤尘增大、气温异常、气味异常，打钻喷瓦斯、喷煤粉并伴有哨声、蜂鸣声等。③ 地压显现、岩煤开裂掉渣、底鼓、岩煤自行剥落、煤壁颤动、钻孔变形等。

(二) 煤(岩)与瓦斯(二氧化碳)突出的预防措施

煤(岩)与瓦斯(二氧化碳)突出矿井应当根据实际状况和条件，制定区域综合防突措施和局部综合防突措施。

区域综合防突措施是指在突出煤层进行采掘前，对突出煤层较大范围采取的防突措施。区域防突措施包括开采保护层和预抽煤层瓦斯两类。开采保护层分为开采上保护层和下保护层两种方式。预抽煤层瓦斯可采用的方式有地面预抽煤层瓦斯、井下穿层钻孔预抽煤层瓦斯和顺层钻孔预抽煤层瓦斯等。

局部综合防突措施包括预震动爆破、水力冲孔、金属骨架、煤体固化、注水湿润煤体及其他经试验证实有效的防突措施。

第二节 水害事故及防治

矿井水灾是煤矿的主要灾害之一。在煤矿建设和生产过程中,往往会遇到程度不同的透水事故,轻则造成排水设备增多、费用增大、原煤成本提高、采区接续紧张,影响生产建设的发展;重则发生淹井事故、人员伤亡,经济损失巨大。因此,必须加强水文地质工作,掌握矿井水灾的水源分布和造成水灾的原因,采取相应的防治措施,防止水患的发生。

一、矿井水源

矿井突水的主要水源有含水层水、地表水、老空积水、大气降水、断层积水等。

二、矿井水害发生原因分析

(1) 地面防水措施不当,或因对防洪设施管理不善,雨季山洪由井筒或塌陷区裂缝大量灌入井下,而造成水灾。

(2) 水文地质资料不明,盲目施工。

(3) 井口位置低于历年最高洪水位、井巷位置选择不合理等,都能发生水灾。如井巷置于不良的地质条件中或接近强含水层附近,易导致顶底板透水。

(4) 施工质量低劣,井巷塌落冒顶,导致顶板含水层发生透水事故。

(5) 小煤窑乱采掘,破坏防水煤、岩柱而造成透水。

(6) 测量失误和违章作业,造成水灾。

三、矿井透水的预兆

采掘工作面透水前一般都有预兆,井下工作人员熟悉这些预兆,对于及时采取对策、保证人员安全撤离有着重要意义。矿井透水预兆如下。

(1) 煤壁或巷道“挂红”酸度大,水味发涩、有臭鸡蛋味,这是老空水的特点。铁锈使水变成红色,水含硫化氢时有臭鸡蛋味,酸性水发涩。

(2) 煤壁或巷道“挂汗”,这是由于积水透过微孔隙而凝聚于岩石或煤层表面。顶板“挂汗”,多为尖形水珠,有“承压欲滴”之势。自然预兆中的“挂汗”为平形水珠,是蒸汽凝结于顶板所形成。

(3) 煤层变冷,巷道出现雾气。煤层含水增大时,热导率增大,用手摸煤壁时有发凉的感觉。

(4) 顶板来压、淋水加大,或底板鼓起并有渗水。

(5) 出现压力水线(或称水线)。这表明距水源已较近,应密切注视水流情况。若出水混浊,说明离水源很近。

(6) 出现水流声。煤层有水挤出,并发出“嘶嘶”声,有时尚能听到空洞水声,这是透水危险的征兆。

(7) 工作面有害气体增加。这是因为积水区常散发瓦斯、二氧化碳、硫化氢等。

(8) 煤发潮、发暗、无光泽。如果附近有积水,干燥、光亮的煤由于水的渗入会变得潮湿、暗淡。

四、矿井防治水

矿井防治水工作应本着“精准探测、超前治理、科学防控、绿色安全”的理念,坚持“预测预报、有疑必探、先探后掘、先治后采”的原则,落实“探、防、堵、疏、排、截、监”综合防治措施,形成“一矿一策”“一面一策”制度,建立“理念先进、基础扎实、勘探清楚、科技攻关、综合治理、效果评价、应急处置”的煤矿防治水工作体系。

(一) 地表水防治

在近水体下开采时,当受地表水体威胁,应留足防隔水煤(岩)柱;在松散含水层下开采时,应按照水体采动等级留设防水、防砂或者防塌等不同类型的防隔水煤(岩)柱。

陕北地区薄基岩下开采受地表水威胁时，可选用疏放水、河床改造、河流改道及降低采高等措施，经工作面采前防治水安全评价认为威胁消除后，方可回采。

(1) 对可能波及的废弃老窑、地面塌陷坑、采动裂隙以及可能影响煤矿安全生产的地表水体、水源井等进行调查，做好相应调查记录、更新台账并采取相应防范措施。

(2) 完善井口和工业场地防洪设施，对可能溃入井下的、井口附近或塌陷区波及范围的地表水体应采取防范措施，清理淤塞的河道、沟渠。

(3) 对水泵、水管、排水用的配电设备和输电线路，雨季前应全面检修一次；做好排水系统的检修和水仓、水沟、沉淀池的清理工作；雨季前完成全部工作水泵、备用水泵及潜水泵的联合排水试验工作。

(4) 及时对地表采动裂缝及塌陷坑等进行充填压实治理。

(5) 对于导水裂隙带可与地表沟谷沟通的地段，应避开雨季回采并建立暴雨停产撤人管理制度。

(二) 井下水害防治

(1) 严格执行井下探放水"三专"要求。由专业技术人员编制探放水设计，采用专用钻机进行探放水，由专职探放水队伍施工。严禁使用非专用钻机探放水。

严格执行井下探放水"两探"要求。采掘工作面超前探放水应当同时采用钻探、物探两种方法，做到相互验证，查清采掘工作面及周边老空水、含水层的富水性以及地质构造等情况。有条件的矿井，钻探可采用定向钻机，开展长距离、大规模探放水。

采掘工作面遇有下列情况之一的，必须进行探放水。

① 接近水淹或者可能积水的井巷、老空区或者相邻煤矿时；

② 接近含水层、导水断层、溶洞或者导水陷落柱时；

③ 打开隔离煤柱放水时；

④ 接近可能与河流、湖泊、水库、蓄水池、水井等相通的导水通道时；

⑤ 接近有出水可能的钻孔时；

⑥ 接近水文地质条件不清的区域时；

⑦ 接近有积水的灌浆区时；

⑧ 接近其他可能突水的地区时。

(2) 对于影响采掘安全的煤层顶板导水裂隙带范围内的含水层或者其他水体，应采用超前疏放、注浆改造含水层、帷幕注浆、疏排、充填开采或者限制采高等方法防治。煤层顶板存在富水性中等及以上含水层或者其他水体威胁时，煤矿应对顶板导水裂隙带发育高度进行实测。

陕北地区存在烧变岩水威胁的矿井，应采用地面磁法、瞬变电磁法等至少两种地面物探方法，结合钻探、化探、水文地质试验等方法，对烧变岩赋存、富水性特征及补给条件进行探查。当烧变岩有稳定补给时，可采用留设防隔水煤(岩)柱、帷幕截流等方法治理。若烧变岩无稳定补给时，可采用留设防隔水煤(岩)柱、疏放水(抽水)等方法治理。

(3) 受底板承压含水层水威胁的矿井，应编制开采可行性评价报告，由煤矿企业总工程师组织审定。可采用疏水降压、井下注浆加固改造煤层底板、地面区域超前治理或充填开采等措施，并进行效果检验，保证隔水层能够承受的水头值大于实际水头值。防治方案应由煤矿企业总工程师审批。

(4) 煤矿应当根据老空水查明程度和防治措施落实到位程度，对老空水害防治实行分区管理，并由煤矿总工程师组织审批。老空积水情况清楚且防治措施落实到位的区域划为可采区，否则划为缓采区。缓采区由煤矿地测部门编制老空水探查设计报告，通过井上下探查手段查明老空积水情况，防治措施落实到位后，转为可采区。缓采区经治理后仍不能保证安全开采的，划为禁采区。

当老空区有大量积水或者有稳定补给源时，应当优先选择留设防隔水煤(岩)柱；当老空区积水量较小或者没有稳定补给源时，应当优先选择超前疏干(放)方法；对于有潜在补给源的未充水老空区，应当采取切断可能补给水源或者修建防水闸墙等隔离措施。

存在老空水威胁的矿井，当采用疏放措施时，应严格落实老空水探放“四步工作法”，即查全、探清、放净、验准。在采掘工程平面图、矿井充水性图上要标明积水线、探水线、警戒线、积水量等，空间探测范围要保证巷道掘进安全。探放水前应确定如下参数：

① 老空区积水量、积水边界线、积水标高和水柱高度。

② 探水线：探查无可靠资料的老空水，应先确定可疑区域，再由可疑区域边界水平外推 100 m 作为探水线；探查有一定图纸资料作为参考的较可靠的老空水，应由积水边界线水平外推 80 m 作为探水线；煤矿自己开采的老空区位置准确、积水情况清楚时，根据水头值高低、煤(岩)层厚度、强度及安全技术措施等确定探水线。

③ 警戒线：图纸资料可靠的探水线水平外推 40 m 作为警戒线，图纸资料较可靠的探水线水平外推 50 m 作为警戒线，图纸资料不可靠的探水线水平外推 80 m 作为警戒线。

第三节　矿尘爆炸事故及防治

矿尘是煤矿井下任何工作地点和地面井口房、选煤厂都具有的一种有害物质，是煤矿五大灾害之一。它不仅影响工作人员的身体健康，而且大多数矿尘具有爆炸性，严重威胁着煤矿的安全生产。在生产过程中长期吸入生产性矿尘能引起以肺组织纤维化为主的尘肺病。因此，必须采取综合防尘措施和预防、隔绝矿尘爆炸的措施，减少对矿工造成的危害。

一、矿尘的基本概念

矿井粉尘是飘浮在矿井空气中或者已经沉落的矿物微粒。悬浮于空中的称浮尘，沉降下来的称落尘。煤矿生产的各个环节均产尘。

二、矿尘的分类

矿尘按其成分不同，可分为煤尘、岩尘和水泥尘；按对人的危害不同，可分为总粉尘和呼吸性粉尘。

(1) 总粉尘：粒径在 5 μm～1 mm 的矿尘。大于 1 mm 的矿尘一般飞不起来。

(2) 呼吸性粉尘：粒径在 5 μm 以下的矿尘，能通过人的呼吸道进入肺部，导致人患尘肺病，简称吸尘。人吸入煤尘患的煤肺病、吸入岩尘患的硅肺病、吸入水泥尘患的水泥肺病，统称为尘肺病。粉尘中含游离二氧化硅，二氧化硅含量在 10%以上的粉尘叫硅尘，它是引起矿工硅肺病的主要因素。矿尘中游离二氧化硅的含量越大，对人的危害越大。

《煤矿安全规程》对作业场所空气中粉尘浓度的要求如表 4-1 所示。

表 4-1 作业场所空气中粉尘浓度要求

粉尘种类	游离二氧化硅含量/%	时间加权平均容许浓度/($mg \cdot m^{-3}$)	
		总尘	呼尘
煤尘	<10	4	2.5
硅尘	10～50	1	0.7
	50～80	0.7	0.3
	≥80	0.5	0.2
水泥尘	<10	4	1.5

注：时间加权平均容许浓度是以时间加权数规定的 8 h 工作日、40 h 工作周的平均容许接触浓度。

三、矿尘的产生及危害

（一）主要产生工序

煤矿作业的各个生产环节都产尘。钻眼作业，如气动凿岩机或煤电钻打眼、打锚杆眼、注水眼等；炸药爆破、采煤机割煤、装煤和掘进机掘进；采场支护、放顶、巷道支护，特别是锚喷支护、装载、运输、转载、卸载和提升、通风安全设施的构筑等均产尘。据测定，干打眼时，粉尘浓度可达 472 mg/m^3；爆破时，粉尘浓度可达 46 mg/m^3；装渣时，粉尘浓度可达 87 mg/m^3；喷混凝土时，粉尘浓度可达 103 mg/m^3。采掘工作面产尘量最多，约占全部矿尘的 80%；其次为运输系统各装载点，也有相当数量的矿尘。

（二）矿尘的危害

矿尘的危害主要表现在对人体健康和安全生产两个方面。

第一，工人长期吸入矿尘以后（如硅尘和煤尘），轻者会患呼吸道炎症，重者会患尘肺病，而尘肺病引起的矿工致残和死亡人数，在国内外都十分惊人。世界各国都在积极开展预防和治疗尘肺病的工作，并已取得了较大进展。

第二，矿尘危害的另一个表现是燃烧和爆炸。例如，矿尘能够在完全没有瓦斯存在的情况下爆炸，并给矿井以突然性的袭击，酿成严重的灾害。

除此以外，煤矿粉尘能加速机械的磨损、减少精密仪表的使用寿命，能降低工作场所的能见度，使工伤事故增多。因此，认真做好煤矿粉尘防治工作，是矿井安全生产管理中必不可少的环节。

四、矿尘爆炸条件及危害

（一）矿尘爆炸的条件

矿尘发生爆炸必须同时具备三个条件，少一条都不会爆炸。

（1）矿尘本身具有爆炸性，而且悬浮在空气中，并达到一定的浓度。爆炸的下限浓度为 45～50 g/m^3，上限浓度为1 500～2 000 g/m^3。

(2) 火源温度为 610～1 050 ℃。井下的电气火花、爆破火花、机械撞击和摩擦火花都能达到这样的温度。

(3) 氧气浓度不低于 18%。氧气浓度在 18%以下时，矿尘不能爆炸，但是井下正常通风地点的氧气浓度不可能在 18%以下。

(二) 矿尘爆炸的危害

(1) 产生高温。爆炸火焰瞬间温度高达 2 300～2 500 ℃。

(2) 产生高压。爆炸理论压力为 736 kPa，实验压力为 0.5～1.0 MPa；爆炸冲击波扬起的积尘，可引起连续爆炸。

(3) 产生大量的有害气体。如一氧化碳的浓度高达 2%～4%，二氧化碳的浓度高达 4%～8%，氧气的浓度下降到仅为 6%～8%。

(三) 影响矿尘爆炸的主要因素

(1) 煤的挥发分含量：挥发分越高，爆炸性越强。

(2) 煤的灰分和水分：吸热，降尘，降低爆炸性。

(3) 矿尘粒度：粒度越小，爆炸危险性越大。

(4) 瓦斯浓度：瓦斯增高，爆炸下限下降、上限提高。

(5) 氧气含量：氧气含量越高，点燃温度越低；反之，则较困难。

(6) 引爆热源：温度越高，越易点燃；反之，越难点燃。

五、矿尘爆炸事故的预防

(一) 综合防尘措施

《煤矿安全规程》第六百四十四条规定，矿井必须建立消防防尘供水系统，并做了具体规定。

目前，我国煤矿井下主要采用以风和水为主的综合防尘技术。

1. 通风除尘

通风除尘是利用通风将井下悬浮矿尘排出，降低作业场所的矿尘浓度的方法。经试验得到最低排尘风速为 0.25～0.5 m/s；最优排尘风速为 1.2～1.6 m/s。当风速大于此风速时，就有二次扬尘的作用，风速越高，扬尘作用越强。

2. 煤层注水

预先在干燥的煤体中打眼注入高压水，预湿煤体，可大大减少采掘时产生的煤尘。

3. 湿式作业

湿式作业包括湿式打眼、水炮泥爆破，爆破前后喷雾洒水、洒水装煤(岩)，综采、综掘内外喷雾系统降尘等。

4. 清扫积尘

应定期或不定期对井下环境中的积尘进行清扫、冲洗。

5. 装载点设水幕、水帘

在各运输装载点或重要进回风巷道设置必要的水幕、水帘，可以净化风流和降尘。

6. 个人防护

在工作面矿尘没有降下来之前，作业人员尽量不要进入工作。另外，应注意经过一系列降尘措施后，虽然大量矿尘被除掉了，但还有一定量的余尘、微尘，作业人员要佩戴防尘口罩等，以起到辅助防尘作用。

(二) 防止矿尘爆炸的火源

1. 加强明火管理，提高防火意识

严禁携带烟草、点火物品和穿化纤衣服入井；井下严禁使用电炉和灯泡取暖，不得从事电焊、气焊和喷灯焊等；新工人入井前必须接受防火、防爆的安全教育，提高安全意识。

2. 严格爆破管理

在有瓦斯、煤尘爆炸危险的煤层中，采掘工作面爆破都必须使用煤矿许用雷管和炸药；使用合格的发爆器爆破；井下爆破工作必须由专职的爆破工担任；爆破前必须充填好炮泥；严禁放明炮、糊炮；严禁超量装药等。

3. 防止出现电火花

井下严禁带电检修，严禁带电搬迁非本质安全型电气设备、电缆。井下供电应做到无“鸡爪子”、“羊尾巴”和明接头，有过电流、漏电保护和保护接地装置；应坚持使用检漏继电器，坚持使用煤电钻综合保护，坚持使用局部通风机风电闭锁。矿灯发放前应保证完好，在井下严禁敲打、撞击矿灯，严禁私自拆开矿灯。

4. 防止出现摩擦和撞击火花

随着井下机械化程度的日益提高，机械摩擦、撞击火花相应增加。这主要是由违章操作产生的，因此禁止违章操作是关键。

（三）防止煤尘爆炸扩大的措施

防止煤尘爆炸危害，除采取防尘措施外，还应采取降低爆炸威力、隔绝爆炸范围的措施，以防止爆炸灾害扩大。具体办法有设置水槽棚和水袋棚、岩粉棚，利用各种传感器设置自动隔爆棚等。

【案例】

2005 年 11 月 27 日 21 时 22 分，某煤矿发生特别重大煤尘爆炸事故，171 人死亡，48 人受伤，直接经济损失 4 293 万元。

1. 矿井概况

该矿是原国有重点煤矿，各种证照均在有效期内。2005 年核准生产能力为 50 万吨/年。该矿为高瓦斯矿井，煤尘具有强爆炸性。

2. 事故原因

(1) 直接原因。

违规爆破处理主煤仓堵塞，导致煤仓给煤机垮落、煤仓内的煤炭突然倾出，带出大量煤尘，并造成巷道内的积尘飞扬，爆破火焰引起煤尘爆炸。

(2) 主要原因。

① 该矿长期违规作业，特种作业人员无证上岗严重，超能力生产。

② 上级单位对该矿超能力生产未采取有效解决措施，对事故

隐患整改情况不跟踪落实。

③ 上级单位对该矿长期存在的重大事故隐患失察。

④ 该省经济委员会未能全面履行煤矿安全生产监督管理职责。

⑤ 该地煤矿安全监察局对该矿未彻底排查重大事故隐患的行为督促整改不力。

经调查认定，这是一起责任事故。

3. 对事故责任人员的处理

(1) 将矿长、总工程师、调度室主任、矿通风区区长、安检科科长等 11 名直接责任人移送司法机关处理。

(2) 给予其他包括副省长，集团副董事长、总经理，分公司副总经理等 19 名相应的责任人党纪、政纪处分。

(3) 责成该省人民政府向国务院做出深刻检查。

第四节　顶板事故及防治

顶板灾害是煤矿五大灾害之一。在井下建设、生产过程中，顶板意外冒落、垮塌，容易造成人员伤亡、设备损坏和生产停止等事故。顶板事故占全国煤矿事故总起数的比例和总死亡人数的比例最高，所以，井下职工要特别注意，避免工作场所顶板事故造成的伤害。

一、顶板事故的类型及其特点

按一次冒落的顶板范围和伤亡人员多少，常见的顶板事故可分为局部冒顶事故和大面积切顶事故两大类。

(一) 局部冒顶事故

局部冒顶事故绝大部分发生在临近断层、褶曲轴部等地质构造部位，多数发生在基本顶来压前后，特别是在直接顶由强度较低、分层厚度较小的岩层组成的条件下。

局部冒顶事故主要是由于已破坏的顶板失去依托而造成的，其触发原因，一部分是在采煤工作（包括破煤、装煤等）过程中未能及时支护已露出的破碎顶板；另一部分是在回柱操作过程中发生局部冒顶事故。

（二）大面积切顶事故

大面积切顶事故（简称垮面）的特点是冒顶面积大、来势凶猛、后果严重，不仅严重影响生产，往往还会导致重大人身伤亡事故。事故原因是直接顶和基本顶大面积运动。

由直接顶运动造成的垮面事故，按其作用力性质和顶板运动时的始动方向又可分为推垮型事故和压垮型事故两类。

（1）推垮型事故。包括走向推进工作面常发生的倾向推垮型事故和倾斜推进工作面容易发生的向采空区方向推垮型事故。这类事故的特点是顶板运动发生时，在平行于煤层的层面方向产生较大的推力，推倒失稳的支架造成垮面事故。

（2）压垮型事故。包括向煤壁方向压垮和向采空区方向压垮型事故。这类事故主要是由垂直于顶底板方向的作用力压断、压弯阻力不足的支架，或将支架压入抗压强度低的底板造成的。

二、顶板冒落的预防与应急处置

（一）顶板冒落的预兆

顶板事故隐患的表现为顶板冒落预兆：响声、掉碴、片帮、漏顶、裂缝、离层等。

（1）响声：当岩层下沉断裂、顶板压力急剧加大时，支架会发生很大声响，有时也能听到采空区内顶板发出断裂的闷雷声。

（2）掉碴：顶板岩石已有裂缝和碎块，其中小矸石稍受震动就会掉落。

（3）片帮：冒顶前煤壁所受压力增大，变得松软，片帮煤比平时多。

(4) 漏顶：破碎的伪顶或直接顶，在大面积冒顶以前，有时因为背顶不严或支架不牢而出现漏顶。若不及时处理，会使棚顶托空，支架松动。顶板岩石继续冒落，就会造成没有声响的大冒顶。

(5) 裂缝：顶板的裂缝张开，裂缝增多。

(6) 离层(脱层)：检查时用敲顶的方法，如果顶板声音清脆，表明顶板完好；如果顶板发出“空空”的响声，说明上下岩层已经脱离。

(7) 瓦斯涌出量突然增大。

(8) 顶板淋水增大。

(二) 顶板冒落的预防

(1) 充分掌握顶板压力分布及来压规律。冒顶事故大都发生在直接顶初次垮落、基本顶初次来压和周期来压过程中，只要充分掌握压力分布及来压规律，采取有效的支护措施即可防止冒顶。掘进巷道在布置及支架形式的选择上也要充分考虑压力的分布规律及顶板压力大小，巷道应布置在压力降低区内。

(2) 采取有效支护措施。应根据顶板特性及压力大小采取合理、有效的支护形式控制顶板，防止冒顶。如果工作面压力太大、基本支架难以承受，可采用特殊支架支护顶板。综采工作面要严格控制采高，及时移架控制裸露顶板。掘进工作面要坚持使用前探支护。爆破前要加固 10 m 支架棚子，实行连锁，防止崩倒棚子引起冒顶。

(3) 及时处理局部漏顶，以免引起大冒顶。

(4) 坚持敲帮问顶制度。在进入采掘工作面装煤、支护前，要敲帮问顶，处理已离层的顶板；如果处理不下来，要用点柱先支撑。

(5) 严格按《煤矿安全规程》作业。

① 采煤工作面必须及时支护，严禁空顶作业；

② 所有支架必须架设牢固，并有防倒措施；

③ 严禁在浮煤或者浮矸上架设支架；

④ 对于软岩条件下初撑力确实达不到要求的，在制定措施、满足安全的条件下，必须经矿总工程师审批；

⑤ 严禁在控顶区域内提前摘柱；

⑥ 碰倒或者损坏、失效的支柱，必须立即恢复或者更换；

⑦ 移动输送机机头、机尾需要拆除附近的支架时，必须先架好临时支架；

⑧ 采煤工作面遇顶底板松软或者破碎、过断层、过老空区、过煤柱或者冒顶区，以及托伪顶开采时，必须制定安全措施。

三、发生冒顶事故时的应急避险

(一) 迅速撤退到安全地点

当人员发现工作地点有即将发生冒顶的征兆而当时又难以采取措施防止顶板冒落时，要迅速离开危险区，撤退到安全地点。

【案例】

某矿的采煤工作面有 6 人上班，其中 2 人挖煤、4 人运煤。运煤工将煤运出工作面后，剩下 2 名挖煤工因煤未出尽不能架棚，便在离挖煤地点 5～6 m 远的地方休息，其中 1 人竟然睡着了。这时，顶板出现冒顶预兆，不仅有响声还伴有掉碴现象。未睡的工人立即喊醒睡觉的挖煤工："有响声，我们快出去!"这名挖煤工睡眼惺忪地说："就你怕死，我不出去。"由于他执意不走，另一名工人只好独自撤出。刚走了五六步，只听"轰隆"一声响，撤退工人的腿部被冒落煤矸埋住，他立即拉住一根柱腿挣扎出来。回头一看，那位未走的挖煤工已被埋在了里面。此时，顶板仍在继续冒落，"轰隆"之声不绝于耳，冒顶长度达 15 m。后证实，被埋压工人被救出时早已死亡。

安全提示：

发现冒顶征兆后迅速撤退到安全地点，是最好的避灾措施。否则，就会使自己受到伤害甚至危及生命。

（二）遇险时要靠煤帮贴身站立或到木垛处避灾

当发生冒顶来不及撤退到安全地点时，应靠煤帮贴身站立避灾，但要防止煤壁片帮伤人；如靠近木垛也可撤至木垛处避灾。从采煤工作面发生冒顶，特别是大冒顶的实际情况来看，顶板沿煤壁冒落的情况很少。这是因为，煤壁上方顶板未被扰动，仍是整体。也就是说，当发生冒顶事故来不及撤退到安全地点时，靠煤帮贴身站立避灾，比在其他地方避灾造成伤亡的可能性要小一些。但是，避灾者一定要注意躲避地点附近的煤壁状况，防止煤壁片帮伤人。另外，在冒顶时虽然可能有支柱被压断或推倒，但一般情况下不可能压垮或推倒质量合格的木垛，因此在木垛附近避灾，可对避灾者起到保护作用。

从发生冒顶实际伤亡情况来看也可说明这个问题。冒顶后，不少遇险者往往是在煤壁处和木垛附近被救出，有的虽受伤但经抢救后亦可安全脱险，有的在遇险后并未受伤。而在其他地方避灾的人员，除极少数特殊情况外，生还的可能性并不大，即使经抢救脱险也会因受伤严重而致残。

（三）遇险后立即发出呼救信号

冒顶对人员的伤害主要是砸伤、掩埋或隔堵。冒落基本稳定后，遇险人员应立即采用呼叫、敲打（不要敲打对自己有威胁的支架、物料和岩块）等方法，发出有规律、不间断的呼救信号，以便撤出人员了解灾情、组织力量进行抢救。

应当注意的是，冒顶后，人员被埋压或隔堵时，人员遇险地点的不少物料和岩块等尚处于暂时平衡状态，如不注意察看，稍一敲打就会破坏平衡而使物料、岩块等继续移动，造成新的冒顶，从而加剧对遇险者的伤害。

【案例】

某矿发生冒顶事故后，1 名工人下半身被掩埋。他敲打身边的木料发出求救信号，但是碎煤矸受震动继续向他涌来。他想到，这样做不仅会加大自身伤害，也会增加抢救工作量。因此，他停止敲打，改用呼喊的方法发出信号，后终被营救脱险。

（四）遇险人员要积极开展自救和互救

事故发生后，遇险人员要听从灾区班组长和有经验的老工人的指挥，在保证安全的前提下，积极开展自救和互救。被煤矸、物料等埋压的人员，不要惊慌失措，在条件不允许时切忌采用猛烈挣扎的办法脱险，以免造成事故扩大，原因有两个：一是猛烈挣扎会震动遇险者周围物体，使被埋压人员周围的煤矸、物料失去暂时平衡，从而导致新的冒落，扩大事故，增大伤害；二是遇险者被大块冒落岩石压住后挣扎也无用，根本无法脱险。正确的方法是：遇险者应正视已发生的灾害，不惊慌失措，坚信领导和同事一定会积极抢救，注意保持体力，等待救援；未受伤和受轻伤人员，要采取切实可行的措施设法营救掩埋人员，并尽可能脱离险区或转移到较安全地点等待救援。对于被营救出的受伤人员，应立即进行止血、包扎等急救处理。

（五）被隔堵人员要积极配合外部营救工作

作业人员被冒顶事故隔堵后，应在遇险地点利用各种条件有组织地开展自救，以配合外部的营救工作。

第五节　火灾事故及防治

凡发生在井下的火灾及发生在井口附近但危及井下安全的火灾，统称为矿井火灾。矿井火灾是煤矿矿井五大灾害之一。矿井火灾不仅会损坏设备和煤炭资源，给煤矿企业造成重大损失，还会引起瓦斯、煤尘爆炸，产生有害有毒气体，严重威胁井下职工的生命安全。煤矿职工了解和掌握矿井火灾防治和事故预防的知识是十分必要的。

一、发生火灾的基本要素

引起火灾的基本要素归纳起来有以下三个。

(一) 热源

具有一定温度和足够热量的热源才能引起火灾。在矿井中煤的自燃、爆破作业、机械摩擦、电流短路、吸烟、烧焊等,都有可能成为引火的热源。

(二) 可燃物

在矿井中,煤本身就是大量且普遍存在的可燃物。另外,坑木、各类机电设备、各种油料、炸药等都具有可燃性。可燃物的存在是火灾发生的物质基础。

(三) 氧气

燃烧是剧烈的氧化反应。任何可燃物尽管有热源点燃,但缺乏足够氧气时,燃烧是不能持续的,所以氧气供给是维持燃烧不可缺少的条件。

以上三要素必须同时存在才会发生火灾。

二、矿井火灾的分类

根据引起矿井火灾的火源不同,通常可将矿井火灾分成两大类:一是外部火源引起的矿井火灾,也称外因火灾;二是由于煤炭自身的物理、化学性质等内在因素引起的火灾,也称内因火灾。

(一) 外因火灾

外因火灾又称外源火灾,是指由于外来热源,如明火、放糊炮、电焊、气焊、在井下吸烟、人为纵火等原因造成的火灾。外因火灾一般容易发生在井口附近、井下机电硐室、采掘工作面和有电缆的木支架巷道处。外因火灾的特点是:突然发生;如果不能及时发现,常可能酿成恶性事故。

(二) 内因火灾

内因火灾又称自燃火灾,是指由于一些自燃物质(主要是煤)在一定条件或环境下(如破碎后集中堆积,又有一定的风流供给)

自身发生物理、化学变化，积聚热量，从而导致着火而形成的火灾。

三、煤炭自燃及其预防

（一）煤炭自燃的初期预兆

煤矿内因火灾事故隐患主要表现为煤炭自燃。煤炭自燃的初期预兆有如下几种。

1. 巷道内湿度增加，出现雾气、水珠

煤炭氧化初期生成水分，往往使巷道内湿度增加，出现雾气或在巷道壁上挂有水珠；浅部开采时，冬季在地面钻孔或塌陷处会出现冒出水蒸气或冰雪融化现象。

2. 煤炭自燃放出煤油味、焦油味等

煤炭在从发热到自燃过程中，会因氧化而产生多种碳氢化合物，并放出煤油味、汽油味、松节油味或焦油味等。当人们可闻到这些气味时，说明煤炭自燃已发展到相当程度。

3. 巷道内发热，气温升高

煤炭在氧化、自燃过程中会释放大量热量。因此，从自然发火的地方流出的水和空气的温度比较高，人的皮肤可以直接感觉到。

4. 人有疲劳感

煤炭在氧化、自燃过程中，会放出有害气体，如二氧化碳、一氧化碳和二氧化硫等，这些有害气体会使人感到头痛闷热、精神不振、不舒服、有疲劳感。尤其是多数人有同感时，应提高警惕，查明原因，以防矿井火灾的发生。

（二）预防煤炭自燃的主要方法

1. 均压通风控制漏风供氧

均压通风是控制煤层开采中采空区等漏风的有效措施。首先，要在保证冲淡甲烷、风速、气温和人均风量的要求下，全面施行区域性均压通风，其调压措施包括单项调压和多项措施联合调压，具体实施中形成的工作面均压应逐步扩大到邻近工作面采空区的区域性均压。

2. 喷浆堵漏钻孔灌浆

对煤层开采中的可疑地点或已出现隐患的地点进行全封闭喷浆和打浅密集钻孔注浆，是防止自然发火的有效措施。

3. 注凝胶防灭火

采用注凝胶技术处理高温点或自然发火是煤层开采中防灭火的重要措施，其方法是将凝胶注入高温点或火点周围的煤体中，其作用是既可以封堵漏风通道、又可以吸热降温。

四、矿井发生火灾事故时的应急处置

发生火灾时要根据灾情采取以下应急避险的措施。

(1) 任何人发现井下火灾时，都应当视火灾性质、灾区通风和瓦斯情况，立即采取一切可能的方法直接灭火，控制火势，并迅速报告矿调度室。矿调度室在接到井下火灾报告后，应当立即按灾害预防和处理计划通知有关人员组织抢救灾区人员和实施灭火工作。

矿值班调度和在现场的区、队、班组长应当依照灾害预防和处理计划的规定，将所有可能受火灾威胁区域中的人员撤离，并组织人员灭火。电气设备着火时，应当首先切断其电源；切断电源后，必须使用不导电的灭火器材进行灭火。

抢救人员和灭火过程中，必须指定专人检查甲烷、一氧化碳、煤尘、其他有害气体浓度和风向、风量的变化，并采取防止瓦斯、煤尘爆炸和人员中毒的安全措施。

(2) 如果火灾范围不大，应立即组织力量直接扑灭。

(3) 如果火灾范围大或是火势猛，则应在撤出灾区人员、保证自身安全的前提下，采取稳定风流、控制火势发展、防止人员中毒和预防瓦斯或煤尘爆炸的措施，并随时保持与地面指挥部的联系，根据指挥部的命令行事。如果现场人员无力抢救且人身安全有受威胁的可能，或是其他地区发生火灾、接到撤退命令时，应立即进行自救和组织避灾。

(4) 见到火或突然接到火警通知需要立即撤退的人员，要在判明灾情和自己实际处境以及应采取的应急措施的前提下采取行动。任何情况下，遇险人员均不可惊慌失措、盲目行动。紧急措施必须及时、正确、果断，不可犹豫、疏忽，即使是对待一次微小的火灾隐患也不能麻痹大意。

五、发生火灾事故后安全撤离时应注意的事项

发生火灾事故时，如果不能直接扑灭或控制灾情，应迅速撤离火灾现场，撤离时要注意以下事项。

(1) 要尽最大可能迅速了解或判明事故的性质、地点、范围和事故区域的巷道情况、通风系统、风流和火灾烟气蔓延的速度与方向以及与自己所处巷道位置之间的关系，并根据矿井灾害预防、事故处理计划和现场实际情况确定撤退路线和避灾自救方法。

(2) 撤退时，任何人无论在任何情况下都不要惊慌，不能狂奔乱跑，应在现场负责人和有经验的老工人的带领下有组织地撤退。位于火源进风侧的人员，应迎着新鲜风流撤退；位于火源回风侧的人员或是在撤退途中遇到烟气有中毒危险时，应迅速佩戴好自救器并尽快通过捷径绕到新鲜风流中去，或是在烟气没有到达之前顺着风流尽快从回风出口撤到安全地点；如果距火源较近且越过火源没有危险时，也可以迅速穿过火区撤到火源的进风侧。

(3) 如果在自救器有效作用时间内不能安全撤出，则应在设有存储备用自救器的硐室换用自救器后再行撤退，或是寻找有压风管路系统的地点以压缩空气供呼吸之用。

(4) 撤退行动既要迅速果断又要快而不乱。撤退中应靠巷道有连通出口的一侧行进，避免错过脱离危险区的机会。同时，还要随时注意观察巷道和风流的变化情况，谨防火风压可能造成的风流逆转。

(5) 如果无论是逆风或顺风撤退都无法躲避着火巷道或火灾烟气造成的危害,则应迅速进入避难硐室;没有避难硐室时,应在烟气袭来之前,选择合适的地点就地利用现场条件快速构筑临时避难硐室,进行避灾自救。

【案例】

某矿工人在掘进工作面违章爆破引发一堆小火,本来只要用简单扑打覆盖的方法就可将火扑灭,但是,他发现着火后,由于无知和惊慌掉头就跑,没有采取任何措施,更没有向调度室和任何人报告情况就偷偷地升井溜走。当有关人员在主风井发现烟雾时,火势已经扩大,现场灭火时又发生了瓦斯爆炸,造成 9 人死亡,致使全井封闭。

安全提示:

(1) 任何情况下发现火情,都不可惊慌失措。应判明灾情,采取直接扑灭、切断电源等应急措施。

(2) 发现烟气成明火等火灾灾情,应立即通知在附近工作的人员,并迅速向煤矿调度室报告。

第六节 爆破事故及防治

一、矿井常见爆破事故

在我国煤矿生产和建设中,无论是采煤还是巷道掘进,钻眼爆破技术仍然普遍被使用。在爆破过程中引起的人员伤亡和财产损失,称为爆破事故。矿井爆破事故是常见的灾害之一,对矿井的危害较大。

二、井下爆破事故防治

引起矿井爆破事故的因素很多。在爆破器材的质量、贮存、管理、运送、使用或与爆破技术有关的任何一个环节出现问题,都可引发爆破事故。

（一）爆破前的防治措施

（1）所有爆破人员，包括爆破、送药、装药人员，必须熟悉爆炸材料性能和《煤矿安全规程》中的相关规定。

（2）每次爆破作业前，爆破母线必须扭结成短路；爆破工必须做电爆网路全电阻检查。严禁用发爆器打火放电检测电爆网路是否导通。

（二）爆破过程中的防治措施

（1）爆破时，严格执行"一炮三检"制度和"三人连锁爆破"制度。

（2）加强警戒。警戒人员责任心要强，警戒时不准兼做其他作业，不准睡觉、打闹、脱岗。警戒人员必须在有掩护的、警戒距离之外的地点警戒，严禁其他人员进入爆破地点。

（3）按规定装药、连线。装药时，先清除炮眼内的煤岩粉，将药卷轻轻推入，不得冲撞，炮眼内的各药卷必须彼此密接。

（4）爆破工不得随意将把手或钥匙转交他人。不到爆破时，不得将把手或钥匙插入发爆器或电力爆破接线盒。

（5）爆破母线连接脚线、检查线路和通电工作，只准爆破工一人操作。

（6）爆破时，爆破工必须发出警号，至少再等 5 s 才可起爆。

（三）爆破后的防治措施

（1）加强通风。及时吹散炮烟，作业人员必须待炮烟散尽后，才能进入工作面，避免炮烟熏人。

（2）认真检查。爆破工、瓦斯检查工、班组长必须巡视爆破地点，检查通风、瓦斯、煤尘、顶板、支架、拒爆、残爆等情况。

（3）正确处理拒爆、残爆。

矿井除一般情况下的爆破外，还会遇到爆破条件比较复杂、施工比较困难的地段。这些地段的爆破工作除遵守一般要求外，还应根据具体情况，采取特殊措施，才能保证爆破工作的安全性和可靠性。

（四）巷道贯通时的爆破事故防治

（1）巷道贯通前，要检查和排放贯通地点的瓦斯。当工作面和贯通地点的瓦斯浓度超过1%时，禁止贯通爆破。

（2）独头掘进贯通爆破时，距贯通地点20 m，必须在穿透位置里外两侧设好警戒，禁止在警戒区内作业或逗留，穿透位置不清禁止爆破。

（3）两头对掘贯通爆破，当相距20 m时（综掘巷道相距50 m时），必须停止一头作业，仍然保持通风，由一头贯通，并派专人负责警戒。

（4）巷道贯通前，要加固支架，以防崩倒棚子和崩坏棚腿而造成倒棚冒顶。

（5）超过贯通距离而不通时，要立即停止爆破，查明原因，重新采取贯通措施。

（五）穿透老空区时的爆破事故防治

（1）打眼时，如发现炮眼内出水、温度骤高骤低、有大量瓦斯涌出、煤（岩）松散等情况，要停止爆破，查明原因。

（2）距穿透老空区15 m前，先探明老空区来源以及老空区中的水、火、瓦斯等情况。如有水、火、瓦斯，必须采取防水措施、瓦斯排放措施和火区封闭措施，否则禁止爆破。

（3）距穿透老空区15 m前，由测量工在老空区内标明穿透位置，以便在检查时按穿透位置的实际情况采取不同措施，避免在爆破时误穿火区、水区。

（4）穿透老空区时，要把人员撤到安全地点，并在安全地点实施爆破。爆破后，只有查明老空区情况并确认无危险后，才能恢复工作。

（六）接近积水区时的爆破事故防治

（1）要根据实际情况，编制切实可行的探放水设计和安全措施，否则禁止爆破。

（2）发现有透水预兆，要立即停止爆破，及时汇报，查明原因；情况危急时，人员必须立即撤离。

（3）打眼时若发现炮眼渗水，不要拔出钎杆。

（七）处理溜煤眼堵塞时的爆破事故防治

（1）必须采用取得煤矿矿用产品安全标志的用于溜煤（矸）眼的煤矿许用刚性被筒炸药，或不低于该安全等级的煤矿许用炸药。

（2）每次爆破只准使用一个煤矿许用电雷管，且最大装药量不得超过 450 g。

（3）爆破前，必须检查溜煤（矸）眼内堵塞部位的上部和下部空间的瓦斯。

（4）爆破前，必须洒水。

（5）在有安全威胁的地点爆破时，必须撤人、停电。

（八）石门揭穿煤与瓦斯突出煤层进行震动爆破时的爆破事故防治

（1）必须编制专门设计报告。爆破参数、爆破器材及起爆要求，爆破地点，反向风门位置，避灾路线及停电、撤人和警戒范围等，必须在设计报告中明确规定。

（2）震动爆破工作面，必须具有独立、可靠、畅通的回风系统。爆破时回风系统内必须切断电源，严禁人员作业和通过。在进风侧巷道中，必须设置两道坚固的反向风门。

（3）爆破 30 min 后，人员方可进入工作面检查。

（4）震动爆破应一次全断面揭穿或揭开煤层。未能一次揭穿煤层的，在掘进剩余部分时，必须按震动爆破要求进行爆破作业。

（5）应采用挡栏设施，降低震动爆破诱发突出的强度。

【案例】

2003 年 6 月，某矿采煤队短母线爆破，造成一起轻伤事故。事故发生在 23204 工作面的夜班，由于二斜井 1 时 30 分停运，爆破工赵某为了赶在1时30分前升井，在距爆破地点20 m处就拧响了发爆器。爆炸后飞出的块煤将爆破工赵某的头部击伤，造成其脑震荡(轻伤)。

安全提示：

(1) 爆破工应按章作业，工作面爆破母线不得少于75 m。

(2) 爆破作业必须执行“一炮三检”制度和“三人连锁爆破”制度。

第五章 职业病防治

在煤矿开采中易产生种类众多的职业病危害因素。煤矿作业人员在工作过程中接触的职业病危害因素主要有粉尘、化学毒物、噪声、高温、振动等。

第一节 煤矿粉尘及常见职业病

在煤矿生产和建设过程中所产生的各种岩矿微粒统称为煤矿粉尘，它是污染作业环境、损害劳动者健康的重要职业性有害因素。

一、粉尘

在煤矿井下回采、掘进、运输机提升等各个生产过程中，均能产生煤矿粉尘。

（一）粉尘的主要危害

1. 对呼吸系统的影响

粉尘对呼吸系统的损害最大，可以引发尘肺病、粉尘沉着症、呼吸系统炎症和呼吸系统肿瘤等疾病。图 5-1 为人体肺部结构图。

2. 局部作用

局部作用包括粉尘作用于呼吸道黏膜导致萎缩性病变，形成咽炎、喉炎、气管炎等；作用于皮肤，形成粉刺、毛囊炎、脓皮病等；金属和磨料粉尘可引起角膜损伤，导致角膜感觉迟钝和角膜浑浊；沥青烟尘在日光照射下可引起光感性皮炎等。

3. 中毒作用

有毒物质可在呼吸道黏膜被较快溶解、吸收，从而导致中毒。

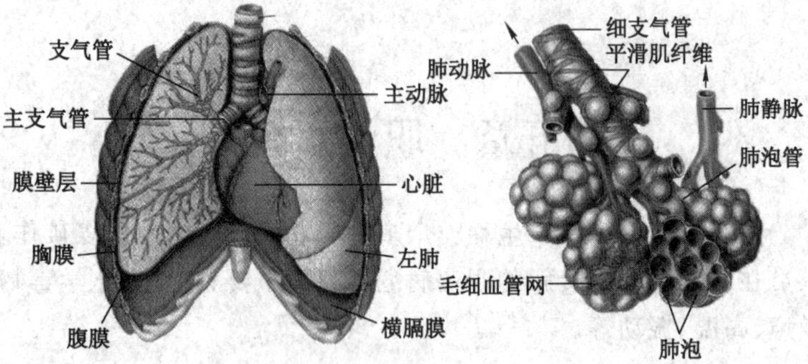

图 5-1　人体肺部结构图

（二）粉尘的主要防治措施

职业病防治工作坚持预防为主、防治结合的方针，实行分类管理、综合治理。职业病防治方面的法律法规有《中华人民共和国尘肺病防治条例》《矽尘作业工人医疗预防措施实施办法》《中华人民共和国劳动法》《中华人民共和国职业病防治法》《工作场所职业卫生管理规定》等。

二、常见的煤矿工人职业病

（1）尘肺病：在采煤过程中长期吸入无机矿物质粉尘引起，以肺组织弥漫性结节状或网格状纤维化为特征。

（2）煤矿井下工人慢性胃炎、关节炎、慢性咽炎、慢性鼻炎等疾病的患病率较高。

（3）皮肤病：工作环境、防护用品使用情况、长期缺少阳光照射、煤矿除（防）尘措施和煤矿职工卫生状况等，对煤矿井下作业人员的皮肤有一定的影响，毛囊炎、痤疮、皮肤瘙痒症、胼胝等皮肤病在他们身上的患病率较高。

（4）振动病及局部振动病：因长期接触强烈的生产性振动所引起的一种疾病。早期可出现肢端感觉异常、振动感觉减退，主要症状为手麻、手疼、手胀、手凉、手掌多汗、手痛(多在夜间发生),其他症状有手僵、手颤、手无力(多在工作中发生),手指遇冷即出现缺血发白,严重时血管痉挛明显等。

(5) 噪声性耳聋:由于长期处于强噪声环境中而引起的一种缓慢进行的耳聋。长期在强噪声的环境中工作,易造成听觉系统的损害,形成耳聋,同时还可能引起对人体其他系统的损害。

(6) 中暑:高温环境引起的人体体温调节中枢的功能障碍,汗腺功能失调以及水、电解质平衡紊乱所导致的疾病。

(7) 滑囊炎:由于长期、持续、反复、集中和力量稍大的摩擦和压迫而引起的疾病。在一些煤层薄、采高低、机械化程度不高的矿区,滑囊炎的患病率较高。煤矿工人的工龄越长、年龄越大,患病率越高。不同工种的患病率是有差异的,其中采煤工的患病率最高,其次是掘进工。

第二节　煤矿职业危害防治及劳动者职业健康方面的权利

一、煤矿主要职业危害的防治

(一) 职业毒害的防治

接触有毒物质时间的长短、剂量大小、发病缓急,其中毒表现是不同的,有急性中毒、亚急性中毒、慢性中毒三种。短时间内大量毒物侵入人体会引起急性中毒;长时间吸入小剂量毒物会引起慢性中毒;介于急性中毒和慢性中毒之间、在较短时间内吸入较大剂量毒物引起的中毒为亚急性中毒。

(二) 防护措施

(1) 消除毒物。煤矿井下的有毒气体主要来源于炮烟和煤氧化、火灾等。因为很多有毒气体是易溶于水的,通过加强通风和喷雾洒水排除和降低有毒气体含量,净化空气,是消除毒物危害的最根本、最有效的措施。

(2) 加强个人防护。爆破后烟未散去或作业现场空气质量太差时，作业人员不要急着进入工作面，待烟散尽、现场空气质量好转时再进入工作面。同时，还应用好防护服、防护面具、防尘口罩、自救器等。

(3) 提高机体防御能力。对于在有害物质场所的作业人员，应给予其必要的保健待遇，使其加强营养。

(4) 加强对有害物质的监测，掌握其浓度含量，做到心中有数，控制其危害程度。

(5) 对受到危害的人员及时进行健康检查。必要时实行转岗、换岗作业。

(6) 加强有害物质及其预防措施的宣传教育，建立健全安全生产责任制、卫生责任制和岗位责任制等。

二、劳动者在职业健康方面的权利

《职业病防治法》规定，劳动者享有以下职业卫生保护权利。

(1) 获得职业卫生教育、培训；

(2) 获得职业健康检查、职业病诊疗、康复等职业病防治服务；

(3) 了解工作场所产生或者可能产生的职业病危害因素、危害后果和应当采取的职业病防护措施；

(4) 要求用人单位提供符合防治职业病要求的职业病防护设施和个人使用的职业病防护用品，改善工作条件；

(5) 对违反职业病防治法律、法规以及危及生命健康的行为提出批评、检举和控告；

(6) 拒绝违章指挥和强令进行没有职业病防护措施的作业；

(7) 参与用人单位职业卫生工作的民主管理，对职业病防治工作提出意见和建议。

【案例】

苏某是陕西人，经同乡介绍，他到山西省某煤矿工作，后他在工地上发生了一次事故，却意外得知自己患上了硅肺病。

山西某医院对其做了进一步检查，确诊其患上了硅肺病。医生说这种病是由于苏某长期在矿井下吸入有害气体所致，属于职业病。带着这份诊断书，他向企业提出索赔，要求进一步治疗。不料，企业以苏某在矿井中的工龄只有18个月为由，认为其工作时间太短，不可能患职业病而拒绝为其治疗。

一筹莫展的苏某找到山西省农民工法律援助工作站，该工作站为其提供了法律援助。

第六章　自救互救与安全避险

第一节　煤矿安全避险“六大系统”

煤矿安全避险系统是预防事故以及事故发生时开展自救互救、紧急避险而达到减少伤亡目的的重要技术保障。

“六大系统”是指矿井监测监控系统、煤矿井下人员定位系统、井下紧急避险系统、矿井压风自救系统、矿井供水施救系统和矿井通信联络系统。

煤矿应建立应急演练制度，科学确定避灾路线，编制应急预案，每年开展一次“六大系统”联合应急演练。

一、矿井监测监控系统

煤矿企业必须按照《煤矿安全监控系统及检测仪器使用管理规范》(AQ 1029—2019)的要求，建设完善矿井监测监控系统，实现对煤矿井下瓦斯浓度、一氧化碳浓度、温度、风速等的动态监控，为煤矿安全管理提供决策依据。要加强系统设备维护，定期进行调试、校正，及时升级、拓展系统功能和扩大监控范围，确保设备性能完好、系统灵敏可靠。要健全完善规章制度和事故应急预案，明确值班、带班人员责任，矿井监测监控系统中心站实行 24 h 值班制度，当系统发出报警、断电、馈电等异常信息时，能够迅速采取断电、撤人、停工等应急处置措施，充分发挥其安全避险的预警作用。

二、煤矿井下人员定位系统

煤矿企业必须按照《煤矿井下人员位置监测系统使用与管理规范》(MT/T 1198—2023)的要求，建设完善煤矿井下人员定位系统，并做好系统维护和升级改造工作，保障系统安全可靠运行。所有入井人员必须携带识别卡（或具备定位功能的无线通信设备），确保能够实时掌握井下各个作业区域人员的动态分布及变化情况。要进一步建立健全安全制度，发挥人员定位系统在定员管理和应急救援中的作用。

三、井下紧急避险系统

《煤矿安全规程》第六百八十八条规定，突出矿井，以及发生险情或者事故时井下人员依靠自救器或者1次自救器接力不能安全撤至地面的矿井，应当建设井下紧急避险设施。紧急避险设施的布局、类型、技术性能等具体设计，应当经矿总工程师审批。

紧急避险设施应当设置在避灾路线上，并有醒目标识。矿井避灾路线图中应当明确标注紧急避险设施的位置、规格和种类，井巷中应当有紧急避险设施方位指示。

四、矿井压风自救系统

煤矿企业必须在按照《煤矿安全规程》要求建立压风系统的基础上，遵照所有采掘作业地点在灾变期间能够提供压风供气的要求，进一步建设完善压风自救系统。空气压缩机应设置在地面；深部多水平开采的矿井，空气压缩机安装在地面难以保证对井下作业点有效供风时，可在其供风水平以上两个水平的进风井井底车场安全可靠的位置安装，但不得使用滑片式空气压缩机。井下压风管路要采取保护措施，防止灾变破坏。突出矿井的采掘工作面要按照《防治煤与瓦斯突出规定》要求设置压风自救装置，其他矿井掘进工作面要安设压风管路，并设置供气阀门。

五、矿井供水施救系统

矿井供水施救系统是指为了保证发生火灾、爆炸等事故时现场人员用水的需要而事先配装的实时供水系统。煤矿企业必须按照《煤矿安全规程》的要求，建设完善的防尘供水系统。除按照《煤矿安全规程》要求设置三通及阀门外，还要在所有采掘工作面和其他人员较集中的地点设置供水阀门，保证各采掘作业地点在灾变期间能够实现提供应急供水的要求。要加强供水管路的维护，不得出现跑、冒、滴、漏现象，保证阀门开关灵活。

六、矿井通信联络系统

矿井通信联络系统是指保证事故发生后实施救援时，现场能够畅通、有效地传递重要信息的系统。煤矿企业必须按照《煤矿安全规程》的要求，建设井下通信系统，并按照在灾变期间能够及时通知人员撤离和实现与避险人员通话的要求，进一步建设完善通信联络系统。在主副井绞车房、井底车场、运输调度室、采区变电所、水泵房等主要机电设备硐室、采掘工作面以及采区、水平最高点，应安设电话。井下避难硐室（救生舱）、井下主要水泵房、井下中央变电所和突出煤层采掘工作面、爆破时撤离人员集中地点等，必须设有直通矿调度室的电话。要积极推广使用井下无线通信系统、井下广播系统。发生险情时，要及时通知井下人员撤离。

第二节　自救与互救

煤矿事故发生时，如何在矿难中自救、互救显得十分重要。

一、自救与互救的基本常识

每个井下人员仅仅知道怎样防止和排除事故是不够的，还必须知道，并且要熟练地掌握怎样正确而又迅速地进行自救和互救，使自己和其他人员能安然脱险得救。

（一）自救与互救的概念

自救是指井下发生意外灾变时，在灾区或受灾变影响的区域内的每个工作人员进行避灾和保护自己的方法。互救是指在有效地进行自救的基础上，去救护灾区内受伤人员的方法。为了达到矿工自救和互救的目的，每个井下工作人员都必须熟悉并掌握所在矿井的灾害预防,熟练地使用自救器,掌握发生各种灾害事故的预兆、性质、特点和避灾方法,抢救灾区受伤人员的基本方法以及学会最基本的现场急救操作技术等。

每个煤矿的管理者,应有计划地对所有煤矿工作人员进行这方面培训,不能熟练地掌握自救、互救和现场急救操作技术的人员,不能算是一名合格的矿工,不允许其下井工作。

（二）自救与互救的行动原则

1. 迅速撤离灾区

当发生重大灾害事故,灾区不具备事故抢险的条件,或者在抢救事故时可能危及营救人员自身安全时,应迅速撤离现场、躲避到安全地点或撤到井上。

(1) 撤退人员要在班组长或有经验的老工人的带领下,根据矿井灾害预防和处理计划中规定的避灾路线和实际情况,尽量选择安全条件最好、距离最短的路线,迅速撤离危险区域。

(2) 在撤退时,要服从领导,听从指挥,禁止狂奔乱叫。要根据灾情正确佩戴和使用劳动保护用品。

(3) 要发扬团结互助的精神,照顾好伤员和年龄较大、身体较弱的工友。

(4) 遇有溜煤眼、积水区、塌冒地段和瓦斯积存巷道等危险区域时,应探明情况,谨慎通过。

(5) 在撤退途中迷失方向时,一般可按风流方向和水流方向决定行进方向。通常风流方向与水流方向相反。当发生爆炸、火灾事故时,位于灾区进风侧的人员可逆风流(或顺水流)撤退到安全地点,位于灾区回风侧的人员可逆风流(或顺水流)冲过灾区撤离到新鲜空气中;如果强行冲过灾区有危险时,可选择最近路线撤离到新鲜空气中。当发生透水事故时,人员可背离水流方向撤到高处逃出。

2. 及时报告灾情

在灾害事故发生初期，事故现场的作业人员应尽量了解或判断事故性质、地点和灾害程度，在积极、安全地消除或控制事故的同时，要及时向矿调度室报告灾情，并迅速向事故可能波及区域的人员发出警报。

(1) 报告形式：利用最近处的电话进行报告。不要舍近求远，更不要跑到井上进行口头报告。要注意在有瓦斯的地点必须使用防爆型电话，否则电话机产生的火花可能引爆瓦斯。

(2) 报告对象：要直接向矿调度室报告。因为矿调度室是全矿抢险救灾指挥中心，矿领导 24 h 调度值班，可以组织全矿人力、物力对事故进行抢救。若本矿力量不足，矿调度室还可以通过调度向上级领导求援。

(3) 报告内容：包括事故的性质、发生地点、事故影响范围、现场作业人员伤亡情况以及抢救、撤离的措施和方法等。

(4) 报告方法：要沉着冷静，不要慌乱，尽量把话说清楚；不要撒谎，要如实报告灾情，不清楚的就报告说"不清楚"，待回到现场了解清楚后或按领导指令了解某一情况后，再次向矿调度室报告。

【案例】

1998 年 6 月 12 日，安徽省某煤矿掘进工作面发生煤与瓦斯突出事故。突出煤岩量 650 t，瓦斯量 12 600 m^3。当日 12 时 18 分，瓦斯检查工王某突然听到掘进迎头现场作业人员的喊叫声、风筒的剧烈抖动声以及从迎头传来的"扑扑"声。王某想到迎头去看看，但刚站起来，便感到腿发软、有被熏的感觉，同时有一股强气流从里面向外推动，他便意识到可能发生了事故。王某随即向外撤退，并通知附近 3 名钻眼工和 8 名采掘人员全部撤离事故现场。随后，王某快速跑到附近的变电所打电话，向矿调度室汇报详细灾情。矿领导立即布置停电撤人、组织抢险。这次事故经救护队 3 个昼夜的奋力抢救，消除了灾害，有 2 人遇难、1 人被堵在灾区内被救护队救出。

3. 积极消除灾害

工作人员应利用现场条件，在保证自身安全的前提下，采取积极有效的措施和方法，及时投入现场抢救，将事故消灭在初始阶段或控制在最小范围内，最大限度地减少事故造成的损失。抢救人员时要做到“三先三后”（先抢救生还者，后处理已死亡者；先抢救伤势较重者，后抢救伤势较轻者；对于窒息或心跳、呼吸停止不久、出血和骨折的伤工，先复苏、止血和固定，然后搬运）。

（1）在消除灾害时，必须保持统一的指挥和严密的组织，严禁冒险蛮干和惊慌失措，严禁各行其是和单独行动。

（2）在积极抢救过程中，首先要确保自身安全，并提高警惕，采取严密措施，避免中毒、窒息、爆炸、触电、二次突出、顶帮二次垮落和透水冲人等再生事故的发生，保证营救人员的安全。

（3）要采取各种有效措施，消除初始灾害或防止灾区情况恶化。如发生火灾时，现场作业人员应尽量利用现场条件进行直接灭火，把新起火灾迅速扑灭；如发生冒顶事故时，现场作业人员应立即采取加强支护控制顶板的措施；如发生煤与瓦斯突出时，应迅速关好防突反向风门；如发生透水事故时，应迅速关闭水闸门等。

4. 妥善安全避灾

当灾害事故发生后，避灾路线因冒顶、积水、火灾或有害气体等原因造成阻塞，现场作业人员无法撤退时，或在自救器有效工作时间内不能到达安全地点时，应迅速进入避难硐室和灾区较安全地点，或者就近快速构造临时避难硐室，进行自救互救，妥善安全避灾，努力维持和改善自身生存条件，等待营救。

（1）保持良好的精神状态。遇险时，千万不可过分悲观和忧虑，更不能急躁盲动、冒险乱闯；不要吞饮煤块、衣物、胶带等物，不要饮用不干净、有毒的井下水；要具有长时间避灾的精神和物质准备;避灾时应静坐,避免不必要的体力消耗和氧气消耗;节约矿灯电量和食品;坚定获救脱险的信念,互相帮助、互相鼓励,克服一切困难,坚持到最后安全脱险。

(2) 加强安全防护,改善避灾地点的生存条件。避灾时,要密切关注避灾地点的烟火、风流、顶板、水情和温度等变化。当发现危及人员安全的情况时,应就地取材构筑安全防护设施,如用支架、木料建防护挡板,防止冒落煤矸石窜入;用衣服、风帘堵严或建立临时挡风墙、挡风帘,防止有害气体涌入;在有害气体超限时,要佩戴自救器或使用压风自救系统;用煤矸石或其他材料设置挡水墙,防止矿井水流入。如果发觉避灾地点条件恶化、可能危及人员安全时,应立即转移到附近的其他安全地点。

(3) 保持与外部营救人员的联系。避灾人员应在避灾地点外面,采用写字、吊挂衣物等办法,设置明显标记,为营救人员寻找遇险遇难人员指示目标。在避灾地点,应用呼喊,敲击顶帮、铁棚、铁管等方法向外发出求救信号,一旦与外部营救人员取得联系,要不断地、有节律地发出这种信号。如果有可能,可寻找电话或其他通信设备,尽快与外部人员通话。如果转移避灾地点,应在转移途中设置明显指示标记,以便营救人员跟踪寻找。

(4) 积极创造自救脱险条件。在避灾地点,应在保证自身安全的情况下,积极开展自救与互救。应利用现场设备、材料、工具,发挥避灾人员的特长,创造条件自行脱险,或者为外部营救人员创造条件,为提前脱险做准备。

(5) 积极配合外部营救人员的抢救工作。在避灾地点发现有人来营救自己时,或者在被营救脱险时,要控制自己的情绪,不可慌乱和过分激动。当外面输送进来食品时,不要暴饮暴食。要听从营救人员的安排,积极配合营救人员的抢救工作,避免造成不必要的意外伤害。

二、井下发生各类灾害事故时的自救与互救

（一）瓦斯、煤尘爆炸事故时的自救与互救

当瓦斯、煤尘爆炸时，在现场和附近巷道的工作人员，千万不可惊慌失措。当听到爆炸声和感到冲击波造成的空气震动气浪时，应迅速背朝爆炸冲击波传来的方向卧倒，脸部朝下，把头放低些，在有水沟的地方最好侧卧在水沟里边，脸朝水沟侧面的沟壁，迅速用湿毛巾将嘴、鼻捂住，同时用最快的速度戴上自救器，拉严身上衣物盖住露出的部分，以防被爆炸的高温灼伤。在听到爆炸声的瞬间，最好尽力屏住呼吸，防止因吸入有毒高温气体而灼伤内脏。

事故发生后，不要太紧张，要冷静下来，明确自己所在的位置和巷道名称，要迅速辨清方向，按照避灾路线以最快的速度赶到新鲜风流方向。外撤时，要随时注意巷道的风流方向，要迎着新鲜风流走。

用好自救器是自救的主要环节。当戴上自救器后，绝不可轻易取下而吸入外界气体，以免遭受有害气体的毒害，要一直坚持到安全地点方可取下。

（二）煤与瓦斯突出时的自救与互救

采煤工作面发生煤与瓦斯突出或出现预兆时，要以最快的速度通知作业人员迅速向进风侧撤离。撤离中应快速佩戴好自救器，迎着新鲜风流外撤。如果距离新鲜风流太远，应首先到避难硐室内避灾，或利用压风自救系统进行自救。

【案例】

2006 年 4 月 9 日 10 时 23 分，重庆某煤矿发生煤与瓦斯突出事故，突出煤量 490 t、瓦斯量 9.1 万 m^3。当时，“轰”的一声巨响伴随着巨大的风浪吹倒了瓦斯检查工张某。张某意识到了灾难降临，三步并作两步地冲向压风自救器，大口呼吸新鲜空气。为了逃生，他奋力打开了被突出飓风关闭了的防突风门。自救成功后，张

某一口气跑到变电所，向矿调度室报告了灾情，请求矿领导赶快派救护队来营救。之后，他又通过通风瓦斯调度电话，得知南二区域瓦斯严重超限。他对变电所值班电工说："师傅，你守在电话旁等救护队，我到风巷去撤人。"走出变电所 10 m 远时，他看见一束灯光半掩着，昏昏暗暗的，便高声呼喊："里边的工友，瓦斯突出了，赶快撤离！"发现对方没有反应时，他又抓起身边的瓦斯检测器，确定瓦斯含量不大，便直奔昏暗灯光处。

张某发现一人已经被瓦斯熏倒，便一把把他拽起来背上，并飞快地跑到 100 m 远的安全地带。张某认出这是瓦斯检查工李某。他使劲掐了掐李某，只听李某"哎呀"一声叫了起来，张某兴奋地大声喊道："李××，李××，你要挺住。"2 分钟后，李某微微睁开眼睛，有气无力地对张某说："快救工友。"

看到李某苏醒，张某松了一口气，他把李某安置在进风处，又去组织疏散其他工友。张某在发生事故周边的 4 条巷道进出口处设立了警示标语，构建了警示栅栏，并搬来 4 块重达 50 多千克的矸石分别放到 4 条巷道中间，用粉笔写上："工友：此处发生煤与瓦斯突出事故，请绕道行走！！2006 年 4 月 9 日"。

张某做完安全警示标志后，再次来到发生事故工作面的防突风门处，阻止了工作人员进入，等待救护队员的到来。

在这次事故中，张某通过自救成功脱险后，及时营救出 1 名工友，并使 1 个掘进工作面和 1 个采煤工作面的 30 多名工友迅速撤离灾区。

(三) 矿井火灾事故时的自救与互救

1. 矿井火灾事故的救护原则

(1) 控制烟雾的蔓延，使其不危及井下人员的安全。

(2) 防止火灾扩大。

(3) 防止引起瓦斯、煤尘爆炸，防止火风压引起风流逆转而造成危害。

(4) 保证救灾人员的安全，并有利于抢救遇险人员。

(5) 创造有利的灭火条件。

2. 井下火灾的常用扑救方法

(1) 直接方法灭火。用水、惰性气体、泡沫剂、干粉、砂子(岩粉)等，在火源附近或离火源一定距离直接扑灭矿井火灾。

(2) 隔绝方法灭火。隔绝灭火就是在通往火区的所有巷道内构筑防火墙，将风流全部隔断，阻止空气的供给，使矿井火灾逐渐自行熄灭。

(3) 综合方法灭火。先用密闭墙封闭火区，待火区内部分火熄灭和温度降低后，采取措施控制火区，并打开密闭墙用直接灭火方法灭火。应先将火区大面积封闭；待火势减弱后，再锁风逐步缩小火区范围；最后进行直接灭火。

【案例】

1984 年 2 月 24 日 4 时 30 分，河南省某煤矿 22231 巷道刮板输送机液力联轴节冒火，点燃了油垢、煤和杂物，引起火灾。

火灾发生后，正在井下睡觉的开溜工被烟熏醒，发现机头处一片火光，立即脱下棉背心用力扑打，但无效。于是仓皇跑出，到工作面运输平巷叫人停电灭火。在此之前，掘二队一名机电工在联络巷嗅到了烟味，他打开第一道风门时发现烟雾，打开第二道风门时，就觉得烟雾逼人，呼吸困难。他发现局部通风机正在运行吸烟，为了保证掘进工作面作业人员安全，他果断地关闭了第一台局部通风机。这时他已不能冲出火区，退而关闭第一道风门，又停止第二台局部通风机运转，以此来迫使掘一队和掘二队发现烟雾，停止送风，从而及时撤离危险区。之后他又跑到变电所切断了掘一队、掘二队和开拓队的电源，使他们急速撤离现场。当机电四队一名机电班长发现火情后，立即叫变电所值班员坚守岗位，切断开拓二队电源，把井下发生火灾的情况报告矿调度室，并急速冲入采煤工作面叫人撤离。

被火烟包围的采煤工作面共有21人,12名工人冲出了危险区,9名工人被围困在火烟区内。9名工人在驻矿安监处副处长和矿安检员的统一组织下,开展应急自救与互救工作。他们先将人员转移到采煤工作面回风巷的风门以外,并停开原生产期间为加大风量而使用的局部通风机,以降低高负压区。然后立即用衣服等物,将风门严密封闭,消除负压,使这一区域形成稳流,防止火烟往采煤工作面急速流动,以保存巷道中间有限的新鲜空气。为了避免氧耗量增加,大家静止待命,节约矿灯电量,并商讨脱险之计。当大家急着要由回风流强行撤退时,副处长提出"不能冒险、盲目集体撤出"。他派两人侦察,发现烟雾浓,温度高,不能外撤,因此,大家撤返到密闭处等待救援。当他们发现烟雾逆退时,便将回风侧的三道灭尘水幕打开,达到降温、隔绝烟雾逆流、消烟和吸收二氧化碳的目的。

6时30分,遇险人员心急难耐,重新将风门打开,发现无烟雾,便进入采煤工作面,边行进边侦察。他们到达机头处用电话与矿调度室取得了联系。调度室立即通知井下救援基地派救护队员急速前去营救。由于领取的自救器不足,第一批营救出6人,剩余的1名老救护队员与暂未撤出的3名工人一起,为了延缓时间、防止中毒,并通过敲击铁管传递信号,等待救护队第二次前来营救。8时30分,遇险人员全部安全脱险。

(四)矿井透水事故时的自救与互救

作业人员发现透水预兆要立即向矿调度室汇报。若是情况紧急,透水即将发生,必须立即发出警报,迅速采取果断措施进行处理,防止透水发生,防止淹井,并及时撤出所有受水害威胁的人员。

水害发生后的自救与互救应注意以下几个方面。

(1)撤离时要服从命令,不可慌乱,要注意往高处走,并沿预定的避灾路线出井。

（2）位于透水点下方的工作人员，撤离时遇到水势很猛和很高的水头时，要尽力屏住呼吸，用手拽住管道等物，防止呛水和溺水，奋勇用力闯过水头，借助巷道壁及其他物体，迅速撤往安全地点。

（3）当外出道路已被水阻隔、无法撤出时，应选择地势最高、离井筒或大巷最近的地点，或上山独头巷道暂时躲避。被堵在上山独头巷道内的人员，要做好长时间被堵的思想准备，要节约使用矿灯和食品，有规律地敲打金属器具，发出求救信号。同时，要发扬团结互助的精神，共同克服困难，坚信上级会全力营救，相信能够安全脱险。要忍饥静卧，降低消耗，饮水延命，等待救援脱险。

（4）若透水来自老空区和老窑积水，因同时会有大量有毒气体涌出，撤离时每人都要迅速戴好自救器，或用湿毛巾掩住口鼻，以防中毒或窒息。

（5）撤离途中经过水闸门时，最后一个人撤出后要立即紧紧关闭水闸门。水泵司机在没有接到救灾指挥部的撤离命令前，绝对不准离开工作岗位。

（五）矿山（隧道）事故救援联络信号

当矿山（隧道）事故发生后，救援人员和被困人员在采取防爆安全措施的情况下，可利用坚硬物体敲击管路、铁轨、钻杆等发出“5432”（5 声“呼救”、4 声“报数”、3 声“收到”、2 声“停止”）救援联络信号。

（1）5 声：寻求联络。被困人员敲击 5 声为求救信号；救援人员敲击 5 声为寻求联络信号。

（2）4 声：询问被困人员数量。救援人员敲击 4 声为询问信号；被困人员确认收到后，按被困人数敲击为回复信号。

（3）3 声：收到。敲击 3 声表示“收到”对方信号和意图。

（4）2 声：停止。被困人员敲击 2 声为“停止”，表示停止给养补给或遇突发情况需停止行动。

注意：每次敲击间隔 1 s，分组发出信号，每组信号间隔 30 s。明白意图后敲击 3 声回复“收到”，未“收到”回复时可重复敲击发出信号。

【案例】

1956 年 10 月 24 日 10 时 40 分，山西省某煤矿掘进巷道打通老窖水发生透水事故。这次事故共处理了 27 天，排除积水 18 万 m^3。由于被围困在灾区的 2 名工人积极采取了自救与互救措施，提前获救脱险。

该矿透水地点在北一上山西四平巷。透水后这 2 名工人逃生到西二平巷避灾。在避灾期间，他们打死了一头骡子，饿了吃骡子肉，渴了喝井下水。同时，他们坚持不懈地向下掘进小巷道以备逃生之用，直到掘通西一平巷。矿山救护队在营救时，由运输巷往上掘进 7 m 打通西一平巷后，发现西一平巷北部有一个断面为 0.25 m^2 的小通道，救护队分析事故前此处无通道，肯定是遇险人员自救扒开的。于是摘下呼吸器爬进去找人，并听到通道里有人呼吸的声音，队员们拍手向里面发出联系信号，得到了里面的回音。救护队员往上爬到西二平巷，发现了他们二人，便立即将他们抬到安全地点并施以急救，后经多方抢救，二人恢复了健康。

(六) 冒顶事故时的救护

1. 一般原则

(1) 矿井发生冒顶事故后，矿山救护队的主要任务是抢救遇险人员和恢复通风。

(2) 在处理冒顶事故之前，矿山救护队应向事故附近地区工作的管理人员和工人了解事故发生的原因、冒顶地区顶板的特性、事故前人员的分布位置、瓦斯浓度等，并实地查看周围支架和顶板情况，必要时应加固附近支架，保证退路安全畅通。

(3) 抢救人员时，可用呼喊、敲击的方法听取回击声，或用声响接收式和无线电波接收式寻人仪等装置，判断遇险人员的位置，与遇险人员保持联系，鼓励他们配合抢救工作。对于被堵人员，应在支护好顶板的情况下，用掘小巷、绕道通过冒落区或使用矿山救护轻便支架穿越冒落区等方法接近他们。

(4) 在处理冒顶事故的过程中，矿山救护队始终要有专人检查瓦斯和观察顶板情况，发现异常，立即撤出人员。

(5) 清理堵塞物时，使用工具要小心，防止伤害遇险人员；遇有大块矸石、木柱、金属网、铁架、铁柱等物压人时，可使用千斤顶、液压起重器、液压剪刀等工具进行处理，绝不可用镐刨、锤砸等方法扒人或破岩。

(6) 抢救出的遇险人员，要给其用毯子保温，并迅速将其运至安全地点进行创伤检查，在现场开展输氧和人工呼吸、止血、包扎等急救处理，危重伤员要尽快送医院治疗。对长期困在井下的人员，不要用灯光照射其眼睛，其饮食要由医生决定。

2. 抢救遇险人员的方法

(1) 当顶板冒落范围不大时，如果遇险人员被大块矸石压住，可采用千斤顶、撬棍等工具把大块岩石顶起，将人迅速救出。

(2) 当顶板沿煤壁冒落、矸石块度比较破碎、遇险人员又靠近煤壁位置时，可采用沿煤壁方向掏小洞、架设临时支架维护顶板、边支护边掏洞等方法，直到救出遇险人员。

(3) 如果遇险人员位置靠近放顶区，可采用沿放顶区方向掏小洞、架设临时支架、背帮背顶，或用前探棚边支护边掏洞等方法，把遇险人员救出。

(4) 在冒落范围较小，矸石块度小、比较破碎，并且继续下落，矸石扒一点、漏一些的情况下处理冒顶和抢救人员时，可采用撞楔法处理，以控制顶板。

(5) 当分层开采的工作面发生事故、底板是煤层、遇险人员位于金属网或荆笆假顶下面时，可沿底板煤层掏小洞，边支护边掏洞，接近遇险人员后将其救出。当底板是岩石、遇险人员位于金属网或荆笆假顶下面时，可沿煤壁掏小洞，寻找和救出遇险人员。

(6) 当冒落范围很大、遇险人员位于冒落工作面的中间时，可采用掏小洞和撞楔法的方法救出遇险人员。当事故发生时间过长而不安全时，也可采取另掘开切眼、边掘进边支护的方法救出遇险人员。

(7) 如果工作面两端冒落，把人堵在工作面内，采用掏小洞和撞楔法穿不过去，可采取另掘巷道的方法，绕过冒落区或危险区将遇险人员救出。

3. 冒顶事故的处理方法

(1) 局部小冒顶的处理。采煤工作面发生冒顶的范围小，顶板没有冒实，顶板矸石已暂时停止下落，这种局部小冒顶比较容易处理。一般采取掏梁窝、探大梁，使用单腿棚或悬挂金属顶梁的方法处理。

(2) 局部冒顶范围较大的处理。这里分两种情况：一种情况是伪顶冒落直接顶未落，一般采取从冒顶两端向中间进行探梁处理；另一种情况是直接顶冒落，而且冒落区不停地沿煤壁空隙往下掉碎矸石，一般采取打撞楔的办法处理。

(3) 大面积冒顶的处理。对于缓倾斜薄煤层和中厚煤层，尤其是中厚煤层处理工作面大冒顶的方法主要有两种，一种是恢复工作面的方法，另一种是另掘开切眼或局部另掘开切眼的方法。

(七) 井下有害气体中毒人员的救护措施

对于有害气体中毒遇险人员，应立即将其抬到新鲜风流的巷道或地面，根据其中毒情况采取急救措施。

1. 一氧化碳中毒

一氧化碳中毒人员呼吸浅而急促，失去知觉时面颊及身上有红斑，嘴唇呈桃红色。对中毒人员可采用人工呼吸或用苏生器输氧。输氧时可渗入5%～7%的二氧化碳，以使其呼吸中枢兴奋，促进其恢复呼吸机能。

2. 硫化氢中毒

硫化氢中毒除施行人工呼吸或用苏生器输氧外，可将浸以氯水溶液的棉花团、手帕等放入其口腔内，因为氯是硫化氢的良好解毒物。

3. 二氧化硫中毒

由于二氧化硫遇水生成硫酸，对呼吸系统有强烈的刺激作用，严重时可能被灼伤，所以除了施行人工呼吸或用苏生器输氧外，应给中毒人员服牛奶、蜂蜜或用苏打溶液漱口，以减轻刺激。

4. 二氧化氮中毒

二氧化氮中毒最突出的特征是指尖、头发变黄，并有咳嗽、恶心、呕吐等症状。因为二氧化氮中毒时，中毒人员会发生肺浮肿，因而不能采用人工呼吸。若必须用苏生器苏生时，在纯氧中不能掺二氧化碳，以避免刺激中毒人员的肺部，最好是在苏生器供氧的情况下，使中毒人员能进行自主呼吸。

5. 二氧化碳及瓦斯窒息

对二氧化碳及瓦斯窒息造成假死的中毒人员，除了对其进行人工呼吸和用苏生器输氧外，还要摩擦其皮肤或令其闻氨水，以促进其呼吸。

第三节 现场急救

现场急救是指当煤矿发生人身伤害事故时，由现场工作人员对伤员采取的紧急救护措施。现场急救包括现场评估、呼救、解脱伤员、心肺脑复苏、止血包扎、固定、搬运等。现场急救的目的是使伤员得到及时、正确的救助，减少伤员的痛苦，挽救伤员的生命，避免二次损伤发生。现场急救强调现场性、非专业性。

一、现场急救的基本原则

(1) 先看后抢：评估现场和伤员的伤情。

(2) 先抢后救:使处于危险境地的伤员尽快脱离险境,将其移至安全地带后再救治。

(3) 先重后轻:对大出血、呼吸异常、脉搏细弱或心搏骤停、神志不清的伤员,应立即采取急救措施,挽救其生命。对昏迷伤员应注意维持其呼吸道通畅。处理伤口时,一般应先止血、后包扎、再固定,并尽快将伤员妥善地转送医院。

(4) 先救后送:现场所有的伤员必须经过急救处理后,方可转送医院。

二、现场急救的方法

(一) 迅速判断事故现场的基本情况

1. 现场评估内容

(1) 注意现场是否仍有危险存在,评估通风、顶板、瓦斯、水况、油气、机械等因素是否可能对救护者或伤员继续造成伤害。

(2) 引起伤害的原因和受伤人数。

(3) 现场急救可以利用的人力和物力资源,现场最需要何种支援,应首先采取的救护行动等。

2. 伤情评估内容

现场评估后,要进行伤情评估,包括检查病人的意识、气道、呼吸、心跳、瞳孔反应等生命体征。若发现异常,须先处理威胁生命的情况并及时呼救。

(二) 呼救

(1) 向附近人群高声呼救:"快来人呀!这里有人受伤,需要抢救!"以吸引附近的同伴尽快参与抢救。

(2) 拨打电话向矿调度室进行紧急汇报。汇报内容包括:① 发现伤员所在的确切地点,引起受伤的可能原因,伤员的人数和大概伤情;② 病人目前最危重的情况,如昏迷、呼吸困难、心跳停止、大出血等;③ 现场已采取的救护措施,如止血、心肺复苏等。汇报后,呼救者不要先放下话筒,要等矿调度人员先挂断电话再挂机。急救部门根据呼救电话的内容，应迅速下达救护指示，派出急救人员，及时赶到事故现场。

（三）排除事故现场潜在危险

要及时排除事故现场潜在的危险，帮助受困人员脱离险境。

（四）注意保护事故现场

一般不得随意把伤员移出事故现场，但若伤员处于潜在危险之中，则应迅速将其移出现场并置于安全地带施救，伤员出事位置要做标记。

（五）伤情检查

要有整体观，首先要查出危及生命和可能致残的危重伤员，切勿被局部伤口迷惑。

（1）生命体征。

检查伤员的意识、瞳孔、脉搏、呼吸等。

（2）出血情况。

伤口大量出血是伤情加重或致死的重要原因，现场应尽快发现危重伤员大出血的部位。若伤员有面色苍白、脉搏快而弱、四肢冰凉等大失血的征象，却没有明显的伤口，应警惕其为内出血。

（3）有无骨折。

当发生骨折时，伤员的肢体会出现畸形、反常活动、肿胀、青紫等情况。

（4）皮肤及软组织损伤。

伤员的皮肤表面会出现淤血、血肿等。

（六）徒手心肺复苏

心肺复苏是针对呼吸、心搏骤停的伤员采取的急救措施。由于心跳、呼吸突然停止，会导致伤员全身重要脏器发生缺血缺氧，尤其是大脑。大脑一旦缺血缺氧时间超过 4～6 min，脑细胞将发生不可逆的损害。因此在 4～6 min 内，最好能在 4 min 内，应对伤员进行心肺复苏，在其气道畅通的前提下用人工呼吸为其补充氧气、用胸外心脏按压使带有新鲜氧气的血液到达其大脑和其他重要脏器。

心肺复苏的目的不仅要使心肺的功能得以恢复，更重要的是恢复大脑功能，避免和减少植物状态的发生。对心跳、呼吸骤停后的伤员，在 1 min 内进行心肺复苏的救活率接近 100%；在 4 min 内进行心肺复苏的，约有 50%被救活；在 4～6 min 开始心肺复苏的，只有 10%被救活；10 min 以后才施救的，几乎无存活的可能。因此，争分夺秒的现场救护非常重要。

徒手心肺复苏的操作方法和步骤如下。

1. 环境评估

现场急救人员应观察周围环境，保证通风、顶板、瓦斯等因素良好。

2. 判断意识

现场急救人员应轻拍伤员肩部，问："喂！你怎么了?"如果伤员对此毫无反应，则可判断其无意识，应立即呼救。若有意识，则按要求为其提供帮助。

3. 判断颈动脉博

现场急救人员应用食指和中指指尖触及伤员的气管正中部(喉结部位)，判断时间不超过 10 s，如不能触及其动脉搏动，应立即进行心肺复苏。

4. 安置病人体位

现场急救人员应使病人仰卧在硬板床或地板上，令其头颈、躯干无扭曲，两臂放于身体两侧，解开其上衣、腰带，脱下其袜子和靴子，暴露其前胸，检查其全身各处是否有外伤和骨折。

5. 通畅气道

现场急救人员应打开昏迷者的口腔，将其头微微侧向施救者方向，手指进入其口腔，将其口中和气道中的异物抠出。

6. 胸外按压

(1) 按压部位:两乳头连线中点处(胸骨下半部)。

(2) 按压手法:左手掌根部置于按压位置,右手掌根部压在左手手背上,手指交叉,肘部伸直,上肢与胸壁垂直,用上半身的力量垂直向下按压。

(3) 按压幅度:大于等于 5 cm。

(4) 按压频率:每分钟大于等于 100 次。

(5) 按压与呼吸比例:30∶2,反复进行。

(6) 操作 5 个循环后判断是否有效。若无效,继续上述操作 5 个循环后再次判断,直至高级生命支持措施的开始。

7. 人工呼吸

人工呼吸适用于触电休克、溺水、有害气体中毒、窒息或外伤窒息等引起的呼吸停止、假死状态者。如果伤员呼吸停止不久,大都能通过人工呼吸抢救过来。

人工呼吸的方法有口对口吹气法、仰卧压胸法和俯卧压背法 3 种。最常用的方法为口对口吹气法。

(1) 口对口吹气法。

口对口吹气法是效果最好、操作最简单的一种方法。现场救援人员在操作前应使伤员仰卧,救护者在伤员头部的一侧,一手托起伤员下颌,并尽量使其头部后仰;另一手将其鼻孔捏住,以免吹气时从鼻孔漏气。救援人员自己深吸一口气,对准伤员的口将气吹入,使伤员吸气;然后,松开捏住鼻子的手,并用手压其胸部以帮助伤员呼气。如此有节律地、均匀地反复进行,每分钟吹气 14～16 次。注意吹气时切勿过猛、过短,也不宜过长,以占一次呼吸周期的 1/3 为宜。如图 6-1 所示。

(2) 仰卧压胸法。

现场救援人员首先让伤员仰卧,跨跪在伤员大腿两侧,两手拇指向内,其余四指向外伸开,平放在伤员胸部两乳头之下,借助上

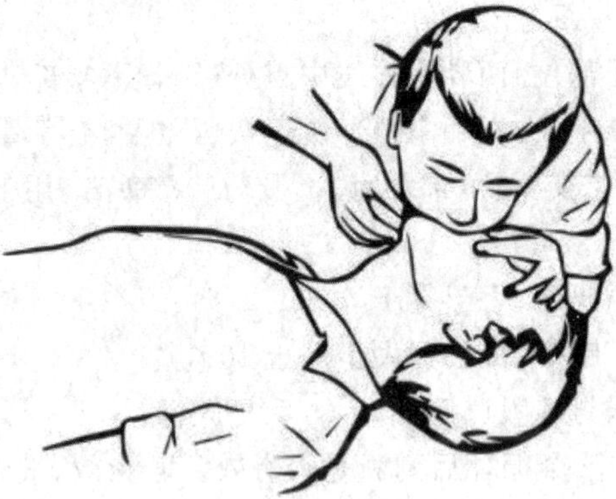

图 6-1　口对口吹气法

半身重力压伤员胸部，挤出伤员肺内空气；然后，救援人员身体后仰，除去压力，伤员胸部依其弹性自然扩张，使伤员的肺内吸入空气。如此有节奏地进行，每分钟 16～20 次。如图 6-2 所示。

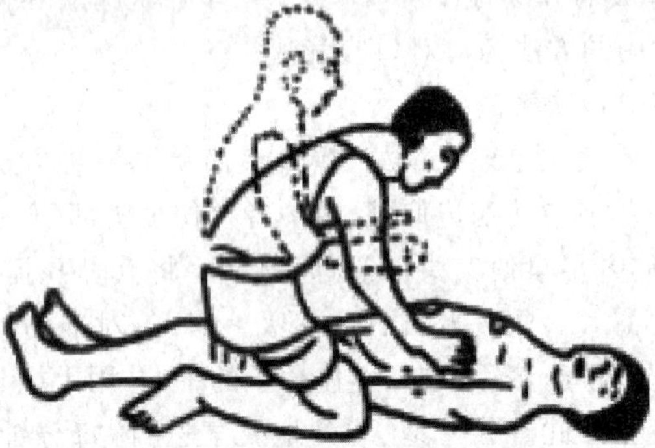

图 6-2　仰卧压胸法

此法不适用于胸部外伤或二氧化硫、二氧化氮中毒者，也不能与胸外心脏按压法同时进行。

(3) 俯卧压背法。

俯卧压背法与仰卧压胸法在操作上大致相同，只是现场救援人员应使伤员俯卧、跨跪在伤员两大腿外侧。因为用这种方法做人工呼吸有利于伤员排出肺内水分，因而适用于对溺水人员的急救。如图 6-3 所示。

图 6-3　俯卧压背法

8. 有效验证

(1) 能扪及伤员的大动脉搏动，收缩压大于 60 mmHg。

(2) 伤员的面色、口唇、甲床和皮肤色泽转红。

(3) 伤员的呼吸改善或出现自主呼吸。

(4) 伤员散大的瞳孔缩小。

(5) 伤员的眼球转动，睫毛反射与对光反射出现，甚至手脚抽动，肌张力增加。

(七) 止血

出血是由于血管损伤破裂而造成的。

1. 出血的特征

血管不同，出血也有不同的特征。

(1) 动脉出血的特征是血色鲜红，出血时像小喷泉一样不止。因为动脉出血的流量大，时间稍久就会有生命危险。

(2) 静脉出血的特征是血色暗红,血液呈持续性溢出。

2. 止血的方法

(1) 压迫止血法。

一个人受了伤,如果立即果断地用手指用力压紧伤口附近靠近心脏一端的动脉跳动处并把血管紧压在骨头上,就能很快收到临时止血效果。

(2) 加压包扎止血法。

这种方法适用于小血管和毛细血管的止血。现场急救人员应先用消毒纱布(也可用干净的毛巾)敷在伤口上,再加上棉花团或纱布卷,并用绷带紧紧包扎,以达到止血的目的。如果伤肢有骨折,还要另加夹板固定。

(3) 加垫屈肢止血法。

这种方法多用于小臂和小腿的止血。它是利用肘关节或膝关节的弯曲功能压迫血管达到止血的目的。现场急救人员应在伤员的肘窝或膝窝内放入棉垫或布垫,使伤员的关节弯曲到最大限度,再用绷带把其前臂缠住或者将小腿与大腿固定。如果伤肢有骨折,也应先用夹板固定。如图 6-4 所示。

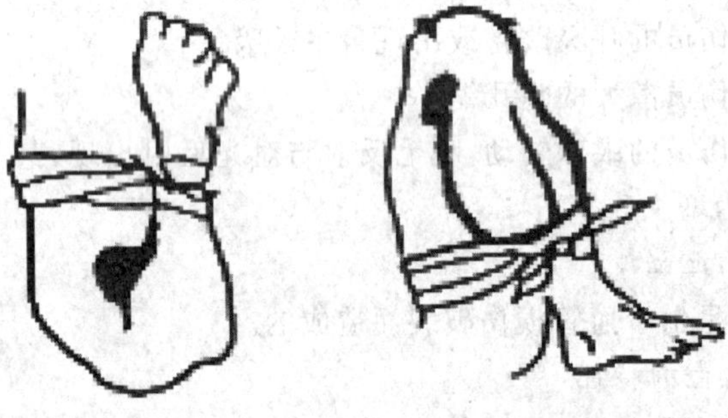

图 6-4　加垫屈肢止血法

(4) 止血带止血法。

这种方法适用于四肢大血管的出血，尤其是动脉血管出血。一般用橡皮管（也可用毛巾、布带或绳子代替）绕肢体包扎、打结、固定或在结内（或结下）穿一根短木棒，绞紧止血带，直到不流血为止，然后把木棒固定在肢体上。在包扎和绞止血带时，不要过紧或过松。

（八）创伤包扎

包扎的目的是保护伤口和创面，减少伤口的感染，减轻伤员的痛苦。加压包扎有止血作用。用夹板固定骨折的肢体时，必须要包扎，以减少继发性损伤，也便于将伤员运送到医院。

包扎的注意事项如下。

(1) 不能用井下的污水冲洗伤口；接触伤口的敷料应尽量使用消毒敷料，如果没有消毒敷料，应选用较干净的毛巾、内衣等布料包扎伤口，不要用手接触伤口；包扎的范围应超出伤口边缘 5～10 cm。

(2) 伤口表面的异物，如煤块、矸石、衣服碎片等，可以去除。深部的异物不应当时取出，以免加重感染或引起大出血。

(3) 肠管等内脏脱落时，不要送回伤口内，以免造成腔内感染。

(4) 包扎时动作要轻柔，必要时应将伤员的衣服剪开，以利于操作。包扎的松紧度要适宜，避免过松或过紧，接头不要打在伤口。

（九）骨折临时固定

骨折临时固定可以减轻伤员的疼痛，可以防止因骨折端移位而刺伤邻近组织、血管和神经，也是防止创伤休克的有效急救措施。如图 6-5 所示。

骨折临时固定的操作要点如下。

(1) 伤员如有伤口出血，应先对其止血并包扎伤口，再做骨折的固定。伤员如有休克应先进行心肺复苏。伤员有脑伤和腹部伤

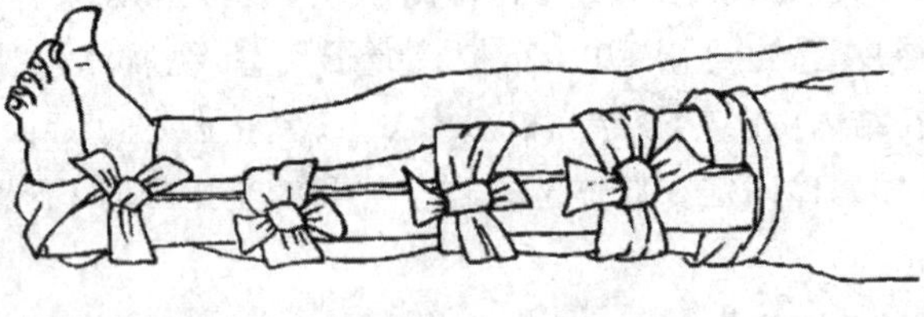

图 6-5　骨折临时固定

时不能服药。

(2) 在井下对伤员做临时固定,目的在于保证将伤员安全地向地面医院转运。因此,对于有明显外伤畸形的伤肢,只需要做临时固定进行大体纠正,而不需要按原形完全恢复,也不要把露出的断骨送回伤口,否则会给伤员增加不必要的痛苦或因处理不当而使伤情加重。

(3) 要尽可能地将伤员就地固定(主要固定四肢和脊柱骨的骨折)。应注意,在固定前不要无故移动伤员的衣服和裤子。

(4) 做临时固定的夹板要与伤肢相称,夹板应能托住整个伤肢。除了把骨折的上下两端固定好外,如遇关节处,要同时把关节固定好。

(5) 夹板不能与皮肤直接接触,要用棉花、布片或毛巾等柔软物品垫好,尤其要垫好夹板两端、骨头突出的地方和空隙的部分。

(十) 伤员的搬运

搬运伤员时,应注意以下事项。

(1) 在搬运以前,一定要先做好对伤员的检查和完成初步的急救处理,以保证搬运途中的安全。

(2) 对窒息或心跳、呼吸骤停的伤员,应先复苏后搬运;对出血的伤员,应先止血后搬运。

(3) 要根据伤情轻重，决定搬运方向。没有现成担架时，可用木棍、衣服、绳子、风筒等做成简易担架。搬运重伤员时，应将担架放在伤员的一侧，用平托法或翻滚法将伤员搬移到担架上。

(4) 走平巷搬运伤员时，一定要使伤员的脚朝前、头朝后，这样可使后面的搬运人员随时看到伤员的面部表情，若发现异常，能及时抢救。在斜巷搬运时，不论上山、下山，都要使担架保持水平状态。

(5) 搬运伤员行进中，搬运人员的动作一定要轻、脚步一定要稳、步伐要求一致，避免摇晃和振动。

(6) 在搬运转送中，伤员出现病变时要对其就地急救，待其恢复正常后再继续搬运。

(7) 将伤员搬运到大巷后，如有专用车辆转送，一定要把担架放稳放平，行车速度不宜太快，以免颠簸；如用空矿车送，一定要固定好担架，把伤员牢固地绑在担架和车身上，担架两侧还要有人看护，并严格控制行车速度。

(8) 搬运伤员时，搬运人员一定要沉着镇定，不论什么情况下都不可惊慌失措。

三、自救器的安全使用

《煤矿安全规程》规定：入井人员必须随身携带额定防护时间不低于 30 min 的隔绝式自救器。

自救器是一种轻便、体积小、便于携带、戴用迅速、作用时间短的个人呼吸保护装备。当井下发生火灾、爆炸、煤和瓦斯突出等事故时，正确佩戴自救器可有效防止中毒或窒息。从国内外事故教训来看，不少遇难者当时如果佩戴自救器是完全可以避免死亡的。煤矿常用的隔离式自救器分为隔离式化学氧自救器和隔离式压缩氧自救器两种。目前，煤矿企业主要使用隔离式压缩氧自救器。

（一）隔离式自救器的使用步骤（如图 6-6 所示）

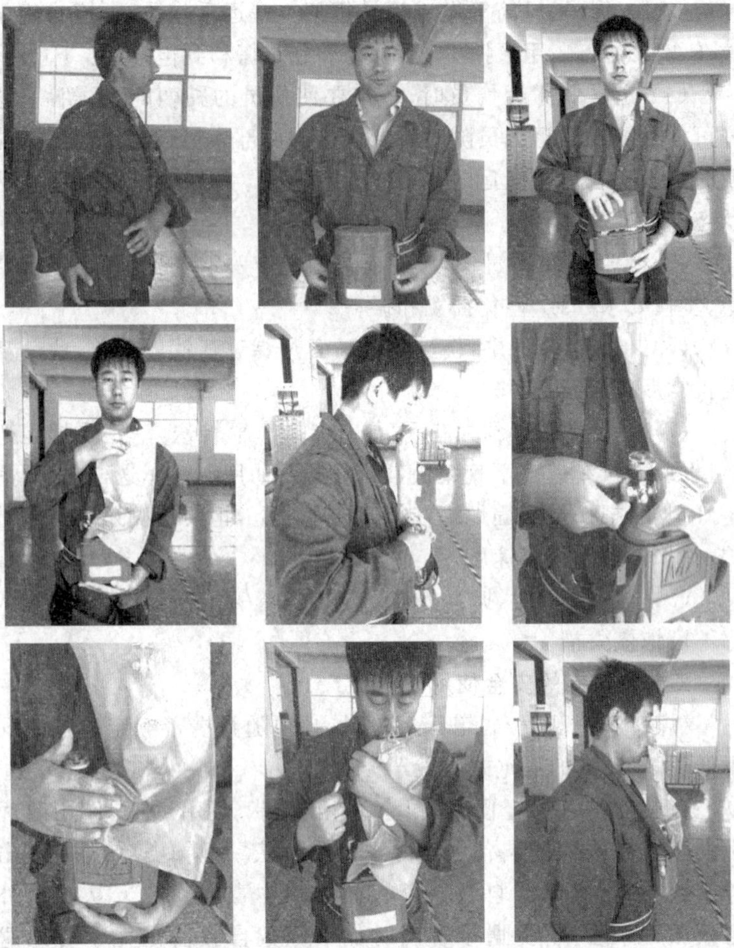

图 6-6　隔离式自救器的使用步骤

（1）将佩戴的自救器移至身体的正前方。

（2）拉开自救器两侧的塑料挂钩并取下上盖。

(3) 展开气囊,注意气囊不能扭折。

(4) 把口具片放在唇和牙齿之间,牙齿紧紧咬住牙垫,紧闭嘴唇,将鼻夹弹簧掰开,用鼻垫准确地夹住鼻孔,用嘴呼吸。

(5) 逆时针转动氧气瓶开关手轮,打开氧气瓶开关(完全打开),用手指按动补气压板,使气囊迅速鼓起。

(6) 撤离灾区。

(二) 隔离式压缩氧自救器的使用注意事项

(1) 佩戴使用自救器前,须由专业人员进行试用培训,并认真阅读使用说明书,以便在使用过程中准确无误地操作。

(2) 携带自救器下井前和在佩戴过程中,要经常观察压力表的示值,保证其压力指针不得低于 18 MPa。

(3) 严禁无故开启、磕碰和坐压自救器。

(4) 使用自救器时,应保持沉着。在呼气和吸气时,应保持慢速深呼吸。口与自救器距离应保证气囊尽量拉展,以免气囊内的呼气软管打折而使呼气阻力增加。在使用自救器的中后期,清净罐的温度略有上升是正常的,不必紧张。

(5) 自救器使用过程中,应避免气囊被利器划伤或受到挤压。

(6) 使用者在未脱离灾区或在高温环境时,切勿摘下自救器。

(7) 当气囊内有气时,不可挤压气囊及补气压板。

(8) 严禁在井下随意拆解自救器。

(9) 自救器每季度进行一次外观检查。凡自救器开启、封印条断裂、外壳严重破损变形的一律报废。

(10) 检查氢氧化钙更换情况。氢氧化钙不应少于 6 个月更换一次,换药后应检测呼吸系统的气密性。

第七章　安全检查工职业特殊性

第一节　煤矿作业特点

我国大多数煤矿地质条件复杂，绝大多数为井工开采。煤矿井下作业环境特点主要表现在以下几个方面。

一、工作环境特殊，多为井下作业

我国95%以上的煤矿是井下作业，井深平均在400 m以上，工作环境与地面相比要艰苦得多。

(1) 煤矿井下工作环境空间狭窄，活动受限，阴暗潮湿，没有阳光照射，能见度低，井下工作人员时刻都面临危险。

(2) 工作场所不固定，工作面不断搬迁，采掘设备要随着采掘工作面不断推移，并且地质构造常有变化，地下开采技术条件复杂。

(3) 工作地点由于采深较大，受地热作用、人体和机电设备的散热、水分蒸发等因素影响，井下的温度、湿度、空气质量等气候条件会变差。

二、作业环境艰苦

作业时间长、劳动强度大，易使工作人员劳累疲乏、体能下降、反应迟钝，极易产生焦躁情绪。在煤炭生产过程中，作业人员还要随时随地与水、火、瓦斯、顶板冒落、掉罐、跑车等多种灾害事故作斗争，作业环境十分复杂。近年来，部分煤矿企业取消大夜班的生产，增加了强制月休假制度，使煤矿职工的幸福感得到了明显提升。

三、生产系统工艺复杂

煤矿井下生产具有多工种、多方位、多系统、立体交叉、连续作业的特点，采煤、掘进、通风、机电、排水、供电、运输等各系统中，任何一个工种、任何一个部位或任何一个细小的环节出现管理和技术方面的问题，都可能酿成事故，甚至造成重大、特大事故。

四、自然灾害严重

我国煤层赋存条件较差，大多数煤矿地质条件复杂，灾害因素多，导致灾害的机理复杂，伴生的灾害事故时有发生。矿井瓦斯、水、火、矿尘、破碎顶板及有毒有害气体等，都威胁着煤矿安全生产工作。

五、职工劳动技能素质偏低

煤矿从业人员结构复杂，综合素质不高。我国煤矿用人过多，整体文化水平偏低，缺乏自我保护意识和能力，违章作业现象严重。

六、容易造成群死群伤事故

煤矿事故总量多，“三防”类事故引发的重大事故时有发生，容易造成群死群伤。煤矿是工矿企业中事故死亡人数最多的行业。

七、煤矿职业危害严重

据不完全统计，全国煤矿尘肺病患者达 30 万人，占总尘肺病患者的一半左右；每年因尘肺病造成的直接经济损失有数十亿元。此外，风湿、腰肌劳损等职业病在煤炭行业仍然存在。

八、煤矿机械化程度低，安全技术装备水平低

据统计，原国有重点煤矿的采煤机械化程度为 75%以上，综采机械化程度接近 60%，综掘机械化程度为 15%左右。而原国有地方煤矿和乡镇煤矿机械化程度普遍较低，有的根本不具备防御灾害的能力，多数小煤矿仍旧使用落后淘汰的电气设备，这些设备的电气防爆性能差、失爆率高。

第二节　煤矿作业场所常见的事故与职业危害因素

一、煤矿作业场所常见的事故

《矿山生产安全事故报告和调查处理办法》指出，煤矿事故类别分为顶板、冲击地压、瓦斯、煤尘、机电、运输、爆破、水害、火灾、其他。

(一) 瓦斯、煤尘事故

瓦斯是煤矿最大的威胁因素，在煤矿井下采掘、煤矿储存及传输场所，由于地质及通风不良，会造成瓦斯积聚、煤尘堆积、突出、人员窒息、中毒等事故。当井下出现电火花、爆破火花、煤炭自然、火灾等明火或电磁波时，也会引发瓦斯、煤尘爆炸事故。

(二) 顶板、冲击地压事故

在煤矿井下采掘过程中，由于地质条件变化、矿压增大、支护质量差、违章爆破等因素，会形成冲击地压、冒顶等事故。

(三) 水害及其他事故

在煤矿井下采掘过程中遇含水层、地下暗河、熔岩陷落柱、地面降水补给等情况时，这些水往往直接通过导水裂隙间接与采掘工作面导通，造成井下(突)透水；受雨季、地震、爆破震动、荷载加大等因素影响，会发生洪水、滑坡、泥石流、井筒洪水倒灌等。

(四) 火灾、爆破事故

干燥气候条件下，久旱、高温、明火、电气线路故障、违章等会造成森林火灾、生活和办公区域着火、压力容器爆炸等。

(五) 运输事故

在矿井提升过程中，提升机司机酒后上岗、疲劳、违章，以及机械故障、行人行车等都会造成断绳、跑车、掉道、蹲罐、挤压等。

(六) 机电事故

在电气、供电线路维修、登高作业过程中，电气、供电线路故障、潮湿空气、劳保用品缺失、违章等都会造成触电、高处坠落等。

二、煤矿作业场所职业危害因素

根据《职业病危害因素分类目录》，煤矿作业场所职业危害因素主要有以下几个方面。

（1）粉尘：矽尘、煤尘等。

（2）化学因素：二氧化硫、氨、氮氧化合物、一氧化碳、二硫化碳、硫化氢、柴油、甲烷等。

（3）物理因素：噪声、高温、振动等。

（4）放射性因素：氡及其短寿命子体等。

（5）其他因素：井下不良作业条件等。

第三节　煤矿安全检查工在防治煤矿灾害中的重要作用

煤矿属于高危行业，工作环境特殊，作业环境条件复杂多变，在生产过程中存在许多不安全因素。煤矿企业必须设置安全生产机构，配备适应工作需要的安全管理人员和装备。安全检查工作是煤矿企业安全管理工作的一部分，是煤矿企业内部安全检查的职能。安全检查工是安全检查机构的执法者，也是现场安全管理的吹哨人，是贯彻落实煤矿安全生产方针、政策和法律法规的宣传员、监督员，也是矿工生命安全和国家财产安全的保护员。因此，安全检查工对煤矿安全生产发挥着重要的作用，在煤矿的安全生产活动中占有举足轻重的地位。

煤矿安全检查工在防治煤矿灾害中的重要作用主要体现在以下几个方面。

一、及早发现和纠正不安全行为

作业人员的操作常常受其心理因素和生理因素的影响而存在很大的自由性，尤其在从事繁重、单调、重复的作业时，最易违反规定，即使是危险作业，在安全生产一段时间后，作业人员也会产生麻痹大意、疏忽侥幸的思想，造成随意操作。安全检查工就是通过监督检查、了解取证，及早地发现不安全行为，并通过提醒、说服、劝告、批评、警告直至处罚等手段，消除不安全行为，提高安全生产的可靠性。

二、及时发现不安全状态，改善劳动条件，提高本质安全程度

由于腐蚀、老化、磨损等原因，设备易发生故障；作业环境的温度、湿度、整洁度等也因时而异；设施、物料等会产生各种各样的问题。安全检查工就是要通过安全检查，及时发现并排除隐患，保证安全生产。

三、及时发现和弥补管理缺陷

计划管理、生产管理、技术管理和安全管理等方面的缺陷，都会影响安全生产。安全检查工就是要直接查找或通过分析和判断，去发现管理缺陷，并及时予以纠正和弥补。

四、发现潜在危险，制定防范措施

安全检查工要按照事故发生的规律进行逻辑判断，观察、研究、分析发生重大事故的可能性和条件，以及可能波及的范围及造成的损失和伤亡，进而制定防范措施和应急对策。

第四节　煤矿安全检查工的职业道德和安全职责

一、安全检查工的职业道德

(1) 爱岗敬业，尽职尽责。

(2) 照章办事，以理服人。

(3) 作风严谨，记录规范。

(4) 临危不惧，勇于负责。

(5) 以礼待人，文明检查。

(6) 廉洁奉公，不徇私情。

二、安全检查工的安全职责

（1）依法检查煤矿安全生产状况。

（2）检查煤矿各级安全生产责任制及落实情况。

（3）协助安全检查。

（4）协助制定安全措施。

（5）协助组织安全会议及安全竞赛。

（6）制止“三违”；参与煤矿建设工程安全设施的审查与验收工作。

（7）参加煤矿事故调查处理。

（8）负责事故与“三违”的统计上报。

第八章 煤矿安全检查

煤矿安全检查就是检查人、物、环境、管理方面存在的危险有害因素及管控措施的执行、事故隐患的排查治理、应急处置措施等执行情况。

第一节 煤矿安全检查的依据、方式、方法

一、煤矿安全检查的依据

煤矿井下生产涉及采煤、掘进、机电、运输提升、通风等各个系统,这些系统涉及的专业知识很多,在安全检查过程中不仅要遵循国家制定的法律法规,也要遵循各个专业相应的规程、规定、细则等。

(一)国家制定的法律法规

1. 全国人民代表大会及其常务委员会制定的法律

这些法律包括《中华人民共和国刑法》《中华人民共和国安全生产法》《中华人民共和国煤炭法》《中华人民共和国矿山安全法》《中华人民共和国矿产资源法》《中华人民共和国劳动法》《中华人民共和国职业病防治法》《中华人民共和国行政处罚法》等。

2. 国务院制定的行政法规

这些行政法规包括《安全生产许可证条例》《生产安全事故报告和调查处理条例》《中华人民共和国矿山安全法实施条例》《乡镇煤矿管理条例》《民用爆炸物品安全管理条例》《国务院关于特大安全事故行政责任追究的规定》《国务院关于预防煤矿生产安全事故的特别规定》《煤矿安全监察条例》《工伤保险条例》《生产安全事故

应急条例》等。

3. 国务院下属各部委制定的部门规章

这些部门规章包括《煤矿安全规程》《煤矿安全培训规定》《建设项目职业病防护设施“三同时”监督管理办法》《生产安全事故应急预案管理办法》《煤矿企业安全生产许可证实施办法》《煤矿重大生产安全事故隐患判定标准》《煤矿安全监察行政处罚办法》《煤矿安全监察员管理办法》《安全生产事故隐患排查治理暂行规定》《煤矿建设项目安全设施监察规定》《职业安全健康管理体系审核规范——实施指南》《煤矿作业场所职业危害防治规定》《特种作业人员安全技术培训考核管理规定》《煤矿领导带班下井及安全监督检查规定》《煤矿防治水细则》《防治煤与瓦斯突出细则》《防治煤矿冲击地压细则》《煤矿防灭火细则》等。

（二）各专业相应的规程、规定、细则

各专业相应的规程、规定、细则包括《煤矿安全生产标准化管理体系基本要求及评分方法（试行）》、《煤矿重大生产安全事故隐患判定标准》以及对应的国家标准、安全标准、煤炭行业标准等。

二、煤矿安全检查的方式

（一）日常检查

日常检查不仅是进行安全检查的日常工作，而且是职工结合生产实际接受安全教育的好机会。日常检查是由各基层班组长或安全检查工督促做好班前准备工作和检查交班前的交接验收工作，督促本班组成员认真执行安全规章制度和岗位责任制度。安全检查工应在各自业务范围内，经常深入现场，进行安全检查，发现问题，及时督促有关部门加以整改。

（二）定期检查

定期检查是每隔一段时间进行的一次安全检查，一般包括周检查、旬检查、月检查、季度检查、年度检查和节日前检查。

（三）专业性检查

专业性检查是指按专业系统，针对一个时期安全生产实际情况或上级指示精神，开展的专业系统检查。如采掘、机电、运输和“一通三防”等专业对口检查。专业性检查以安全人员作为检查工作的主体，并由与检查内容有关的技术人员和管理人员参加。

（四）不定期检查

不定期检查是采用“四不两直”（不发通知、不打招呼、不听汇报、不用陪同和接待，直奔基层、直插现场）的检查方式。一般由上级部门组织进行，带有突击性，可以看到安全生产的真实面貌，以便采取针对性措施，确保安全生产。

（五）连续性检查

连续性检查主要是指对新设备、新工艺的使用，新工作面投产，火区启封，新建或改建工程等，可能会引发新的不安全因素的不间断检查，也包括对事故多发区域或工种进行的蹲点检查。连续性检查的目的是随时发现问题，随时解决问题。

三、煤矿安全检查的方法

（一）常规检查

常规检查是常见的一种检查方法，通常是由安全管理人员作为检查工作的主体，到作业现场，通过感观或辅助一定的简单工具、仪表等，对作业人员的行为及作业场所的环境条件、生产设备设施等进行的定性检查。安全检查人员通过这一手段，及时发现现场存在的安全隐患并采取措施予以消除，纠正作业人员的不安全行为和物的不安全状态。

常规检查主要依靠安全检查人员的经验和能力，检查的结果直接受到检查人员个人素质的影响。检查中应有检查记录表，以便及时记录检查中发现的问题。记录表应包含隐患描述、隐患区域、隐患发现时间等相关内容。

（二）安全检查表法

为使安全检查工作更加规范，并将个人的行为对检查结果的影响减少到最小，常采用安全检查表法。安全检查表一般由工作小组讨论制定，表格一般包括检查项目、检查内容、检查标准、检查结果及评价、检查发现的问题等内容。

编制安全检查表应依据国家有关法律法规，煤矿企业现行有效的相关标准、规程、管理制度，有关事故教训，煤矿安全管理文化、理念，事故技术措施和安全措施计划，季节性特点、地理特点及气候特点等。

（三）仪器检查及数据分析法

目前，所有煤矿都建立了安全监测监控系统，系统运行数据具有在线监视和记录的功能，对设备、系统的运行状况可通过对数据的变化趋势进行分析并得出结论。对没有在线数据检测的机器、设备、系统，只能通过仪器检查法来进行定量化的检验与测量。

四、煤矿安全生产检查工作的程序

（一）安全检查准备

（1）确定检查对象、目的、任务。

（2）查阅、掌握有关法规、标准、规程的要求。

（3）了解检查对象的工艺流程、生产情况、可能出现的危险和危害的情况。

（4）制订检查计划，安排检查内容、方法、步骤。

（5）编写安全检查表或检查提纲。

（6）准备必要的检测工具、仪器、书写表格或记录本。

（7）挑选和训练检查人员，并进行必要的分工等。

（二）实施安全检查

实施安全检查就是通过访谈、查阅文件和记录、现场观察、仪器测量的方式获取信息。

（1）访谈：通过与有关人员谈话来检查安全意识和规章制度

执行情况等。

(2) 查阅文件和记录:检查设计文件、作业规程、安全措施、责任制度、操作规程等是否齐全、有效;查阅相应记录,判断上述文件的执行情况。

(3) 现场观察:对作业现场的生产设备、安全防护设施、作业环境、人员操作等进行观察,查找不安全因素、事故隐患、事故征兆等。

(4) 仪器测量:利用一定的检测检验仪器设备,对在用的设施、设备、器材状况及作业环境条件等进行测量,及时发现隐患。

(三) 综合分析

经现场检查和数据分析后,检查人员应对检查情况进行综合分析,提出检查的结论和意见。一般来讲,煤矿企业自行组织的各类安全检查,应由安全管理部门会同有关部门对检查结果进行综合分析;上级主管部门或地方政府负有安全生产监督管理职责的部门组织的安全检查,由检查组统一研究得出检查意见或结论。

(四) 结果反馈

现场检查和综合分析完成后,应将检查的结论和意见反馈至被检查对象。结果反馈形式可以是现场反馈,也可以是书面反馈。现场反馈的周期较短,可以及时将检查中发现的问题反馈至被检查对象。书面反馈的周期较长但比较正式,上级主管部门或地方政府负有安全生产监督管理职责的部门组织的安全检查,在作出正式结论和意见后,应通过书面反馈的形式将检查结论和意见反馈至被检查对象

(五) 提出整改要求

检查结束后,针对检查发现的问题,应根据问题性质的不同,提出相应的整改措施和要求。煤矿企业自行组织的安全检查,由安全管理部门会同有关部门,共同制订整改措施计划并组织实施;由上级主管部门或地方政府负有安全生产监督管理职责的部门组

织的安全检查，检查组提出书面整改要求后，煤矿企业组织相关部门制订整改措施计划。

（六）整改落实

对安全检查发现的问题和隐患，煤矿企业应制订整改计划，建立安全生产隐患台账，定期跟踪隐患的整改落实情况，确保隐患整改完成，形成隐患整改的闭环管理。安全生产问题隐患台账应包括隐患分类、隐患描述、问题依据、整改要求、整改责任单位、整改时限等内容。

（七）信息反馈及持续改进

煤矿企业自行组织的安全检查，在整改措施计划完成后，安全管理部门应组织有关人员进行验收。对于上级主管部门或地方政府负有安全生产监督管理职责的部门组织的安全检查，在整改措施完成后，应及时上报整改完成情况，申请复查或验收。

对安全检查中反复出现的问题，煤矿企业应从规章制度的健全和完善、从业人员的安全教育培训、设备系统的更新改造、加强现场检查和监督等环节入手，做到持续改进，不断提高安全生产管理水平，防范生产安全事故的发生。

第二节　煤矿安全检查的内容

一、煤矿企业安全检查的内容

煤矿企业安全检查的内容一般包括以下几个方面：一是对企业各级领导干部贯彻“安全第一、预防为主、综合治理”方针情况的检查；二是对各级组织安全管理工作情况的检查，如法律法规的执行情况，管理部门落实“三同时”“五同时”“四不放过”等制度的执行情况；三是对生产现场的安全检查，如检查生产场所及作业过程中是否存在操作人员的不安全行为、机械设备的不安全状态，以及不符合安全生产要求的作业环境等；四是检查隐患整改情况。以上内容随着检查形式或检查规模的不同,可有所侧重。

二、上级组织的安全大检查和煤矿企业自身的定期安全检查的内容

上级组织的安全大检查和煤矿企业自身的定期安全检查,应着重检查以下几个方面的内容。

(一)查思想

查思想即检查企业各级领导对安全生产工作是否有正确的认识,是否坚守安全生产红线,是否真正关心职工的安全与健康,是否认真贯彻了党和国家的安全生产方针、政策和法律法规。在检查的同时,也要注意宣传安全生产方针、政策和法律法规,批评、查处各种忽视职工安全与健康、违章指挥等错误思想与行为。

(二)查制度

查制度即监督检查企业各级领导、各个部门、每个职工的安全生产责任制是否建立健全并做到严格执行;安全管理制度是否健全并认真执行;安全组织机构是否健全;安全检查工是否真正发挥作用,对发生的事故是否认真调查、及时报告、严肃处理,是否做到了"四不放过"等。

(三)查纪律

查纪律即检查生产过程中的劳动纪律、工作纪律、操作纪律。生产岗位上有无迟到、早退、脱岗、串岗、打盹睡觉行为;有无在工作时间干私活,以及做与生产、工作无关的事;有无不按规定穿戴劳动防护用品行为;有无在禁烟区域吸烟现象;有无违反操作规程、操作方法,以及在施工中违反规定和禁令的行为等。

(四)查管理

查管理即检查企业安全机构的设置是否符合规定、目标管理是否落实,安全管理工作是否做到制度化、规范化、标准化和常态化。

（五）查隐患

查隐患即检查人员深入现场，检查作业环境、生产设备和相应的安全设施是否符合有关规定。例如，采掘工作面的支护情况，矿井“一通三防”的情况，采掘工作面的安全出口，机电设备的防爆、防漏电是否符合要求。特别是重点部位和重点设备，如主要通风机房、爆破材料库、变配电所、压风机房、锅炉房、绞车房等，都要认真检查。

（六）查事故处理

查事故处理即检查单位和部门对工伤事故以及重大非伤亡生产事故和未遂事故，是否按规定及时报告、认真调查、严肃处理，有无隐瞒包庇及大事故小报、重伤轻报现象；检查同类事故重复性发生的防范措施是否认真落实；在事故调查处理中是否真正做到了“四不放过”。

第九章　采煤系统的安全检查

采掘作业面作为煤矿生产的一线阵地，在生产过程中，各类事故多发，因此，采煤系统是煤矿安全检查工作的重点之一。

第一节　采区巷道、设备、设施的安全检查

一、采区系统的安全检查

采区系统安全检查的重点：一是检查采区系统是否完备、安全可靠；二是检查采区设计、作业规程、采掘衔接关系等生产技术资料是否齐全、合规。

采区系统安全检查的具体内容包括五个方面。

（一）生产技术资料的检查

（1）检查采区地质资料是否齐全。例如，检查工作面煤层赋存状态资料、顶底板及煤层强度资料、采区地质及水文地质资料、瓦斯涌出量及煤层自然倾向性资料等，等高线图、等厚线图、地质构造剖面图、煤层柱状图等。

（2）检查采区的采掘工程平面图、采掘接续关系方案是否规范。

（3）检查采区是否有矿压预测及预报资料。

（4）检查采区是否有断层预测及预报资料。

（二）采区设计的检查

（1）检查采区系统的采区设计方案是否经由矿总工程师负责组织并由（集团）公司总工程师批准。

（2）检查采区设计是否符合采区设计方案，并经矿总工程师

批准。没有批准的设计不准施工。

(3) 检查采区设计内容是否齐全并符合有关规定。尤其在高瓦斯，有可能发生煤与瓦斯突出、冲击地压、自然发火和水患等自然灾害的煤层中布置采区或综采工作面时，必须在设计中提出安全生产的具体措施。

(4) 检查采煤工作面是否在有完善的安全验收资料后再进行安装、投产、撤除等。

(5) 检查采煤工作面初次放顶及收尾时，是否制定安全技术措施。

(6) 检查采区设计是否组织贯彻实施。

(三) 作业规程的检查

(1) 检查作业规程是否符合工作面实际情况。严禁出现沿用或套用旧的作业规程的现象。

(2) 检查作业规程是否经矿总工程师批准，综采作业规程是否报(集团)公司备案。无作业规程或作业规程未经批准的严禁施工作业。

(3) 检查作业规程内容是否齐全、完善，是否符合《煤矿安全规程》及法律法规规定。

(4) 检查采煤工作面开采方法是否符合规定。严禁采用高落式采煤、巷道式采煤和仓储(房)式采煤等被淘汰的采煤方法。

(5) 检查作业规程审批后，是否组织全员学习贯彻。考试不及格的人员不准上岗作业。

(四) 生产衔接的检查

检查是否全面制定采区或工作面衔接表，“三量”是否匹配，是否严格控制采掘比例，是否严格按设计施工，是否做到按期正常衔接。

(五) 采区系统的检查

(1) 检查采区实际系统是否按采区设计进行施工。

(2) 检查采区采煤、运输、通风、供电、监控、通信等系统是否齐全、可靠。

(3) 检查采煤工作面是否具备两个以上畅通无阻的安全出口。

(4) 检查采煤工作面上下平巷的巷道断面、上下安全出口的巷道断面和人行道宽度是否符合相关规程的规定。

(5) 检查一个采区内同一煤层的一翼是否只布置一个采煤工作面,是否只有两个掘进工作面同时作业。

(6) 一个采区内同一煤层双翼开采或多煤层开采的,检查该采区是否布置不超过两个采煤工作面,是否有不超过四个掘进工作面同时作业。

二、采煤辅助系统的安全检查

采煤工作面是煤矿主要生产场所。工作面采出的原煤,经过采煤辅助系统的运输后升井。采煤辅助系统一般包括回风平巷、运输平巷、煤仓、装车点以及各种设备设施组成。安全检查工作应从一端进入,逐项进行检查,其中,工作面是检查工作的重点。

(一) 装车点的检查

在对装车点进行安全检查时,要按照采区设计以及《煤矿安全规程》的相关规定,进行逐项检查。检查标准如下。

(1) 在装车点车场范围内,巷道两侧人行道宽度应不小于1.0 m。

(2) 架线高度应不小于2.0 m。

(3) 照明齐全,信号、监控、通信设备齐全、完好、有效。

(4) 调度绞车安装设置要稳固,防护设置齐全,按相关操作规程要求打点信号、停起绞车,钢丝绳规格、质量符合《煤矿安全规程》要求。

(5) 装车平台布置及设计应便于装车工操作和查看车内的情况,应高出轨面0.5 m,宽度不小于0.6 m,长度不小于1.6 m,距矿车外沿距离不小于 0.4 m。装车时必须逐车查看，以防装煤时埋压设备。

(6) 装车点的给煤机或煤仓漏斗挡板应齐全、完好、灵活。

(7) 调度绞车司机、装车工应进行相关培训，持证上岗。

(8) 煤仓如有堵塞卡仓，严禁探头进入观察，更不准探身或进入煤仓。严禁人员从下方进入煤仓。

(9) 煤仓、溜煤(矸)眼必须有防止煤(矸)堵塞的设施。煤仓堵塞时，应优先使用空气炮震动处理堵塞，且必须制定安全措施。如果确无爆破以外的其他方法处理煤仓堵塞时，必须制定专门措施并经矿长批准后，进行爆破处理。同时，还应遵守下列规定：爆破前检查溜煤(矸)眼内堵塞部位的上部和下部空间的甲烷浓度；爆破前必须洒水；使用用于溜煤(矸)眼的煤矿许用刚性被筒炸药或者不低于该安全等级的煤矿许用炸药，每次爆破只准使用 1 个煤矿许用电雷管，最大装药量不得超过 450 g。

(10) 煤仓上口必须设有栅栏，防止人员坠入。煤仓上口要有防水灌入煤仓的措施，如砌筑挡水围墙等。严禁煤仓、溜煤(矸)眼兼作流水道。煤仓与溜煤(矸)眼内有淋水时，必须采取封堵疏干措施，没有得到妥善处理的不得使用。

(11) 煤仓堵塞时，严禁从煤仓上部用水冲。如果煤仓灌水，必须编制专门的处理措施，严防溃仓事故发生。

(12) 装车点要有洒水灭尘设施，并认真进行洒水灭尘，防止煤尘飞扬。

(13) 为防止风流紊乱，应防止煤仓放空。有涌水的煤仓可以放空，但闸板必须关闭，并设引水管。

(14) 装车点应有清扫制度，保持装车点清洁卫生，无浮煤堆积、无积水、无杂物，做到文明生产。

(二) 运料回风平巷的检查

运料回风平巷一般在工作面上山方向，巷道内一般都铺设轨道(或单轨吊车道),与其相配套的有小绞车及其供电控制设备和信号设备。综采工作面还配备有移动变电站、乳化液泵站、水泵、工作面机械的电气控制设备,以及集中操作控制台等系列车和小型备件库房。所有采煤工作面的回风运料平巷内都敷设有供(或排)水管路、供电电缆、信号电缆、通信电缆、瓦斯监测电缆(高瓦斯矿)、瓦斯监测探头、空气净化水幕、隔爆水(袋)棚、煤层注水装置(钻机、注水管、水表)等,巷道环境的安全状况和这些设备的完好状况、防爆性能,都是安全检查的检查项目。其中,重点检查的项目如下。

(1) 通风管理方面。检查风流、风速是否正常,如发现风速减小、风流气温异常,要立即查明原因、找出问题,并及时排除。

(2) 瓦斯管理方面。检查专职瓦斯检查工的工作情况,查看瓦斯牌板记录,用便携式甲烷检测仪现场检测甲烷浓度,查看瓦斯监测探头安设位置及隔爆水棚(袋)完好状况,如发现问题,要查明原因。

(3) 煤尘管理方面。检查浮尘、积尘情况,掌握除尘制度、措施执行情况和存在问题,查看煤层注水情况。

(4) 检查所有绞车的稳固、防护、信号、操作、控制设施是否齐全、有效、灵活好用,钢丝绳的完好状况以及相配套的托辊是否齐全、灵活。

(5) 检查轨道、道岔、轨枕是否铺设合格、有无不平不稳,轨距、间距、平整度是否符合要求。

(6) 检查水管、电缆敷设是否符合要求,包括吊挂高度、吊钩间距、电缆拖垂度及各种电缆间距是否整齐、合格,有无拖地现象。

(7) 检查所有电气设备(尤其是电话、电铃、照明灯具、信号装置)是否防爆,有无螺丝松动、失爆现象。

(8) 检查巷道支护和环境卫生。支护必须符合《煤矿安全规程》要求,无空棚缺柱、断梁折柱、空帮空顶等现象,支护要齐全、坚固、迎山有力，顶帮背严背紧。地面应无杂物、积水、浮煤，材料靠帮码放整齐且不影响通风、行车和行人，应有指定的材料码放场。

(9) 检查巷道内的超前支护。随着采煤工作面的推进，一方面，顶板压力前移，集中压力将显现在工作面煤壁线往外 1～3 m 处；另一方面，巷道的原有支护将被拆除、改动和破坏。因此，超前支护长度要求不得小于 20 m，使用液压单体支护的，误差不大于 ±0.1 m。

(三) 运煤进风平巷（运输平巷）的检查

运输平巷一般在采煤工作面的下山方向，为了运煤一般铺设有带式输送机或刮板输送机、转载机、破碎机以及与机械设备相配套的供电控制设备和信号设备；各转载点有喷雾、洒水、灭尘设施；部分矿井设有慢速回柱绞车(移工作面输送机头和回柱用)，输送带张紧绞车(慢速)；巷道内还敷设各种电缆、水管。运输平巷检查的项目和要求与运料回风平巷大部分相同，现将运输平巷特有的检查内容及要求介绍如下。

(1) 在上部煤仓口要有煤位信号或有自动的仓满报警保护装置，无论是带式输送机还是刮板输送机，运煤仓都要在仓满以后报警和自动停机，以防堆煤摩擦胶带或拉回煤造成事故。

(2) 各转载点必须有喷雾、洒水装置并正常运行，以保证洒水灭尘。

(3) 带式输送机应具备防打滑、跑偏、堆煤等保护装置，确保温度、烟雾监测装置灵活可靠。

(4) 带式输送机要保持上、下托辊齐全、灵活，下托辊不准被浮煤埋住，底输送带下应无浮煤、块煤、石头等阻塞卡磨现象。

(5) 运输平巷内跨越胶带需设行人过桥，并要设置牢固，有扶手及上下桥的梯子。

(6) 刮板输送机及刮板式转载机的刮板、链条、螺丝、连接环、销子等无缺失，刮板间距(1 m)符合规定；弯曲、变形的刮板数不超过总数的3%,缺少数不超过总数的2%,连续缺少的刮板不超过3块。

(7) 带式输送机及刮板输送机要张紧适度,无打滑现象;输送带接头必须牢固、合格,长度不小于带宽的90%;使用的输送带宽度不应少于原宽度的80%。

(8) 转载机的机尾或靠近工作面的第一部刮板输送机的机尾,必须在放顶线以里,不得在采空区留"尾巴";机尾应有防翻措施(如支设压柱等)。

(9) 破碎机必须设置保护栅栏,防止人员进入。

第二节　采煤工作面的安全检查

一、综采工作面的安全检查

对于综采工作面,确保工程质量满足"三直两平一净两畅通"的要求,确保采煤机、液压支架、运输机等各类设备无带病运转情况。同时,防止瓦斯、煤尘事故也是安全检查的重点。

(一) 工作面支护的检查

(1) 检查支架是否排成直线,支架排列偏差不应超过±50 mm;中心距是否符合作业规程规定,中心距偏差不应超过±100 mm;相邻支架间是否存在明显错差,错差不应超过顶梁侧护板高的2/3,歪倒角的偏差应小于±5°。

(2) 支架架设要与底板垂直,不得有咬架、歪斜等现象;与顶板接触要严密,做到超前带压移架;在处理液压支架上方冒顶时必须制定专门安全措施,报总工程师批准。

(3) 检查支架是否完好,无漏液、不窜液、不失效,架内无浮煤、浮矸堆积。顶梁及护帮升降收放灵活,无卸载、松动现象。

(4) 工作面的推进以及推溜拉架的顺序都要保证工作面支架和刮板输送机不下窜、上缩。

(5) 采煤机采煤后,必须及时拉架,采煤和拉架之间的悬顶距离应在作业规程中明确规定。超过规定距离或发生冒顶片帮时,必须停止采煤工作而进行处理。

(6) 检查支架是否采用编号管理。

(二) 安全出口的检查

(1) 检查是否按作业规程进行超前支护;安全出口是否畅通无阻,20 m 范围内支架是否完整、无缺失,并有超前支护;安全出口高度是否不低于 1.8 m,宽度是否不小于 0.8 m(综合机械化采煤及无轨胶轮车运输的矿井为 1 m)。

(2) 检查是否按作业规程采取支架防滑、防倒措施;倾角超过 15°时,排头支架是否安装防倒千斤顶,并经常保持拉紧状态;倾角大的工作面下部端头是否架设木垛,以支撑第一架支架,防止其下滑。

(3) 检查巷道是否有专人负责维修。

(三) 采煤机的检查

(1) 检查采煤机状态能否满足安全生产的要求,如备件是否齐全,截齿是否齐全、锋利,喷雾是否畅通、正常。

(2) 检查采煤机运行时,牵引速度是否符合规定。

(3) 检查采煤机割煤时,顶、底板是否割平整,油泵工作压力是否保持在规定范围内。

(4) 检查采煤机停运时是否断电,切割部隔离手把和电气操作手把是否打在零位;处理摇臂、滚筒故障,检查、维护摇臂和滚筒,以及更换截齿时,是否断电闭锁。

(5) 检查采煤机是否被用来牵引或推顶设备。

(6) 检查采煤机、刮板输送机启动前是否发出预警信号,是否确实证明采煤机周围和刮板输送机里无人时才启动设备。

(7) 检查采煤机上的内外喷雾、架间喷雾是否齐全、完好,内喷雾压力是否不小于 2 MPa、外喷雾压力是否不小于 4 MPa。

综采工作面的安装调试、收尾撤架以及运架都是技术性很强、事故多发的工作,因此对上述工作要特别重视,必须制定专门的措施,加强组织领导协调工作和现场指挥。对此,安全检查要作为重点检查项目和内容,对照专门措施,指派人员进行专项检查、跟踪检查和盯面检查。

(四) 刮板输送机的检查

(1) 检查是否严格掌握输送机的"平直",是否遵循程序推移刮板输送机原则。

(2) 检查推移刮板输送机移架距离是否满足要求,是否出现陡弯,推移刮板输送机是否只在输送机工作时进行。

(3) 检查每次推移刮板输送机时是否推移一个步距,上、下机头是否不落后也不超前。

(4) 检查推移上、下机头时,是否将机头和过渡槽处的杂物清理干净,机头是否飘起。

(5) 检查维修和处理采煤机、刮板输送机故障时,是否与控制台取得联系,是否停止刮板输送机运转并就地闭锁,紧停闭锁装置时其他人是否擅自复位。

(五) 工作面生产设备的检查

(1) 液压泵站的检查。检查泵体是否安设平稳,零部件是否完好无缺,泵体是否密封良好、运行可靠;压力表是否准确可靠,误差是否不超过±0.1 MPa;高低压过滤器、乳化器是否安装完好、性能可靠,油箱蓄压器是否不漏液,压力是否符合规定;乳化液是否清洁,配制浓度是否控制在3%～5%;运行曲轴温度是否不高于75 ℃,油量是否适当,聚体温度是否不高于60 ℃;电动机运转声音是否正常,保护装置是否符合防爆要求;是否有填写清楚的运转日志。

(2) 输送机和转载机的检查。检查螺栓及其他连接零件是否齐全、完整、紧固;电动机运转是否正常,风翅、护罩是否齐全无损,是否符合防爆要求;溜槽铺设是否平、直、稳;溜槽是否不咬链、不跳链,刮板是否不短缺,溜槽是否无严重变形;液力联轴器易熔保护塞及易破保护盘是否齐全、无损;铲煤板、挡煤板和电缆架有无严重变形;机头、机尾有无杂物;注油嘴是否完好、畅通。

(3) 带式输送机的检查。检查螺栓、销子是否齐全、紧固;电动机运转是否正常,温升是否超过 60 ℃;液力联轴器的易熔合金保护塞是否齐全、无损、不漏液,液量是否符合规定,油嘴是否完好、畅通;输送带及接头有无撕裂,卡扣排列是否均匀、紧固;滚筒及上、下托辊是否齐全,运转有无异声,密封、润滑是否良好;输送带有无跑偏,张紧是否适当;机头、机尾两侧有无块煤、杂物。

(4) 移动变电站和高、低压开关的检查。检查零部件是否齐全、完整,连接是否紧固、可靠;高、低压防爆腔是否清洁,高、低压套管有无破损、裂纹及放电痕迹;电气、机械闭锁机构是否齐全,接地是否完整,动作是否灵敏、可靠;电气仪表是否指示准确,仪表玻璃有无破损,表面是否清洁;标志牌是否标明容量、用途、整定值;设备外壳有无严重变形及大面积脱漆现象,设备是否整洁,周围有无淋水及杂物;有无完整的电气系统图和检修记录,记录填写是否清楚。

(5) 通信系统的检查。检查控制系统是否准确可靠,通话是否清晰,仪表指示是否准确、表面是否清晰;防爆腔及防爆面是否清洁,防爆面有无锈蚀和机械伤痕,粗糙度及间隙是否符合有关规定;环境是否清洁,周围有无杂物。

(6) 电缆的检查。检查电缆敷设有无"鸡爪子"、"羊尾巴"、明接头和严重护套损伤现象;电缆悬挂是否整齐,是否符合规定;插销是否无裂痕,防爆面有无锈蚀,零件是否齐全,连接是否紧固;动力电缆和控制电缆应用铁质标志牌是否将有关事项标明清楚。

(六) 工作面管理的检查

(1) 检查有无经集团总工程师批准的工作面设计和作业规程

并贯彻执行。

(2) 检查工作面有无施工图板。

(3) 检查有无坚持对支护质量和顶板动态的监测。

(4) 检查有无区(队)长跟班上岗,有无质量验收员。

(5) 检查是否执行开工牌制度和特殊工种持证上岗制度。

二、普采工作面的安全检查

与综采工作面相比,普采工作面的装备水平较低,支护强度较小,容易发生顶板事故。因此,工作面支护、上下安全出口、回柱放顶等是普采工作面安全检查的重点。

(一) 单体柱配合铰接梁工作面支护的检查

(1) 检查柱距、排距是否符合作业规程规定,是否呈一条直线,支架架设偏差是否不超过 100 mm。

(2) 检查顶梁铰接率是否大于90%,是否出现不铰接现象,机道与放顶线是否配足水平楔。

(3) 检查支柱初撑力、迎山、棚梁、背板、柱鞋、柱窝是否符合作业规程规定。

(4) 检查有无失效柱、失效梁和空载支柱,不同型号支柱是否混用;金属顶梁和单体液压支柱,在采煤工作面回采结束后或使用时间超过 8 个月的,是否升井检修。

(5) 检查是否按作业规程及时架设密集支柱或木棚、木垛,其数量、位置是否符合规定。

(6) 检查柱梁是否全部编号管理,是否做到牌号清晰。

(二) 安全出口的检查

(1) 检查采煤工作面所有安全出口与巷道连接处超前压力影响范围内是否加强支护,加强支护的巷道长度是否不小于 20 m;煤壁线以外 20 m 范围内平巷支架是否整齐,是否有符合规定的超前支护。

(2) 检查端头支护是否符合规定,端头与梁距工作面第一架支架的距离是否不超过 0.8 m。

(3) 检查巷道高度是否不低于 1.6 m，人行道宽度是否不少于 0.8 m。

(4) 检查采空区侧或煤壁侧是否留有大于 0.6 m、不低于工作面采高 90%的人行通道。

(5) 检查安全出口处煤壁是否至少超前一刀，斜长是否不小于 2.0 m。

（三）采煤作业的检查

(1) 检查采煤机状态是否满足安全生产的要求。

(2) 检查采煤机运转时牵引速度是否符合规定，运行是否平稳，顶、底板是否割平。

(3) 检查采煤机工作时液压油泵的工作压力、油液配比是否保持在规定的范围内。

(4) 检查采煤机停机后，牵引控制、离合器、隔离开关是否打在断开位置，是否完全关闭水管。

(5) 检查采煤机是否用来推顶设备。

（四）顶板管理的检查

(1) 检查是否执行“敲帮问顶”制度。

(2) 检查顶、底板移近量是否小于每米采高 100 mm。

(3) 检查工作面是否出现台阶下沉。

(4) 检查梁端至煤壁冒落高度是否大于 200 mm，大于 200 mm 时是否采取接实顶板措施。

(5) 检查老塘空顶面积超过规定不垮落时是否强制放顶。

（五）推移输送机的检查

(1) 检查是否严格遵循程序推移刮板输送机的原则。

(2) 检查推移刮板输送机距采煤机的距离是否符合作业规程规定，是否出现陡弯，是否出现溜槽错开现象

(3) 检查推移刮板输送机是否只在输送机运行中进行。

（4）检查上下机头推移是否与机身保持一致，机头与转载机搭接是否合理。

（5）检查推移上下机头时，是否将杂物清理干净。

（六）回柱放顶的检查

（1）检查是否按作业规程规定及时放顶，控顶距是否符合《煤矿安全规程》要求，上、下平巷是否与工作面放齐。

（2）检查回柱是否采用先支后回、由下面上、由里往外的三角回柱法。

（3）检查回柱与支柱距离是否不小于 15 m。

（4）检查分段回柱距离是否大于 15 m，掐头处是否打上隔离柱。

（5）检查回柱地点以上 5 m、以下 8 m 范围内是否有与回无关人员滞留。

（七）机电设备的检查

（1）检查乳化液泵站供给综采工作面液压支架的压力是否不小于 30 MPa，乳化液的配比浓度是否不低于 3%～5%，是否有自动配比系统，液压系统是否完好、不漏液；综采面液压支架的初撑力是否不小于乳化液泵站供给压力的 80%，即是否不小于 24 MPa；使用悬移支架的采煤工作面，乳化液泵站的压力是否符合作业规程的要求。

（2）检查刮板输送机铺设是否平稳，接头是否严密，刮板螺丝是否齐全。

（3）检查小绞车是否有牢靠的“四压两战”和地锚，信号是否灵敏、可靠，钢丝绳磨损是否不超限。

（4）检查采煤机机组电缆绝缘是否良好，有无“鸡爪子”、“羊尾巴”、明接头，电缆架设是否安全可靠。

（5）检查设备处是否设置职业危害警示牌。

（八）工作面管理的检查

(1) 检查工作面是否有区（队）干部和质量验收员，跟班上岗区（队）长、班（组）长是否都在现场交接班。

(2) 检查工作面是否执行开工牌和特殊工种持证上岗制度。

(3) 检查工作面是否坚持支护质量和顶板动态监测。

(4) 检查工作面有无施工图板。

三、炮采工作面的安全检查

在炮采工作面生产时，容易出现的问题是冒顶、片帮和爆破事故。因此，炮采工作面安全检查的重点是工作面支护与顶板管理、安全出口、放顶安全作业和爆破安全作业等。

（一）工作面支护的检查

(1) 检查工作面支柱布置是否符合作业规程规定，支柱是否呈一条直线，柱距、排距偏差是否不超过 100 mm。

(2) 检查支柱初撑力、迎山、棚梁、背板、柱鞋、柱窝是否符合作业规程规定。

(3) 检查是否存在失效柱、梁和空载支柱。

(4) 检查顶梁铰接率是否大于 90%，是否有顶梁连续不铰接现象。

(5) 检查机道与放顶线是否配足水平楔。

(6) 检查是否按作业规程要求，及时架设密集支柱或木棚、木垛。

(7) 检查是否存在不同型号支柱混用的问题。

(8) 检查支柱是否全部编号管理，是否做到牌号清晰。

（二）安全出口的检查

(1) 检查平巷至煤壁线 20 m 范围内支架是否完整。

(2) 检查是否按作业规程规定进行超前支护。

(3) 检查巷道高度是否不低于 1.6 m。

(4) 检查有无符合作业规程规定的端头对梁。

(5) 检查工作面有无超过 0.6 m 宽的人行通道,且人行通道的高度是否不低于工作面采高的 90%。

(6) 检查超前工作面煤层开采的距离是否符合《煤矿安全规程》的规定。

(三) 顶板管理的检查

(1) 检查是否执行"敲帮问顶"制度。

(2) 检查顶、底板移近量是否小于每米采高 100 mm。

(3) 检查是否出现台阶下沉。

(4) 检查机道梁端至煤顶板是否出现高度大于 200 mm 的冒落,且冒落出现时是否采取接实顶板的措施。

(四) 工作面爆破的检查

(1) 检查是否按作业规程规定布孔、钻孔。

(2) 检查装药前是否清除炮眼内的杂物,装药量、装药方式、装药方法是否符合规定。

(3) 检查是否确保起爆地点到爆破地点的距离满足采煤工作面大于 75 m,且位于采煤工作面进风巷内。

(4) 检查是否坚持一组装药一次起爆、执行"一炮三检"和"三人连锁爆破"制度。

(5) 检查雷管、炸药是否分开存放并且上锁。

(6) 检查拒爆、残爆处理是否符合《煤矿安全规程》规定。

(7) 检查雷管、炸药是否账物相符,领退是否有记录并签字。

四、采煤系统特殊条件下的安全检查

(一) 工作面过断层的检查

断层附近由于顶板比较破碎,工作面过断层时容易发生事故,必须采取一些特殊措施。因此,对工作面过断层实施安全检查时,要重点检查以下内容。

(1) 检查过断层之前是否清楚断层的形状、性质、落差、围岩情况、导水性等。断层情况不清,不许工作面强行过断层。

(2) 检查决定强行过断层时,是否有经过集团总工程师批准的安全技术措施。

(3) 检查是否做到工作面接近断层时尽量缩小断层的暴露面积,并制定防止破碎带冒落及支架防倒措施;是否根据具体情况改变支护形式,是否严格控制采高;是否严格保证工程质量;断层带处是否与整个工作面同时平行推进并不得滞后;断层带附近煤壁片帮、顶板暴露面大时,是否采取超前支护措施。

(二) 工作面过老巷的检查

由于老巷周围的岩层已有不同程度的破坏,工作面通过时压力增大,顶板往往难以维护,如不及时采取有效措施,极有可能造成重大顶板事故。因此,工作面通过老巷时,应重点检查以下内容。

(1) 检查过老巷前,是否已准确掌握了老巷位置、断面形状及围岩情况。

(2) 检查过老巷时,准备工作是否做好,如有无检查瓦斯情况、排放积聚瓦斯;是否提前修复老巷,确保老巷内的支护质量符合措施要求;不论通过平行于工作面还是垂直于工作面的老巷,是否提前 30～50 m 进行维护,以避免工作面通过时压死支架。

(3) 检查过老巷时,是否做到老巷位置与工作面平行时提前将工作面调整成伪斜,使工作面与老巷形成一个三角带;老巷位置与工作面垂直时,是否确保老巷内的支护质量符合措施要求,以避免片帮冒顶事故发生。

(4) 检查通过穿层石门时,是否加强维护,在顶板中的一段石门是否用木垛填实、稳固。

(三) 开采有冲击地压煤层的检查

(1) 检查是否有专人负责冲击地压预测、预报和防治工作;开采冲击地压的煤层是否编制专门设计;防治冲击地压的措施中,是否严格执行劳动定员的规定,是否有发生冲击地压时的撤人路线。

(2) 检查有冲击地压的矿井是否装备微震、地音监测装置，是否预测煤层冲击地压的危险程度。

(3) 检查在煤层开采过程中，是否做到尽量采用长壁开采和全部垮落法管理顶板，开拓巷道是否布置在严重冲击地压的煤层中；是否避免在集中应力区布置井巷和邻近采掘工作面相向推进；存在断层和采空区时，是否尽量采用由断层或采空区开始的回采程序；回采线是否尽量呈直线，是否按正常回采速度推进；多煤层开采时，上、下煤层工作面是否有合理的错距，工作面支架是否有足够的强度。

(4) 检查巷道支护是否严禁采用混凝土、金属等刚性支架。

(5) 检查停产三天以上的采煤工作面，恢复生产的前一班内，是否鉴定冲击地压的危险程度，是否采取相应的安全措施。

(四) 采用水砂充填采煤法的检查

(1) 检查砂门柱子是否打牢，顶、底板是否刨窝，柱距偏差、横撑或拉带的数量是否符合《煤矿安全规程》规定。

(2) 检查砂门帘子是否钉牢；砂门帘子接顶接底后，长度是否超过 150 mm；帘子是否搭接，搭接宽度是否不小于 100 mm；是否杜绝跑砂。

(3) 检查铺底板门子，浮煤是否扫净见底板，坡度与煤层倾角是否一致；是否由下往上铺帘子，上、下帘子搭接是否不小于 200 mm，是否打牢支撑木，是否防止被水冲破。

(4) 检查工作面半截门子是否打牢立柱和接带，帘子窝底是否不小于 300 mm，是否与煤壁、砂门子搭接严密、牢固。

(5) 检查充填管是否合格，是否不破漏；管口垫圈是否严密；是否打牢垫木和支撑木。

(6) 检查充填是否充满接顶，脱水后充填面距顶板高度是否不超过 200 mm，上三角最大垂高是否不超过 0.1 m。

（五）采煤工作面采空区处理的检查

（1）检查放顶线以外的支架是否放倒撤净，信号柱是否砍口，控顶距离是否符合作业规程规定。

（2）检查戗柱、戗棚、挡矸帘是否符合《煤矿安全规程》规定。

（3）检查悬顶距离超过《煤矿安全规程》规定的最大值时，顶板仍不冒落的，是否进行强制放顶。

（4）检查回柱绞车和滑轮安装是否牢固，大绳钩头、绳套、信号和保护装置等是否完好、齐全。

（5）检查人员是否进入采空区回料，人员的退路是否畅通无阻。

（6）检查支柱是否整齐，迎山是否有力；采煤机割煤后是否及时支护；遇有片帮危险时，是否及时支设贴帮柱。

第三节　采煤系统重大安全隐患的安全检查

一、采区设计和采煤工作面作业规程方面的安全检查

进行采区设计和采煤工作面作业规程方面的安全检查时，应注意以下几点安全隐患。

（1）采区设计方案未经批准或无采区设计就施工。

（2）新采区、新工作面没有按有关规定进行验收就生产，或者验收不合格、未经整改、不经批准而擅自生产。

（3）编制采掘计划没有通风部门参加，或者没有考虑通风部门的配合。

（4）采煤工作面没有两个以上畅通无阻的安全出口，或者人为因素造成安全出口不畅通。

（5）采用非正规采煤法，采煤工作面未编制经矿务局批准的作业规程而擅自开采。

（6）采煤工作面上、下层同采时，上、下层的错距及支护措施

未在作业规程中明确规定，或者在实际操作中违反规定。

(7) 支柱与回柱、支柱与割煤、回柱与爆破、回柱与采煤机落煤等工序平行作业时的安全距离未在作业规程中明确规定，或在现场操作中违反规定。

(8) 不认真组织学习和贯彻执行采煤作业规程。

二、采煤工作面支护方面的安全检查

进行采煤工作面支护方面的安全检查时，应注意以下几点安全隐患。

(1) 综采工作面液压泵站压力不足 30 MPa，机采工作面液压泵站压力不足 18 MPa。

(2) 单体液压支柱初撑力连续 2 根小于 50 kN，或全部支柱初撑力合格率小于 80%。

(3) 采煤工作面配备柱梁数量不足，缺柱、梁各 20 根以上。

(4) 使用失效柱、梁或使用超过使用期的支柱，不同类型或不同性能的支柱混用。

(5) 底板松软时支柱不穿铁鞋，造成支柱钻底大于 100 mm。

(6) 切顶排特殊支护数量、质量不符合作业规程规定；顶板来压或悬顶超过作业规程规定时，未加强支护或未采取人工强制放顶措施；输送机机头、机尾不按规定使用特殊支护。

(7) 工作面支护不适应工作面地质条件；支护强度低，整体性差，顶、底板移近量大，出现台阶下沉。

(8) 煤壁留有伞檐、悬矸危岩，不及时敲帮问顶处理；人员进入机道空顶空帮，不做临时支护。

(9) 采煤工作面无支护质量监测人员，无初撑力监测仪表，无记录，无监测标志。

(10) 有冲击地压危险矿井未对危险区进行预测预报，或者无防治措施。

三、工作面放顶方面的安全检查

进行工作面放顶方面的安全检查时，应注意以下几点安全隐患。

（1）采煤工作面不执行最大或最小控顶距规定，提前或拖后回柱放顶。

（2）回柱工作违反先支后回程序；近身回柱无防护措施；一人回柱无人监护。

（3）采煤工作面向前推采时，不执行先支后回程序。

四、采煤机械操作方面的安全检查

进行采煤机械操作方面的安全检查时，应注意以下几点安全隐患。

（1）正常割煤期间，采煤机司机距运行的滚筒安全距离不符合作业规程的规定。

（2）采煤机未装置能停开工作面输送机的闭锁装置或装置失效。

（3）采煤机更换截齿或距滚筒上下 3 m 以内有人工作时，未切断电源、未打开离合器。

（4）用刮板输送机或带式输送机运送物料时无安全措施。

（5）推移转载机时，支架前方有人通过或不设专人站岗。

第十章　掘进系统的安全检查

第一节　机掘与炮掘工作面的安全检查

一、机掘工作面的安全检查

机掘工作面配备了先进的大功率掘进机、锚杆钻机、带式输送机或梭车和吸出式除尘风机，以及与这些设备相配套的乳化液泵、水泵、供电及电气控制设备。机掘工作面安全检查的标准如下。

(1) 局部通风机应有消声装置，风筒(袋)吊挂平直规范。无死弯、无漏风，工作面风筒出风量充足，出风口与工作面距离不超过作业规程的规定。

(2) 瓦斯监测探头安装的位置符合《煤矿安全规程》要求；工作面空气净化水幕符合要求，能够正常喷雾降尘。

(3) 运输轨道铺设质量符合《煤矿安全规程》要求，牵引绞车稳固、完好，电气设备防爆性能稳固、完好，信号装置齐全、好用。

(4) 带式输送机或刮板输送机平直稳、运行良好；带式输送机应具备堆煤保护、跑偏保护、断带保护、慢速保护及高温保护装置；输送带完好无损伤，上、下托辊齐全且转动灵活；刮板输送机刮板齐全，刮板无歪斜和缺螺丝现象。

(5) 吸出式除尘风机及综掘机的除尘设备齐全、运行良好，除尘、降尘效果好。

(6) 掘进机往外巷道内管线吊挂整齐、规范；巷道内无积水、杂物、浮煤；材料场内材料码放整齐，且不影响行人、行车及通风；工作面图纸、牌板齐全、规范。

(7) 巷道断面、中线符合《煤矿安全规程》要求。中线偏差不大于±0.05 m;巷壁或棚子保持直线,偏差不大于±0.10 m。

(8) 乳化液配比、泵站压力符合《煤矿安全规程》规定。

(9) 掘进和支护之间的关系合理,最大控顶距符合《煤矿安全规程》的规定。

(10) 棚子质量合格,棚梁平齐,无空帮空顶现象。棚子梁腿结构严实,无吊口(唇)抚肩、后空、后硬现象,棚腿插角合格,迎山有力,无歪斜现象。

(11) 锚杆眼布置和深度、角度符合要求,托板齐全,螺帽紧固并用力矩扳手拧紧螺帽。锚杆外露部分不大于 0.05 m,螺帽必须满扣拧紧。在锚杆拉拔试验中,初锚力和锚固力符合《煤矿安全规程》要求。

(12) 掘进机照明良好,各操作手柄和按钮灵活、可靠。司机和副司机必须持证上岗。

(13) 掘进机切割顺序和轨迹必须符合作业规程要求,做到成型规范、不割顶板。

(14) 掘进机开机前,必须先发出信号,机器前不准有人,喷雾正常后才可开机。机器后退或调整位置时,必须先发信号,活动范围内撤出所有人员后,才可移动机器,且要操作平稳、速度适中。

(15) 停机时,掘进机后退,切割头落地后再关机,关机后要断开电源和磁力启动器的隔离开关。

(16) 切割头和切割臂不得用作托举棚梁等。

(17) 检查修理综掘机时,必须先断开电源和磁力启动器的隔离开关,防止误操作伤人。

二、炮掘工作面的安全检查

炮掘仍是我国部分煤矿的掘进方式之一,其主要特点是打眼爆破,巷道由爆破成型;装载方式有人工装车,也有装煤机、装岩机、耙斗机等机械装载,还有把刮板输送机直接铺设到工作面装运等方式。炮掘工作面安全检查的标准如下。

(1) 检查局部通风机供风情况,要求运行平稳,风筒(袋)吊挂平直、规范,无跑风、漏风现象。工作面风筒出风量充足,风筒出风口距工作面距离符合《煤矿安全规程》的规定。

(2) 巷道内管线吊挂整齐、规范,干净卫生,无积水、浮煤杂物;材料场内材料码放整齐,且不影响通风、行人和行车。

(3) 工作面图板齐全、规范,内容符合标准要求。

(4) 甲烷报警器安装位置符合规定,空气净化喷雾装置运行良好。

(5) 必须坚持打眼前检查瓦斯,爆破前、装药前和爆破后检查瓦斯,只有瓦斯浓度不超过1.0%时,方可操作。

(6) 炸药、雷管按规定严格管理,按规定要求装配引药。当班用不完的炸药、雷管必须退库。

(7) 按作业规程规定布置炮眼,尤其是巷道周边炮眼必须按爆破说明书的设计布置,眼距、孔深、角度必须合格,以保证成型效果良好。

(8) 严格按操作规程由持证的爆破工装药、爆破,不准放明炮、糊炮和明火爆破。坚持使用水炮泥,封泥长度要符合《煤矿安全规程》的规定。

(9) 爆破母线必须认真悬挂且长度符合《煤矿安全规程》要求,爆破前先把所有人员撤到安全地点;起爆地点到爆破地点的距离应当符合岩巷直线巷道大于130 m,拐弯巷道大于100 m;煤(半煤岩)巷直线巷道大于100 m,拐弯巷道大于75 m。由爆破工连接母线和雷管脚线爆破前,按规定设置警戒岗哨,清点人数,确认爆破区内无人后必须先发出爆破警号,5 s后才可发爆。

(10) 发爆不响时,瞬发管至少等待5 min、延期雷管至少等待15 min后,由爆破工进去查找原因。

(11) 出现“瞎炮”时,要按《煤矿安全规程》要求进行认真处理。

(12) 爆破前要加固支架,并在距工作面迎头 10 m 以内采取防倒措施。

(13) 爆破时,装炮、连炮和发爆必须由爆破工本人进行。发爆器钥匙(或手把)必须由爆破工随身携带,不准交给别人。

(14) 爆破后吹散炮烟,必须先由爆破工、班组长和瓦斯检查工进入爆破区,检查通风、瓦斯、支架和顶板情况,并洒水灭尘,修理被炮崩松或崩倒的棚子,在棚子支护下进行敲帮问顶,确认安全后才可解除爆破警戒,恢复工作。

(15) 巷道支架必须齐全、紧固。不准缺棚或有断梁折柱和空帮、空顶现象。棚子必须达到标准化要求,棚距中线、巷道断面规格以及棚腿插角必须符合要求,误差不大于±0.1 m。

(16) 爆破后,最大控顶距不得超过《煤矿安全规程》的规定。爆破后暴露出来的空顶,应在前探支架掩护下,尽快支护新棚子,形成永久支护。

(17) 坚持采用湿式打眼,不准干打眼。

(18) 机电设备要做到完好防爆,尤其是接线盒、电铃、信号电话等小型电气设备更要严格要求,杜绝失爆。

(19) 在把刮板输送机铺到工作面迎头时,刮板输送机机尾要采取打压柱或地锚等措施,防止翻机伤人。

第二节 其他掘进工作面的安全检查

一、井筒开凿的安全检查

在井筒掘进过程中,容易出现的问题是冒顶片帮、坠井坠物、井筒水灾以及通风、爆破中的安全问题。在现场安全检查中,应根据有关规定,逐项实施重点检查。

（一）井筒施工组织设计的检查

（1）有批准的井筒施工组织设计。

（2）施工组织设计以施工单位为主，设计单位共同参与编制。

（3）施工组织设计内容齐全、完整，符合有关规定要求。

（4）施工组织设计必须认真贯彻执行。

（二）表土施工的检查

（1）表土施工必须根据当地的地形、气象、水文及工程地质条件等，采取有效措施，做好防、排水工作。

（2）立井表土施工应设置临时锁口，以固定井位、封闭井口、安装井盖和吊挂掘进用支架。临时锁口必须确保井口稳定、封闭严密、井下作业安全。

（3）进行斜井和平硐表土施工时，斜井破土先挖槽，槽的深度应使井筒掘进断面顶部距耕作层或堆积底层不小于 2 m；平和依山开挖的斜井破土时，明槽深度应使门脸上部岩层（或硬土）的厚度不小于 2 m；斜井或平硐从揭盖部分进入硐身 5～10 m 后，应进行永久支护。

（4）立井建立永久支护前，应指派专人观测地面沉降和临时支护后面井帮的变化情况。

（三）井筒掘进的检查

（1）井口应有保证人员和掘进安全的措施。

（2）井筒掘进前，应编制井筒爆破图表，以指导施工。采用中深孔爆破时，孔深超过 3.5 m 时，必须采用防水雷管，脚线不得有接头。

（3）井筒掘进挂圈背板临时支护时间不得超过 1 个月；锚喷临时支护时，采用短段掘进及永久支护。

（4）井筒施工中，与井筒直接相连的各种水平或倾斜的巷道口，要同时砌筑永久支护 3～5 m。

（5）井架圈的圈距由岩层软硬程度而定，空帮距离不宜大于

2 m。采用锚喷支护时，其空帮距离不宜大于 4 m，并有防止片帮措施。

(6) 井筒过断层距破碎带 10 m 前，必须加强瓦斯和涌水的探测等预防准备工作。

(7) 井筒揭开有煤与瓦斯突出危险的煤层时，在工作面距煤层法向距离 10 m(地质构造复杂、岩石破碎的区域 20 m)之外，至少施工 2 个前探钻孔，掌握煤层赋存条件、地质构造、瓦斯情况等。揭煤工作面距煤层法向距离 2 m 至进入顶(底)板 2 m 的范围，均应当采用远距离爆破工艺，禁止使用震动爆破揭穿突出煤层。爆破时，人员必须撤至井外安全地带，井口附近 20 m 不得有明火及电源。爆破后，要检查井口附近瓦斯情况，以便确定是否恢复送电。

(8) 井壁厚度应符合设计规定。

(9) 在单位面积内，检查井壁局部的凸凹程度是否符合规定。

(10) 检查钢筋混凝土和混凝土井壁的表面，是否出现露筋、裂缝、蜂窝等现象。

(11) 施工期间，在永久井壁内留设的卡子、梁、导水管等一切设施，其外露长度不得大于 50 mm。不需要的硐口、梁窝，均用不低于永久井壁设计强度的材料砌好。

(12) 井筒在施工时所开凿的各种临时硐室(转水站泵房、变电所、水仓等)，凡是投入生产后不继续使用的，在井筒竣工或矿井投入生产前，均要充填严密并加封砌；若岩层稳定、坚硬，可不充填，仅加封砌。

二、巷道和硐室掘进的安全检查

(一) 一般规定的检查

(1) 巷道和硐室掘进施工前，应编制掘进作业规程，经批准后，方可施工。

(2) 采用平行作业时，平巷不得由里往外进行支护；超过

10%的倾斜巷道,每段内不得由上向下进行永久支护(锚喷除外);在倾斜巷道中施工,应设有防止跑车和坠物的安全设施。

(3) 采用掘进和支护单行作业时,在前一段的永久支护尚未完成时,不得继续掘进。永久支护前端距掘进工作面不得大于40 m;在顶板压力特别大的地区或易风化、膨胀的软岩中,要采取短掘短砌(喷)法施工。

(4) 通过松软破碎地带的大断面巷道和硐室,独立施工的超前导硐,其长度不应超过30 m。在特软岩层或破碎带中,采用两侧导硐法施工时,导硐长度不应超过4 m。导的刷砌(喷)与掘进不得采用平行作业;如采用平行作业时,必须设有满足人员出入及通风要求的安全出口。

(5) 在长距离巷道施工中,应设置躲避室,倾斜巷道每掘进40 m或平巷应根据施工需要设一躲避室。室深度不小于2 m,不大于5 m。

(6) 巷道掘进临时停工时,临时支护要紧跟工作面,并检查好巷道所有支护,保证复工时不致冒落。

(7) 在巷道掘进施工中,必须标设中线及腰线。用激光指示巷道掘进方向时,所用的中线、腰线点不应少于3个,点间距离以大于30 m为宜。用经纬仪标设直线巷道的方向时,在顶板上应至少悬挂3条垂线,其间距一般不小于2 m,垂线距掘进工作面一般不宜大于30 m。标设巷道的坡度时,每隔20 m左右设置3对腰线桩,其间距一般不小于2 m。

(二) 巷道掘进的检查

(1) 巷道的掘进毛断面不得小于设计规定,其局部超高和每侧的局部超宽,不应大于设计规定150 mm(平均不应大于75 mm)。

(2) 要根据巷道规格、岩石性质编制爆破说明书。

(3) 在掘进工作面打眼前,应将顶板两帮的浮石清理干净;打底眼一律不准带货打眼；最外圈炮眼位置必须与设计毛断面保持相当距离，一般为 100～250 mm。

(4) 掘进工作面距煤层 5 m 时，应打探眼，探清煤层和瓦斯涌出情况；探眼深度应超前炮眼深度 800 mm 以上；探眼数量应大于 2 个。如果发现瓦斯大量泄出或有其他异常情况时，应及时报告矿调度室。

(5) 用爆破方法对掘岩石巷道，相距 20 m 时，要停止一头掘进；距贯通地点 5 m 时，开始打探眼。探眼深度要超前炮眼深度 0.6～0.8 m。

(6) 掘进工作面与旧巷贯通时，对方巷道要给上中心；相距 10 m 贯通时，爆破前由班组长指派警戒员到所有通向贯通地点的道口进行警戒，双方要规定好联系信号，不得到通知不准擅自离开警戒区；距贯通点 5 m 时，开始打探眼。

(7) 严格执行防尘措施。凡是岩石掘进工作面，一律执行湿式打眼、装岩洒水，严禁干打眼。

(8) 工作面禁止装药与打眼平行作业；装药要指定专人负责，其他无关人员不准装药；炮眼装药后，剩余的空隙要全部用水炮泥和黄泥封满。

(9) 爆破母线必须悬挂，不得与钢轨、管子、风筒、电缆、电线等靠近。爆破地点距工作面距离必须符合作业规程规定。

(10) 爆破必须执行“一炮三检”制度、“三人连锁爆破”制度和瓦斯检查工不在爆破员不准爆破的制度。

(11) 掘进工作面禁止放糊炮。

(三) 装车、运输的安全检查

(1) 超过 400 mm 长的大块矸石必须经过破碎后方准装车。经过斜井的矸石装车高度不准超过车沿。

(2) 工作面的各种机械要指定专人开动，不准乱动。

(3) 推车经过弯道、道岔口、下坡道、风门等地点时要大声喊话，并注意不要将手伸出车外边。推车要往前看，防止碰人。

(4) 暗斜井上部必须设挡车器(指没有用车场的暗斜井)，并要经常检查，保证安全行车。

(5) 倾斜巷道上下山掘进，要搭好牢固的溜子口和溜子道，并经常进行检查；人员上下要取得联系。使用绞车提升时，要用铁楔子固定好导向轮。

(四) 巷道支护的检查

(1) 掘进工作面临时支架和永久支架必须使用前探铁刹杆护顶，前探距离不得超过1架棚距，后面要别在2架棚梁上。

(2) 临时支护距工作面距离一般不大于2 m，喷巷道不大于3～4 m，软岩层宜紧跟工作面。

(3) 倾斜巷道的棚子必须保持足够的迎山角，棚子间用铁丝系好，每节棚要打好劲木和扣木，以防棚子推倒。

(4) 斜巷掘进工作面上方要设牢固的安全挡板。距工作面上方20 m处，要设安全栏遮挡。

(5) 大断面巷道施工必须架设牢固的脚手架，脚手架上面不准存放过多的材料。

第三节　巷道支护与维修的安全检查

一、巷道支护的安全检查

(一) 锚杆和锚喷巷道支护的检查

1. 锚杆及其构件的检查

(1) 锚杆杆必须构件齐全；锚杆丝扣不得生锈；锚固剂的数量、品种必须符合作业规程规定。

(2) 锚杆支护的端头与掘进工作面的距离，锚杆的形式、安装角度，混凝土标号、喷体厚度，挂网所采用金属网的规格，围岩涌水的处理等细节，必须在施工组织设计或作业规程中明确规定。

2. 锚杆安装工艺及操作的检查

(1) 破岩后敲帮问顶，及时支护。刷直迎头岩墙（使迎面墙与顶板或巷道中线垂直），其间要根据掘进工作面岩体的稳定性采取措施（比如可打管缝式锚杆加固迎面墙）进行加固，不易片帮的稳定岩体必须处理掉活煤（矸）块。

(2) 平整迎面墙前的积煤（矸），使迎面墙前顶板下方高度不低于设计规格。

(3) 拱形巷道打每排拱部第一根锚杆必须确定锚杆机支腿方向，要求锚杆机支腿左右偏离铅直方向为 0°，前后按顶部法向（上山掘进巷道向后倾斜角度为巷道腰线倾角，下山掘进巷道向前倾斜角度为巷道腰线倾角），使锚杆眼方向与拱顶中线方向垂直。

(4) 岩巷打顶部锚杆时迎头应预留一定的矸石，以矸石面距离拱顶 2 200～2 500 mm 为宜。

(5) 倾斜角度小于 30°的锚杆眼，必须采用风钻打眼，且钻杆必须垂直于巷道周边法线。

3. 锚杆安装质量的检查

(1) 锚杆托盘必须通过金属网贴紧岩面，周边成形不规则时，必须先初喷成形。严禁网后或锚杆托盘与岩面之间有碎煤、矸石块。

(2) 锚杆预紧力矩不得小于规定值，不得大于规程要求规定值。锚杆外露长度不得大于 50 mm，不得小于 10 mm。锚杆间排距不得超过规定误差上限（＋100 mm）。锚杆角度必须垂直巷道周边。锚杆安装必须一次安装到位，不得反复倒退螺母。

(3) 锚网喷巷道，必须按照作业规程的要求进行锚杆拉拔力、锚索预紧力试验，符合设计要求，并做好记录台账，便于查阅。

4. 锚索施工质量检查

(1) 索托盘紧贴岩面，失效锚索及时补打。锚索张拉前外露长度不大于 500 mm，截断后外露长度小于 300 mm。

(2) 锚索安装符合操作要求,预紧力、间排距、角度、滞后距离不超过《煤矿安全规程》规定。

(3) 锚索支护工艺流程为:打孔→扫孔→装树脂药卷→送入锚索→连接搅拌器搅拌→拉张锚索。锚索的预应力应符合作业规程的有关要求。

(4) 检查锚索安装的质量必须注意的事项:施工前必须敲帮问顶,长式钻杆要控制杆钻机的推进力;松开盘着的锚索必须注意弹伤人员,使用锚杆机前必须检查管路连接是否可靠。

5. 喷射混凝土检查

(1) 喷射混凝土之前必须把网后的活矸清除掉,严禁在网后填塞矸石块。喷射混凝土配比及外加剂掺入量应符合作业规程要求。

(2) 喷射混凝土施工时使用配比容器、搅拌铁板。喷射混凝土前按规定冲洗巷帮,喷射后进行养护。

(3) 网外喷厚度不得大于 100 mm,基础深度不小于设计值的 90%,表面平整度不得大于 50 mm。

(4) 按规定进行混凝土强度试验,试块强度符合要求。按要求回收回弹料。

(5) 水沟、轨道标高符合要求。水沟和台阶中心位置、规格尺寸符合要求,水沟铺底。浇注混凝土无蜂窝、麻面、孔洞、露筋现象。

6. 连网质量检查

网与网搭接宽 100～200 mm。双边三花连网,连网间距不得大于 300 mm。每扣必须采用双股 12# 镀锌铁丝扭结不少于 3 圈。

7. 支架搭接及壁后充填

(1) 卡缆螺母必须加减阻垫片。搭接之处接口严密。露出丝长应均匀一致,肉眼观测无明显差别。拉杆齐全,螺母紧固不松动。

(2) 主要巷道采用架U型钢可缩性支架支护时，必须及时进行壁后充填。已经充填段落后，巷道迎头的距离不得大于50 m。

(3) 充填孔的布置必须符合施工安全措施规定，即每排3个孔，拱正顶1个，两侧拱基线处各1个，两侧拱顶与拱基线之间约45°处各1个；注浆孔排距不大于5 m。

(4) 按规定打检查孔，即在两排注浆孔正中间打检查孔，每排3个，位置同注浆孔。探眼深度不小于500 mm，如有冒顶区，探眼深度不得小于冒顶高度；眼内无孔洞。

(二) *砌碹支护的检查*

砌碹支护是20世纪我国煤矿主要井巷的重要支护形式。近年来，由于锚杆支护和锚喷支护技术的推广应用，服务年限较长的主要井巷也大量采用了这项技术。但是，喷锚技术还未广泛应用的矿井以及地质条件差、顶帮破碎压力大的一部分巷道，仍然采用砌碹支护的形式，其安全检查重点如下。

(1) 砌用的料石材质和几何尺寸，必须符合《煤矿安全规程》要求，并经检验合格，不准用风化石料。

(2) 抬棚必须有专门的安全措施，在巷道原棚梁下要支设木柱或顺架抬棚，保证顶板不被松动并支护良好。

(3) 工作台搭设的材料和规格必须符合《煤矿安全规程》的规定，做到牢固、平稳。

(4) 开挖基础、砌墙、立拱架、支模(混凝土支盒子板)、铺拱板、拆拱架等技术要求在作业规程中要有具体规定，尤其要明确规定抬棚长度和立拱架长度、砌墙和扣拱之间的距离，以及永久支护(砌)和临时支架之间的距离。

(5) 砌墙和扣拱必须做到灰浆饱满，不准有干缝、瞎缝，不准出现重缝现象。砌墙时，必须把料石用石楔支平。基础深度必须符合要求，墙体垂直。当磕墙高度超过1.5 m时，要采取防倒措施。

(6) 拱架之间必须有撑杆拉手,拱架要支稳、支牢,保证巷道中腰线符合规定。

(7) 壁后必须做好充填,做好隐蔽工程记录。充填物不准用煤炭等易碎、易燃物,要用片石充填,较大顶控棚要用木垛充填。

(8) 要保证足够的养护期,不准提前拆拱架。

(9) 顶板不好时,要有专门措施,实行短掘短砌。要明确最大控顶距,并不准超过最大控顶距。控顶区应用无腿托钩棚、前探支架等措施进行支护,托钩棚的棚梁、托钩和托钩插入岩帮长度必须符合规定,托钩棚的上部要刹紧接顶。

二、巷道维修的安全检查

(一) 顶板管理的检查

(1) 凡裸岩巷道完好的顶板,不得任意破坏。

(2) 巷道顶板完好,整体性能强,岩质密实的静压巷道棚距最大限度为 1.2 m(特别坚硬时不架棚)。顶板破碎、有活石的静压巷道或无活石的动压巷道,棚距最大为 1.2 m。

(3) 翻棚时,必须由班(组)长和安全员进行敲帮问顶。

(4) 撬落活石应从顶板完整的地方开始,以保证工作人员的安全。在撬落活石时,一人操作,另一人在后面做好安全监视,禁止行人通过撬顶危险区。

(5) 巷道顶板完好、岩质坚硬、整体性强、节理与层理不发达的静压巷道,可以采取锚杆支护。

(6) 在打锚杆眼前,必须先撬落浮石,再开机钻眼;有棚巷道打锚杆,要翻 1 架打 1 m,或先打眼后翻棚。

(二) 支架拆换的检查

(1) 拆换支架一定要从顶板好的地点开始,不得大拆大换。翻棚前,要加固工作地点的支架;遇有顶板破碎,应超前挑顶,事后翻棚。

(2) 凡独头巷道,一定要从外向里拆换,不得由里向外进行拆换。贯通巷道要顺风逐架拆换。

(3) 倾斜巷道拆换支架，要由上至下进行拆换。在拆换前，必须增加下面支架劲木和打好顶柱，防止支架推倒。

(4) 拆换棚时，在一架未完成之前，不得中止工作，应该连续进行。如果不能连续进行施工，每次工作结束后，必须接顶封帮。

(5) 对头巷道维修拆换，在两头相距 5 m 时，要停止一头作业，以免造成压力集中而发生冒顶。

(6) 拆换支架时，施工前应保护好施工地点的设备、电缆、电线、管路等，并盖好水沟。

(7) 拆换支架时，一定要打牢固脚手架，禁止用管子和矿车当脚手架。

(8) 上、下山拆换支架前，要在距工作地点下面 5～10 m 处分别设 2～3 处挡板，防止滑落岩石打伤下面的工作人员或检查人员。

(9) 拆换支架遇有棚顶上有木垛时，要先用长杆托好木垛后再翻棚。

(三) 开帮破砌碹的检查

(1) 开帮长度可根据顶板和两帮岩石性质确定，一般较稳定的岩石每次开帮长度不超过 3 m(用爆破开帮)。顶板压力大、活石多，禁止采用爆破开帮。

(2) 爆破开帮前要将周围设备保护好，对刚砌筑的设施要先覆盖好然后开始爆破。

(3) 用风镐破磕时，必须边破边背好帮顶；采取爆破破随时眼底不能穿透壁。

(4) 砌碹要找好中心腰线，立胎要找正，做到平、直，并打好压顶楔。

(5) 如使用料石砌，必须用三行板砌碹或铁碹，大断面宽度超过 5 m 的，巷道要打中心顶柱。

（四）推、装、卸及其他检查

（1）推车过弯道、风门、道岔、下坡道等地点时，一律要进行安全喊话。

（2）卸车时先打掩后卸料，卸重物要喊号；两人以上抬卸时，要搭配合适。

（3）在独头巷道或顶部有高冒处施工前，要找有关检查人员检查瓦斯。

第四节　掘进系统事故隐患的安全检查

一、冲击地压煤层中掘进的安全检查

（1）冲击危险区内的掘进必须始终在保护带内进行，保护带的宽度一般为巷道高度的3.5倍。

（2）煤层应力高度集中时，必须进行解危处理，否则不得进行掘进工作。

（3）避免在支承压力峰值区掘进巷道，必要时应采取卸压措施，并经矿总工程师批准。

（4）应尽量避免双巷同时掘进。必须双巷同时掘进时，两工作面的前后错距不得小于50 m。

（5）相向掘进的巷道相距30 m时，必须停止一头掘进，停掘的巷道要加固。对继续掘进的巷道，除加强支护外，冲击地压危险严重时，还必须采取解危措施。

二、煤与瓦斯突出危险煤层中掘进的安全检查

（1）在煤与瓦斯突出危险煤层（简称“突出危险煤层”）中掘进时，必须有防突措施。

（2）严禁在突出危险煤层的顶分层中掘进和布置巷道。在突出危险煤层的顶、底板围岩中掘进和布置巷道时，必须保持一定的岩柱，不得随意穿破岩柱、揭开岩盖。

(3) 在突出危险煤层中掘进，必须按照设计测量的中心线和腰线进行施工，不得任意拐弯和抬高，以免产生应力集中。

(4) 在突出危险煤层中，严禁使用风镐落煤和用风钻打眼。

(5) 必须采用远距离爆破的作业方式，起爆地点必须设在进风侧反向风门之外的全风压通风的新鲜风流中或者避险设施内，起爆地点距工作面的距离必须在措施中明确规定。

(6) 煤层或顶、底板松软，不能采取爆破作业时，只准使用手镐作业，并采用“做半面、背半面”的施工方法。

(7) 上山掘进面与上部平巷贯通前，平巷必须超前贯通的位置

(8) 在突出危险煤层的同一水平、同一煤层的集中应力影响范围内，禁止布置两个工作面相向掘进。经过实际考察，确认在集中应力影响范围外，允许在同一水平、同一煤层中布置两个工作面相向掘进。正常情况下，两个工作面距离不得小于 15 m；遇有地质构清带、煤的变质带以及应力集中带(点)等，两个工作面的距离不得小于 30 m。

(9) 在突出危险煤层爆破时，必须实行一次装药，一次起爆；只允许使用瞬发雷管和毫秒雷管。毫秒雷管不准跳段使用，最后一段的延期时间不得超过 130 ms。严禁使用秒延期雷管。

(10) 在突出危险煤层中掘进时，必须保证支架的质量，加密棚距，保证梁和腿的规格，严禁空帮空顶。

(11) 在突出危险煤层中掘进时，所有作业人员必须随身佩戴隔离式自救器。工作面的掘进组长、队长、爆破工必须携带便携式瓦斯检测仪，以随时检查工作面的瓦斯变化情况。在工作面进风巷道内必须设有直通矿调度室的电话。

(12) 在突出危险煤层中的掘进工作面，必须安设瓦斯监测装置；在工作面 5 m 内和回风侧，必须安设监测传感器。瓦斯监测装置经常保持完好状态，保证灵敏、准确。

(13) 在突出危险煤层内掘进时,每间隔 50 m 掘一个避难硐室,其净断面不小于 5 m,长度不小于 4 m,内设压风管路,经常供应压缩空气,并有手轮随时可以开闭。

三、其他事故隐患的安全检查

在井巷、硐室掘进和巷道维修工作中,若管理不善,容易出现重大事故隐患。掘进工作中常见重大事故隐患主要有如下几个方面。

(1) 掘进工作面无作业规程或套用作业规程;工作面现场条件发生变化时,未及时制定措施或措施不落实。

(2) 掘进迎头无临时支护或临时支护不合格,迎头空顶作业;前探支架移设不及时,接顶不牢固;迎头连续 4 m 支护不合格,仍继续掘进。

(3) 锚杆巷道不使用专用工具操作;锚杆松动,锚固力达不到规定数值;使用失效锚杆;锚杆不按规定进行拉力试验;对喷体不进行厚度及强度检查或无记录。

(4) 架棚巷道前 10 m 无防倒棚措施。

(5) 下山掘进时,下山上口无防止跑车装置,中间无超速捕车器,掘进面上方无挡车门;提升不使用车尾绳。

(6) 掘进巷道贯通或透老空区、老巷时,不预先通知;不采取防冒顶、防水害、防有害气体、防爆破伤人、防风流紊乱等措施,或者现场措施不落实,无专人指挥。

(7) 掘进巷道质量低劣,仍继续掘进。

(8) 三岔门、四岔门抬棚的加固未做到全部棚腿连锁牢固,金属抬棚下腿未用混凝土固定,插梁未使用卡子;木棚未用扒钉固定;锚喷巷道未使用加长的全锚式锚杆支护。

(9) 巷道失修严重,影响通风、运输、供电、排水和行人安全;擅自撤除支架柱梁、背板或拉杆,挪用它处。

(10) 掘进维修地点出现断梁、折腿、空帮、空顶,缺扣木、劲木、楔子，或用扣木代替刹杆以及卡子时不符合《煤矿安全规程》规定。

（11）拆除旧支架或顶板冒顶时，无人监护，无专人指挥。回撤支架时，未做到由里向外回撤。

（12）维修拆换棚完工后，帮顶没有封严、刹牢或帮顶有活石。

（13）无证驾驶装岩机。

（14）锚网施工不执行"一炮一锚"或最大控顶距离超距，锚索滞后锚固。

（15）冲击地压地区不按《煤矿安全规程》规定施工。

（16）修复巷道或整棚不执行由外向里逐架施工；修复巷道不设临时支护，退路不畅通。

（17）修复巷道需挖地槽、砌时，不对原有支护进行加固或临时支护固定不牢。

掘进现场实际检查时，应针对常见多发事故隐患实行重点检查，发现重大问题及可能发生事故时，要停止工作面作业。

第十一章　矿井电气系统安全检查

第一节　矿井安全供电及安全用电的安全检查

一、矿井安全供电的安全检查

（一）地面供电系统的安全检查

（1）矿井应当有两回路电源线路，即来自两个不同变电站或者来自不同电源进线的同一变电站的两段母线。当任一回路发生故障停止供电时，另一回路应当担负矿井全部用电负荷。区域内不具备两回路供电条件的矿井而采用单回路供电时，应当报安全生产许可证的发放部门审查。采用单回路供电时，必须有备用电源。备用电源的容量必须满足通风、排水、提升等要求，并保证主要通风机等在 10 min 内可靠启动和运行。备用电源应当有专人负责管理和维护，每 10 天至少进行一次启动和运行试验，试验期间不得影响矿井通风等，试验记录要存档备查。

① 矿井的两回路电源线路上都不得分接任何负荷。

② 正常情况下，矿井电源应当采用分列运行方式。若一回路运行，另一回路必须带电备用。带电备用电源的变压器可以热备用；若冷备用，备用电源必须能及时投入，以保证主要通风机在 10 min 内启动和运行。

③ 10 kV 及以下的矿井架空电源线路不得共杆架设。

④ 矿井电源线路上严禁装设负荷定量器等各种限电断电装置。

（2）矿井供电主变压器运行方式可靠，主变压器容量应满足需要。

(3) 主要通风机、提升人员的提升机、抽采瓦斯泵、地面安全监控中心等主要设备房，应各有两回路直接由变(配)电所馈出的供电线路；受条件限制时，其中的一回路可引自上述设备房的配电装置。

(4) 直供电机开关或带有电容器的开关有欠压保护，有过电流保护。

(5) 严禁由地面中性点直接接地的变压器或者发动机直接向井下供电。

(6) 继电保护设置齐全、整定值准确、动作灵敏可靠，高压配电系统装设有选择性的接地保护。

(7) 单相接地电容电流应符合要求，无功率补偿合理可靠。

(8) 执行电气工作票、操作票制度。

(9) 变电所应有可靠的操作电源。

(10) 矿井地面变电所的电话应能与电力调度及矿调度室直接联系，并有录音功能。

(11) 所有入井线路应有可靠的防雷设施。

(12) 地面固定式架空高压电力线路应当符合下列要求。

① 在开采沉陷区架设线路时，两回电源线路之间有足够的安全距离，并采取必要的安全措施。

② 架空线不得跨越易燃、易爆物的仓储区域，与地面、建筑物、树木、道路、河流及其他架空线等间距应当符合国家有关规定。

③ 在多雷区的主要通风机房、地面瓦斯抽采泵站的架空线路应当有全线避雷设施。

④ 架空线路、杆塔或者线杆上，应当有线路名称、杆塔编号以及安全警示等标志。

(二) 井下供电系统的安全检查

(1) 对井下各水平中央变(配)电所和采(盘)区变(配)电所主

排水泵房和下山开采的采区排水泵房供电的线路，不得少于两回路；当任一回路停止供电时，其余回路应承担全部用电负荷。

（2）向局部通风机供电的井下变（配）电所，应采用分列运行方式。

（3）向突出矿井自救系统供风的压风机、井下移动瓦斯抽采泵，应各有两回路直接由变（配）电所馈出的供电线路。

（4）主要设备房供电线路应来自各自的变压器或母线段，线路上不应分接任何负荷。

（5）主要设备的控制回路和辅助设备，必须有与主要设备同等可靠的备用电源。

（6）各级变电所运行管理应符合规定，矿井、采区及采掘工作面等供电地点均有合格的供电系统设计，且应符合现场实际。

（7）按期进行继电保护核算、调校、整定和试验。

（8）实行停、送电审批和票证制度；电力调度室、变电所停送电记录齐全。

（9）井下变电所及高压配电点设有电话，并能与矿调度室直接联系。

（10）井下变电所、配电点有供电系统图。

（11）高压开关必须安装欠压释放保护、短路保护、过负荷保护；中央变电所必须安装有选择性接地保护装置；真空高压隔爆开关应装设过电压保护。

（12）采掘工作面及规定地点的风电、瓦斯电闭锁应灵敏、可靠，应按要求进行试验，并有试验记录。

（13）低压馈电线上必须装设检漏保护装置或选择性漏电保护装置，保证自动切断漏电的馈电线路。每天必须对低压漏电保护进行一次跳闸试验。

（14）电动机控制开关必须使用真空磁力启动器，电动机停机或检修时必须断开隔离开关。

(15) 保护接地装置应符合《煤矿井下保护接地装置的安装检查、测定工作细则》的要求。

(16) 井下 127 V 供电系统(包括信号、照明及其他电源)应使用综合保护。

(17) 动力电缆和各种信号、监测监控电缆应使用阻燃电缆，电缆接头及接线方式和工艺应符合相关要求。

(18) 检修后的各种开关入井时要有合格证。

(19) 严禁井下配电变压器中性点直接接地。

(三) 双风机双电源“三专两闭锁”的安全检查

(1) 掘进工作面和通风地点的检查。

① 低瓦斯矿井正常工作的局部通风机可不配备安装备用局部通风机，但正常工作的局部通风机必须采用“三专”(专用开关、专用电缆、专用变压器)供电；或者正常工作的局部通风机配备安装一台同等能力的备用局部通风机，并能自动切换。

② 正常工作的局部通风机和备用局部通风机的电源必须取自同时带电的不同母线段的相互独立的电源，以保证正常工作的局部通风机故障时，备用局部通风机能投入正常工作。

(2) 高瓦斯矿井、突出矿井的煤巷、半煤岩巷和有瓦斯涌出的岩巷掘进工作面的检查。

① 正常工作的局部通风机必须配备安装同等能力的备用局部通风机，并能自动切换。

② 正常工作的局部通风机必须采用“三专”供电，专用变压器最多可向四个不同掘进工作面的局部通风机供电。

③ 备用局部通风机电源必须取自同时带电的另一电源，当正常工作的局部通风机故障时，备用局部通风机能自动启动，以保持掘进工作面正常通风。

(3) 正常工作和备用局部通风机均失电停止运转后，当电源恢复时，正常工作的局部通风机和备用局部通风机均不得自行启动，必须人工开启局部通风机。

(4) 使用局部通风机供风的地点必须实行风电闭锁和甲烷电闭锁，以保证当正常工作的局部通风机停止运转或停风后能切断停风区内全部非本质安全型电气设备的电源。

(5) 正常工作的局部通风机故障，切换到备用局部通风机工作时，该局部通风机通风范围内应停止工作，排除故障；待故障被排除，恢复到正常工作的局部通风后方可恢复工作。

(6) 使用2台局部通风机同时供风的，2台局部通风机都必须同时实现风电闭锁和甲烷电闭锁。

(7) 每15天至少进行1次风电闭锁和甲烷电闭锁试验，每天应进行1次正常工作的局部通风机与备用局部通风机自动切换试验，试验期间不得影响局部通风，试验记录要存档备查。

(8) 严禁使用3台及以上局部通风机同时向1个掘进工作面供风。不得使用1台局部通风机同时向2个及以上作业的掘进工作面供风。

(9) 使用局部通风机通风的掘进工作面，不得停风；因检修停电、故障等原因停风时，必须将人员全部撤至全风压进风流处，切断电源，设置栅栏、警示标志，禁止人员入内。

(10) 局部通风机因故停止运转，在恢复通风前，必须由专职瓦斯检查员检查瓦斯，只有停风区中最高甲烷浓度不超过1%和最高二氧化碳浓度不超过1.5%且局部通风机及其开关附近10 m以内风流中的甲烷浓度都不超过0.5%时，方可由指定人员开启局部通风机。

(四) 机电基础管理的安全检查

1. 管理制度的检查

(1) 专业管理科室有岗位责任制、操作规程。

(2) 管理人员巡查机房、设备停送电、电气试验、杂散电流、设备定期检修和电缆、小型电器、油脂、配件、输送带、钢丝绳等管理制度健全。

(3) 机房、硐室及机电设备岗点有岗位责任制、操作规程，以及设备包机、交接班、巡回检查、保护试验、设备检修、要害场所管理等制度；有设备技术特征、设备电气系统图、液压(制动)系统图、润滑系统图等技术资料；有设备运转、检修、保护试验、管理人员巡查、交接班、事故、外来人员登记等记录。

2. 设备综合管理的检查

(1) 设备技术档案健全，采用计算机并实行专人管理。

(2) 主变压器、主要通风机、主提升机、主压风机、主排水泵锅炉等大型主要设备做到一台一档，内容齐全。

(3) 矿井主提升、通风、排水、压风、供热、供水、通信、井上下供电等系统和井下电气设备布置等的图纸完整、齐全，并及时更新。

3. 设备技术性能测试的检查

(1) 大型固定设备更新改造有设计，并有合格验收测试结果和联合验收手续，操作规程及保护试验规定与更新改造后的设备相符。

(2) 主提升设备、主排水泵、主要通风机、压风机及锅炉、瓦斯抽放泵等技术测试符合规定，测试结果合格。

(3) 新安装的矿井提升机，必须经验收合格后方可投入运行。专门升降人员及混合提升的系统应当每年进行1次性能检测，其他提升系统每3年进行1次性能检测，检测合格后方可继续使用。主排水泵每年测定1次；主要通风机新安装或大修后进行1次测定，以后每5年应进行1次测定；压风机每年测定1次；锅炉、瓦斯抽放泵按规定进行检验。

(4) 主要设备的关键零部件(主要提升机的主轴、制动杆件、天轮轴、连接装置，主要通风机的主轴、风叶)探伤周期应按规程规定执行，如无规定应为2年探伤一次。

(5) 应定期进行电气试验和接地电阻测试。

4. 文明生产的检查

(1) 井下移动电气设备上架和五小件(电铃、按钮、打点器、三通、四通)上板有标志牌,防爆电气设备和五小件有入井合格证,各种设备、设施表面清洁。

(2) 机房硐室、机道和电缆沟内、外卫生清洁,窗明几净,无杂物,无积水、无油垢,电缆排列整齐,无锈蚀,无跑、冒、滴、漏现象。防火器材、电工操作绝缘用品齐全、合格;各种场所、硐室不使用可燃材料及装饰。

二、安全用电的安全检查

(一) 电缆选用的检查

(1) 严禁采用铝包电缆。

(2) 必须选用取得煤矿矿用产品安全标志的阻燃电缆。

(3) 电缆主线芯的截面应满足供电线路负荷的要求。

① 电缆正常工作负荷电流应不大于电缆允许持续电流。

② 电动机启动时的端电压不得低于额定电压的75%。

③ 正常运行时,最远处电动机的端电压下降值不得超过额定电压的7%~10%。

④ 电缆末端的最小两相电流应大于短路保护整定动作电流的1.5倍。

⑤ 电缆的机械强度应满足生产设备的要求。

(4) 对固定铺设的高压电缆的检查。

① 在立井井筒或倾角为45°及以上的井巷内,应采用煤矿用粗钢丝铠装电力电缆。

② 在水平巷道或倾角在45°以下的井巷内,应采用煤矿用钢带或者细钢丝铠装电力电缆。

③ 在进风斜井、井底车场及其附近、中央变电所至采区变电所之间,可以采用铝芯电缆;其他地点必须采用铜芯电缆。

(5) 固定铺设的低压电缆,应采用煤矿用铠装或非铠装电缆或对应电压等级的煤矿用橡套软电缆。

(6) 非固定铺设的高低压电缆，必须采用煤矿用橡套软电缆；移动式和手持式电气设备应使用专用橡套电缆。

(二) 电缆铺设及悬挂的检查

(1) 铺设电缆(与手持式或移动式设备连接的电缆除外)应遵守下列规定。

① 在水平巷道或倾角在30°以下的井巷中，电缆应用吊钩悬挂；在立井井筒或倾角在30°及以上的井巷中，电缆应用夹子、卡箍或其他夹持装置进行铺设。夹持装置应能承受电缆重量，并不得损伤电缆。

② 水平巷道或倾斜井巷中悬挂的电缆应有适当的弛度，并能在意外受力时自由坠落。电缆悬挂高度应保证其在矿车掉道时不受撞击，在其坠落时不落在轨道或输送机上。

③ 电缆悬挂点间距，在水平巷道或倾斜井巷内不得超过3 m，在立井井筒中不得超过6 m。

④ 沿钻孔铺设的电缆必须绑紧在钢丝绳上，钻孔必须加装套管。

(2) 电缆不应悬挂在管道上，不得遭受淋水。

(3) 电缆上严禁悬挂任何物件。

(4) 电缆与压风管、供水管在同一侧铺设时，必须铺设在管子上方，并保持0.3 m以上的距离。

(5) 在有瓦斯抽放管路的巷道内，电缆(包括通信)必须与瓦斯抽采管路分挂在巷道两侧。

(6) 盘圈或盘“8”字形的电缆不得带电，但给采、掘等移动设备供电的电缆及通信、信号电缆不受此限。

(7) 井筒和巷道内的通信和信号电缆应与电力电缆分挂在井巷的两侧；如果受条件所限，在井筒内的通信和信号电缆，应铺设在距电力电缆0.3 m以外的地方；在巷道内的通信和信号电缆，应铺设在电力电缆上方 0.1 m 以上的地方。

(8) 高、低压电力电缆铺设在巷道同一侧时，高、低压电缆之间的距离应大于 0.1 m。高压电缆之间、低压电缆之间的距离不得小于 50 mm。

(9) 井下巷道内的电缆，沿线每隔一定距离、拐弯或分支点，以及连接不同直径的电缆的接线盒两端、穿墙电缆的墙的两边，都应设置注有编号、用途、电压和截面的标志牌。

(10) 立井井筒中敷设的电缆中间不得有接头；因井筒太深需设接头时，应将接头设在中间水平巷道内。

(11) 运行中因故需要增设接头而又无中部水平巷道可利用时，可在井筒中设置接线盒，接线盒应放置在托架上，不应使接头承力。

(12) 电缆穿过墙壁部分应用套管保护，并严密封堵管口。

(三) 电缆连接的检查

(1) 电缆与电气设备连接时，电缆线芯必须使用齿形压线板(卡爪)、线鼻子或快速连接器与电气设备进行连接。

(2) 不同型电缆之间严禁直接连接，必须经过符合要求的接线盒、连接器或母线盒进行连接。

(3) 同型橡套电缆的修补连接(包括绝缘、护套已损坏的橡套电缆的修补)必须采用阻燃材料进行硫化热补或同等效能的冷补。

(4) 在地面热补或冷补后的同型橡套电缆，必须经浸水耐压试验，合格后方可下井使用。

(5) 同型塑料电缆连接处的机械强度以及电气、防潮、密封、老化等性能，应符合该型矿用电缆的技术标准。

第二节　井下机电硐室、机电设备及保护的安全检查

一、井下机电硐室的安全检查

(1) 永久性井下中央变电所和井底车场内的其他机电设备硐

室，应当采用砌碹或者其他可靠的方式支护，采区变电所应当用不燃性材料支护。

① 硐室必须装设向外开的防火铁门。铁门全部敞开时，不得妨碍运输。铁门上应当装设便于关严的通风孔。装有铁门时，门内可加设向外开的铁栅栏门，但不得妨碍铁门的开闭。

② 从硐室出口防火铁门起 5 m 内的巷道，应当砌碹或者用其他不燃性材料支护。硐室内必须设置足够数量的扑灭电气火灾的灭火器材。

③ 井下中央变电所和主要排水泵房的地面标高，应当分别比其出口与井底车场或者大巷连接处的底板标高高出 0.5 m。

④ 硐室无滴水；硐室的过道应当保持畅通，严禁存放无关的设备和物件。

(2) 采掘工作面配电点的位置和空间必须满足设备安装、拆除、检修和运输等要求，并采用不燃性材料支护。

(3) 变电硐室长度超过 6 m 时，必须在硐室的两端各设 1 个出口。

① 硐室内各种设备与墙壁之间应当留出 0.5 m 以上的通道，各种设备之间留出 0.8 m 以上的通道。对不需从两侧或者后面进行检修的设备，可以不留通道。

② 硐室入口处必须悬挂“非工作人员禁止入内”警示牌。硐室内必须悬挂与实际相符的供电系统图。硐室内有高压电气设备时，入口处和硐室内必须醒目悬挂“高压危险”警示牌。

③ 硐室内的设备，必须分别编号，标明用途，并有停送电的标志。

二、机电设备的安全检查

(一) 矿井电气设备选用的安全检查

不同瓦斯等级的矿井或在一个矿井的不同地点，爆炸性混合气体的爆炸危险程度差异很大。根据爆炸危险场所危险程度的不同,应该使用不同防爆性能的防爆设备,同时从经济效益和使用方便的角度考虑,可根据实际情况选用不同型式的防爆设备,但井下电气设备选用必须符合表 11-1 的要求。

表 11-1　井下电气设备选用要求

设备类别	突出矿井和瓦斯喷出区域	高瓦斯矿井、低瓦斯矿井				
		井底车场、中央变电所、总进风巷和主要进风巷		翻车机硐室	采区进风巷	总回风巷,主要回风巷,采区回风巷,采掘工作面和工作面进、回风巷
		低瓦斯矿井	高瓦斯矿井			
高低压电机和电气设备	矿用防爆型(增安型除外)	矿用一般型		矿用一般型	矿用防爆型	矿用防爆型
照明灯具	矿用防爆型(增安型除外)	矿用一般型		矿用防爆型	矿用防爆型	矿用防爆型
通信、自动控制的仪表、仪器	矿用防爆型(增安型除外)	矿用一般型		矿用防爆型	矿用防爆型	矿用防爆型

注:a. 使用架线电机车运输的巷道中及沿巷道的机电设备硐室内可以采用矿用一般型电气设备(包括照明灯具、通信、自动控制的仪表、仪器)。

b. 突出矿井井底车场的主泵房内,可以使用矿用增安型电动机。

c. 突出矿井应当采用本质安全型矿灯。

d. 远距离传输的监测监控、通信信号应当采用本质安全型,动力载波信号除外。

e. 在爆炸性环境中使用的设备应当采用 EPL Ma(安全等级标准)保护级别。非煤矿专用的便携式电气测量仪表,必须在甲烷浓度 1.0%以下的地点使用,并实时监测使用环境的甲烷浓度。

（二）防爆电气设备入井前的安全检查

（1）防爆电气设备到矿验收时，应检查其“产品合格证”“煤矿矿用产品安全标志”，并检查其与安全标志审核的一致性。入井前，应进行防爆检查，并签发合格证后方准入井。

（2）防爆电气设备（包括矿用一般型）入井前应进行安全性能的检查。

① 通过外观检查确定设备的形式与铭牌的标志是否相符。

② 是否有设备管理编码；经过检查或检修的设备必须有检查、检修和验收、试验的记录，并有检查、检修施工人员的签名或盖章。

③ 零部件应齐全、完整。

④ 连锁装置应齐全，功能应完善。

⑤ 电缆引入装置有合格的密封圈、垫圈和封堵用的金属垫片。

⑥ 隔爆型电气设备，必须检查隔爆接合面的宽度、表面粗糙度和间隙是否符合规定。

（三）机电设备保护的安全检查

（1）井下电力网的短路电流不得超过其控制用的断路器的开断能力，并校验电缆的热稳定性。

（2）井下严禁使用油浸式电气设备。40 kW 及以上的电动机，应当采用真空电磁起动器控制。

（3）井下高压电动机、动力变压器的高压控制设备，应当具有短路、过负荷、接地和欠压释放保护。井下由采区变电所、移动变电站或者配电点引出的馈电线上，必须具有短路、过负荷和漏电保护。低压电动机的控制设备，必须具备短路、过负荷、单相断线、漏电闭锁保护及远程控制功能。

（4）井下配电网路（变压器馈出线路、电动机等）必须具有过流、短路保护装置；必须用该配电网路的最大三相短路电流校验开关设备的分断能力和动、热稳定性以及电缆的热稳定性。

① 必须用最小两相短路电流校验保护装置的可靠动作系数。

② 保护装置必须保证配电网路中最大容量的电气设备或者同时工作成组的电气设备能够起动。

(5) 矿井 6 000 V 及以上高压电网,必须采取措施限制单相接地电容电流,生产矿井不超过 20 A,新建矿井不超过 10 A。

① 井上、下变电所的高压馈电线上,必须具备选择性单相接地保护;向移动变电站和电动机供电的高压馈电线上,必须具有选择性的动作与跳闸的单相接地保护。

② 井下低压馈电线上,必须装设检漏保护装置或者选择性漏电保护装置,保证自动切断漏电的馈电线路。

③ 每天必须对低压漏电保护进行 1 次跳闸试验。

④ 煤电钻必须使用具有检漏、漏电闭锁、短路、过负荷、断相和远距离控制功能的综合保护装置。每班使用前,必须对煤电钻综合保护装置进行 1 次跳闸试验。

⑤ 突出矿井禁止使用煤电钻,但煤层突出参数测定取样时不受此限。

(6) 直接向井下供电的馈电线路上,严禁装设自动重合闸。手动合闸时,必须事先同井下联系。

(7) 井上、下必须装设防雷电装置,并遵守下列规定。

① 经由地面架空线路引入井下的供电线路和电机车架线,必须在入井处装设防雷电装置。

② 由地面直接入井的轨道、金属架构及露天架空引入(出)井的管路,必须在井口附近对金属体设置不少于 2 处的良好的集中接地。

三、保护接地的安全检查

(1) 电压在 36 V 以上和由于绝缘损坏可能带有危险电压的电气设备的金属外壳、构架,铠装电缆的钢带(钢丝)、铅皮(屏蔽护套)等必须有保护接地。

(2) 任一组主接地极断开时,井下总接地网上任一保护接地点的接地电阻值,不得超过 2 Ω。每一移动式和手持式电气设备至局部接地极之间的保护接地用的电缆芯线和接地连接导线的电阻值,不得超过 1 Ω。

(3) 所有电气设备的保护接地装置(包括电缆的铠装、铅皮、接地芯线)和局部接地装置,应当与主接地极连接成 1 个总接地网。主接地极应当在主、副水仓中各埋设 1 块。

① 主接地极应当用耐腐蚀的钢板制成,副水仓中各埋设 1 块,其面积不得小于 0.75 m^2、厚度不得小于 5 mm。

② 在钻孔中敷设的电缆和地面直接分区供电的电缆,不能与井下主接地极连接时,应当单独形成分区总接地网,其接地电阻值不得超过 2 Ω。

(4) 下列地点应当装设局部接地极。

① 采区变电所,包括移动变电站和移动变压器。

② 装有电气设备的硐室和单独装设的高压电气设备。

③ 低压配电点或者装有 3 台以上电气设备的地点。

④ 无低压配电点的采煤工作面的运输巷、回风巷、带式输送机巷以及由变电所单独供电的掘进工作面(至少分别设置 1 个局部接地极)。

⑤ 连接高压动力电缆的金属连接装置。

(5) 局部接地极可以设置于巷道水沟内或者其他就近的潮湿处。

① 设置在水沟中的局部接地极应当用面积不小于 0.6 m^2、厚度不小于 3 mm 的钢板或者具有同等有效面积的钢管制成,并平放于水沟深处。

② 设置在其他地点的局部接地极,可以用直径不小于 35 mm、长度不小于 1.5 m 的钢管制成,管上至少钻 20 个直径不

小于 5 mm 的透孔，并全部垂直埋入底板；也可用直径不小于 22 mm、长度为 1 m 的 2 根钢管制成，每根管上钻 10 个直径不小于 5 mm 的透孔，2 根钢管相距不得小于 5 m，并联后垂直埋入底板，垂直埋深不得小于 0.75 m。

(6) 连接主接地极母线，应当采用截面不小于 50 mm^2 的铜线，或者截面不小于 100 mm^2 的耐腐蚀铁线，或者厚度不小于 4 mm、截面不小于 100 mm^2 的耐腐蚀扁钢。

电气设备的外壳与接地母线、辅助接地母线或者局部接地极的连接，电缆连接装置两头的铠装、铅皮的连接，应当采用截面不小于 25 mm^2 的铜线，或者截面不小于 50 mm^2 的耐腐蚀铁线，或者厚度不小于 4 mm、截面不小于 50 mm^2 的耐腐蚀扁钢。

橡套电缆的接地芯线，除用作监测接地回路外，不得兼作他用。

第三节　井下照明通信及设备停送电检修的安全检查

一、井下照明的安全检查

(1) 井下下列地点必须有足够的照明。

① 井底车场及其附近。

② 机电设备硐室、调度室、机车库、爆炸物品库、候车室、信号站、瓦斯抽采泵站等。

③ 使用机车的主要运输巷道、兼作人行道的集中带式输送机巷道、升降人员的绞车道以及升降物料和行人交替使用的绞车道(照明灯的间距不得大于 30 m，无轨胶轮车主要运输巷道两侧安装有反光标识的不受此限)。

④ 主要进风巷交叉点和采区车场。

⑤ 从地面到井下的专用人行道。

⑥ 综合机械化采煤工作面(照明灯间距不得大于 15 m)。

(2) 地面的通风机房、绞车房、压风机房、变电所、矿调度室等必须设有应急照明设施。

(3) 严禁用电机车架空线作照明电源。

(4) 矿灯的管理和使用应遵守下列规定。

① 矿井完好的矿灯总数，至少应比经常用灯的总人数多10%。

② 矿灯应集中统一管理。每盏矿灯必须编号，经常使用矿灯的人员必须专人专灯。

③ 矿灯应保持完好，出现亮度不够、电线破损、灯锁失效、灯头密封不严、灯头圈松动、玻璃破裂等情况时，严禁发放。发出的矿灯，最低能连续正常使用11 h。

④ 使用矿灯人员严禁拆开、敲打、撞击矿灯，人员出井后(地面领用矿灯人员下班后)，必须立即将矿灯交还灯房。

⑤ 在每次换班2 h内，必须把没有还灯人员的名单报告矿调度室。

⑥ 矿灯应使用免维护电池，并具有过流和短路保护功能。采用锂离子蓄电池的矿灯还应具有防过充电、过放电功能。

⑦ 加装其他功能的矿灯，必须保证矿灯的正常使用要求。

(5) 矿灯房应符合下列要求。

① 用不燃性材料建筑。

② 取暖用蒸汽或水管式设备，禁止采用明火取暖。

③ 有良好的通风装置，灯房和仓库内严禁烟火，并备有灭火器材。

(6) 有与矿灯匹配的充电装置。

二、井下通信系统的安全检查

(1) 主、副井提升机房，井底车场，运输调度室，采区变电所，上、下山绞车房，水泵房，带式输送机集中控制硐室等主要机电设备硐室和采掘工作面，应安装电话。

(2) 井下主要水泵房、井下中央变电所、矿井地面变电所和地面通风机房的电话,应能与矿调度室直接联系。

(3) 井下电话线路严禁利用大地作回路。

(4) 电气信号应符合下列要求。

① 矿井中的电气信号,除信号集中闭塞外,应能同时发声和发光。重要信号装置附近,应标明信号的种类和用途。

② 升降人员和主要井口绞车的信号装置的直接供电线路上,严禁分接其他负荷。

(5) 井下照明和信号的配电装置,应具有短路、过负荷和漏电保护的照明信号综合保护功能。

三、井下设备停送电检修的安全检查

(一) 井下电气设备停送电作业的安全检查

(1) 井下不得带电检修电气设备。严禁带电搬迁非本质安全型电气设备、电缆,采用电缆供电的移动式用电设备不受此限。

(2) 检修或者搬迁前,必须切断上级电源,检查瓦斯,在其巷道风流中甲烷浓度低于1.0%时,再用与电源电压相适应的验电笔检验;检验无电后,方可进行导体对地放电。开关把手在切断电源时必须闭锁,并悬挂“有人工作,不准送电”字样的警示牌,且只有执行这项工作的人员才有权取下此牌送电。

(3) 操作井下电气设备应当遵守下列规定。

① 非专职人员或者非值班电气人员不得操作电气设备。

② 操作高压电气设备主回路时,操作人员必须戴绝缘手套,并穿电工绝缘靴或者站在绝缘台上。

③ 手持式电气设备的操作手柄和工作中必须接触的部分必须有良好的绝缘性。

(4) 电气设备的检查、维护和调整,必须由经过专门训练和培训合格的熟悉设备性能的电气维修工进行。

(5) 高压电气设备的修理和调整工作,应有工作票和施工措施。

(6) 高压停、送电的操作,可根据书面申请或其他可靠的联系方式,得到批准后,由专责电工执行。必须坚持做到一人操作一人监护。

(7) 在特殊情况下,采区电钳工可对采区变电所内高压电气设备进行停、送电的操作,但不得擅自打开高压电气设备进行修理。

(8) 井下防爆电气设备的运行、维护和修理,必须符合防爆性能的各项技术要求。

(9) 防爆性能遭受破坏的电气设备,必须立即处理或更换,严禁继续使用。

(二) 井下对电气设备、电缆的检查和调整的要求

矿井应当按表 11-2 的要求对电气设备、电缆进行检查和调整。

表 11-2　电气设备、电缆的检查和调整

项目	检查周期	备注
使用中的防爆电气设备的防爆性能检查	每月 1 次	每日应当由分片负责电工检查 1 次外部情况
配电系统断电保护装置的检查整定	每 6 个月 1 次	负荷变化时应当及时整定
高压电缆的泄漏和耐压试验	每年 1 次	
主要电气设备绝缘电阻的检查	至少 6 个月 1 次	
固定敷设电缆的绝缘和外部检查	每季 1 次	每周应当由专职电工检查 1 次外部和悬挂情况

表 11-2(续)

项目	检查周期	备注
移动式电气设备的橡套电缆绝缘检查	每月 1 次	每班由当班司机或者专职电工检查 1 次外皮有无破损
接地电网接地电阻值的测定	每季 1 次	
新安装的电气设备绝缘电阻和接地电阻的测定	投入运行以前	
配电系统断电保护装置的检查整定	每 6 个月 1 次	负荷变化时应当及时整定

检查和调整结果应当记入专用的记录簿内。检查和调整中发现的问题应当指派专人限期处理。

第十二章　矿井提升运输安全检查

第一节　平巷和倾斜井巷运输的安全检查

一、平巷井巷运输的安全检查

（一）采用轨道机车运输时选用轨道机车的规定

（1）突出矿井必须使用符合防爆要求的机车。

（2）新建高瓦斯矿井不得使用架线电机车运输。高瓦斯矿井在用的架线电机车运输，必须遵守下列规定。

① 沿煤层或者穿过煤层的巷道必须采用砌碹或者锚喷支护。

② 有瓦斯涌出的掘进巷道的回风流，不得进入有架线的巷道中。

③ 应采用碳素滑板或者其他能减小火花的集电器。

（3）低瓦斯矿井的主要回风巷、采区进（回）风巷应当使用符合防爆要求的机车。低瓦斯矿井进风的主要运输巷道，可以使用架线电机车，并使用不燃性材料支护。

（4）各种车辆的两端必须装置碰头，每端突出的长度不得小于 100 mm。

（二）采用轨道机车运输时应当遵守的规定

（1）生产矿井同一水平行驶 7 台及以上机车时，应当设置机车运输监控系统；同一水平行驶 5 台及以上机车时，应当设置机车运输集中信号控制系统。新建大型矿井的井底车场和运输大巷，应当设置机车运输监控系统或者运输集中信号控制系统。

（2）列车或者单独机车均必须前有照明、后有红灯。

(3) 列车通过的风门,必须设有当列车通过时能够发出在风门两侧都能接收到声光信号的装置。

(4) 巷道内应当装设路标和警标。

(5) 必须定期检查和维护机车,发现隐患,及时处理。机车的闸、灯、警铃(喇叭)、连接装置和撒砂装置,任何一项不正常或者失爆时,机车不得使用。

(6) 正常运行时,机车必须在列车前端。机车行近巷道口、硐室口、弯道、道岔或者噪声大的地段,以及前有车辆或者视线有障碍时,必须减速慢行,并发出警号。

(7) 2 辆机车或者 2 列列车在同一轨道同一方向行驶时,必须保持不少于 100 m 的距离。

(8) 同一区段线路上,不得同时行驶非机动车辆。

(9) 必须有用矿灯发送紧急停车信号的规定。非危险情况下,任何人不得使用紧急停车信号。

(10) 机车司机开车前必须对机车进行安全检查确认;启动前,必须关闭车门并发出开车信号;机车运行中,严禁司机将头或者身体探出车外;司机离开座位时,必须切断电动机电源,取下控制手把(钥匙),扳紧停车制动。在运输线路上临时停车时,不得关闭车灯。

(11) 新投用机车应当测定制动距离,之后每年测定 1 次。运送物料时,制动距离不得超过 40 m;运送人员时,制动距离不得超过 20 m。

(三) 使用的矿用防爆型柴油动力装置应满足的要求

(1) 具有发动机排气超温、冷却水超温、尾气水箱水位、润滑油压力等保护装置。

(2) 排气口的排气温度不得超过 77 ℃,其表面温度不得超过 150 ℃。

(3) 发动机壳体不得采用铝合金制造;非金属部件应具有阻

燃和抗静电性能；油箱及管路必须采用不燃性材料制造；油箱最大容量不得超过 8 h 的用油量。

（4）冷却水温度不得超过 95 ℃。

（5）在正常运行条件下，尾气排放应满足相关规定。

（6）必须配备灭火器。

（四）使用的蓄电池动力装置必须符合的要求

（1）充电必须在充电硐室内进行。

（2）充电硐室内的电气设备必须采用矿用防爆型。

（3）检修应当在车库内进行，测定电压时必须在揭开电池盖 10 min 后测试。

（五）轨道线路应当符合的要求

（1）运行 7 t 及以上机车、3 t 及以上矿车，或者运送 15 t 及以上载荷的矿井、采区主要巷道轨道线路，应当使用不小于 30 kg/m 的钢轨。

（2）同一线路必须使用同一型号钢轨，道岔的钢轨型号不得低于线路的钢轨型号。

（3）轨道线路必须按标准铺设，使用期间应当加强维护及检修。

（六）采用架线电机车运输时架空线及轨道应当符合的要求

（1）架空线悬挂高度及其与巷道顶或者棚梁之间的距离等，应当保证机车的安全运行。

（2）架空线的直流电压不得超过 600 V。

（3）轨道应当符合下列规定。

① 两平行钢轨之间，每隔 50 m 应当连接 1 根断面不小于 50 mm^2 的铜线或者其他具有等效电阻的导线。

② 线路上所有钢轨接缝处，必须用导线或者采用轨缝焊接工艺加以连接。连接后每个接缝处的电阻应当符合要求。

③ 不回电的轨道与架线电机车回电轨道之间，必须加以绝

缘。第一绝缘点设在两种轨道的连接处;第二绝缘点设在不回电的轨道上,其与第一绝缘点之间的距离必须大于一列车的长度。在与架线电机车线路相连通的轨道上有钢丝绳跨越时,钢丝绳不得与轨道相接触。

(七)文明生产的检查要求

(1)运输系统、设备维修点、车间等应干净整洁,设备、材料码放整齐。

(2)主要运输线路水沟畅通,盖板齐全、稳固,巷道无淤泥、积水。

(3)电缆、管路、照明的使用应符合有关规定,各种牌板齐全、规范。

二、倾斜井巷运输的安全检查

(一)倾斜井巷内使用串车提升时必须遵守的规定

(1)在倾斜井巷内安设能够将运行中断绳、脱钩的车辆阻止住的跑车防护装置。

(2)在各车场安设能够防止带绳车辆误入非运行车场或者区段的阻车器。

(3)在上部平车场入口安设能够控制车辆进入摘挂钩地点的阻车器。

(4)在上部平车场接近变坡点处,安设能够阻止未连挂的车辆滑入斜巷的阻车器。

(5)在变坡点下方略大于1列车长度的地点,设置能够防止未连挂的车辆继续往下跑车的挡车栏。上述挡车装置必须经常关闭,放车时方准打开。兼作行驶人车的倾斜井巷,在提升人员时,倾斜井巷中的挡车装置和跑车防护装置必须是常开状态并闭锁。

(二)倾斜井巷使用提升机或者绞车提升时必须遵守的规定

(1)采取轨道防滑措施。

(2)按设计要求设置托绳轮(辊),并保持转动灵活。

(3) 井巷上端的过卷距离，应当根据巷道倾角、设计载荷、最大提升速度和实际制动力等参量计算确定，并有 1.5 倍的备用系数。

(4) 串车提升的各车场设有信号硐室及躲避硐；运人斜井各车场设有信号和候车硐室，候车硐室具有足够的空间。

(5) 运送物料时，开车前把钩工必须检查牵引车数、各车的连接和装载情况。牵引车数超过规定，连接不良，或者装载物料超重、超高、超宽，或者偏载严重有翻车危险时，严禁发出开车信号。

(6) 提升时严禁蹬钩、行人。

第二节　输送机的安全检查

一、带式输送机的安全检查

(一) 采用滚筒驱动带式输送机运输时应当遵守的规定

(1) 采用非金属聚合物制造的输送带、托辊和滚筒包胶材料等，其阻燃性能和抗静电性能必须符合有关标准的规定。

(2) 必须装设防打滑、跑偏、堆煤、撕裂等保护装置，同时应当装设温度、烟雾监测装置和自动洒水装置。

(3) 应当具备沿线急停闭锁功能。

(4) 主要运输巷道中使用的带式输送机，必须装设输送带张紧力下降保护装置。

(5) 倾斜井巷中使用的带式输送机，上运时，必须装设防逆转装置和制动装置；下运时，应当装设软制动装置且必须装设防超速保护装置。

(6) 在大于 16°的倾斜井巷中使用带式输送机，应当设置防护网，并采取防止物料下滑、滚落等安全措施。

(7) 液力耦合器严禁使用可燃性传动介质(调速型液力耦合器不受此限)。

(8) 机头、机尾及搭接处,应当有照明。

(9) 机头、机尾、驱动滚筒和改向滚筒处,应当设防护栏及警示牌。行人跨越带式输送机处,应当设过桥。

(10) 输送带设计安全系数,应当按下列规定选取。

① 棉织物芯输送带的安全系数为8~9。

② 尼龙、聚酯织物芯输送带的安全系数为10~12。

③ 钢丝绳芯输送带的安全系数为7~9;当带式输送机采取可控软启动、制动措施时的安全系数为5~7。

(二) 生产矿井采用钢丝绳牵引带式输送机运输时必须遵守的规定

(1) 装设过速保护、过电流和欠电压保护、钢丝绳和输送带脱槽保护、输送带局部过载保护、钢丝绳张紧车到达终点和张紧重锤落地保护,并定期进行检查和试验。

(2) 在倾斜井巷中,必须在低速驱动轮上装设液控盘式失效安全型制动装置,制动力矩与设计最大静拉力差在闸轮上作用力矩之比在2~3之间;制动装置应当具备手动和自动双重制动功能。

(3) 采用钢丝绳牵引带式输送机运送人员时,应当遵守下列规定。

① 输送带至巷道顶部的垂距,在上、下人员的20 m区段内不得小于1.4 m,行驶区段内不得小于1 m。下行带乘人时,上、下输送带间的垂距不得小于1 m。

② 输送带的宽度不得小于0.8 m,运行速度不得超过1.8 m/s,绳槽至输送带边的宽度不得小于60 mm。

③ 人员乘坐间距不得小于4 m。乘坐人员不得站立或者仰卧,应当面向行进方向。严禁携带笨重物品和超长物品,严禁触摸输送带侧帮。

④ 上、下人员的地点应当设有平台和照明。上行带平台的长

度不得小于 5 m，宽度不得小于 0.8 m，并有栏杆。上、下人的区段内不得有支架或者悬挂装置。下人地点应当有标志或者声光信号，距离下人区段末端前方 2 m 处，必须设有能自动停车的安全装置。在机头机尾下人处，必须设有人员越位的防护设施或者保护装置，并装设机械式倾斜挡板。

⑤ 运送人员前，必须卸除输送带上的物料。

⑥ 应当在输送机全长任何地点装有可由乘坐人员或者其他人员操作的紧急停车装置。

二、刮板输送机的安全检查

（一）使用刮板输送机运输时必须遵守的规定

（1）采煤工作面刮板输送机必须安设能发出停止、启动信号和通信的装置，发出信号点的间距不得超过 15 m。

（2）刮板输送机使用的液力耦合器，必须按所传递的功率大小，注入规定量的难燃液，并经常检查有无漏失。易熔合金塞必须符合标准，并设专人检查、清除塞内污物；严禁使用不符合标准的物品代替。

（3）刮板输送机严禁乘人。

（4）用刮板输送机运送物料时，必须有防止顶人和顶倒支架的安全措施。

（5）移动刮板输送机时，必须有防止冒顶、顶伤人员和损坏设备的安全措施。

（二）使用采煤机运输时必须遵守的规定

采煤机上必须装有能停止工作面刮板输送机运行的闭锁装置。

（1）采煤工作面煤壁、刮板输送机和支架都必须保持直线。倾角大于 25°时，必须有防止煤（矸）窜出刮板输送机伤人的措施。

（2）采煤机用刮板输送机作轨道时，必须经常检查刮板输送机的溜槽、挡煤板导向管的连接情况，防止采煤机牵引链因过载而断链。

第三节　运送人员及人力推车的安全检查

一、运送人员的安全检查

(1) 长度超过 1.5 km 的主要运输平巷或者高差超过 50 m 的人员上、下的主要倾斜井巷,应当采用机械方式运送人员。

① 运送人员的车辆必须为专用车辆,严禁使用非乘人装置运送人员。

② 严禁人、物料混运。

(2) 采用架空乘人装置运送人员时,应当遵守下列规定。

① 有专项设计。

② 吊椅中心至巷道一侧突出部分的距离不得小于 0.7 m,双向同时运送人员时钢丝绳间距不得小于 0.8 m,固定抱索器的钢丝绳间距不得小于 1.0 m。乘人吊椅距底板的高度不得小于 0.2 m,在上、下人站处不大于 0.5 m。乘坐间距不应小于牵引钢丝绳 5 s 的运行距离,且不得小于 6 m。除采用固定抱索器的架空乘人装置外,应当设置乘人间距提示或者保护装置。

③ 固定抱索器最大运行坡度不得超过 28°,可摘挂抱索器最大运行坡度不得超过 25°,运行速度应当满足表 12-1 的规定。运行速度超过 1.2 m/s 时,不得采用固定抱索器;运行速度超过 1.4 m/s 时,应当设置调速装置,并实现静止状态上、下人员,严禁人员在非乘人站上下。

表 12-1　架空乘人装置运行速度规定

巷道坡度 θ/(°)	$28\geqslant\theta>25$	$25\geqslant\theta>20$	$20\geqslant\theta>14$	$\theta\leqslant14$
采用固定抱索器的运行速度/($m\cdot s^{-1}$)	≤0.8	≤1.2		
采用可摘挂抱索器的运行速度/($m\cdot s^{-1}$)	—	≤1.2	≤1.4	≤1.7

④ 驱动系统必须设置失效安全型工作制动装置和安全制动装置，安全制动装置必须设置在驱动轮上。

⑤ 各乘人站设上、下人平台，乘人平台处钢丝绳距巷道壁不小于 1 m，路面应当进行防滑处理。

⑥ 架空乘人装置必须装设超速、打滑、全程急停、防脱绳、变坡点防掉绳、张紧力下降、越位等保护；安全保护装置发生保护动作后，需经人工复位，方可重新启动。

a. 应当有断轴保护措施。

b. 减速器应当设置油温检测装置，当油温异常时能发出报警信号。沿线应当设置延时启动声光预警信号。各上、下人地点应当设置信号通信装置。

⑦ 倾斜巷道中架空乘人装置与轨道提升系统同巷布置时，必须设置电气闭锁，两种设备不得同时运行。倾斜巷道中架空乘人装置与带式输送机同巷布置时，必须采取可靠的隔离措施。

⑧ 巷道应当设置照明。

⑨ 每日至少对整个装置进行 1 次检查，每年至少对整个装置进行 1 次安全检测检验。

⑩ 严禁同时运送携带爆炸物品的人员。

(3) 生产矿井在用的普通轨斜井人车运输，必须遵守下列规定。

① 车辆必须设置可靠的制动装置。断绳时，制动装置既能自动发生作用，也能人工操纵。

② 必须设置使跟车工在运行途中任何地点都能发送紧急停车信号的装置。

③ 多水平运输时，从各水平发出的信号必须有区别。

④ 人员上、下地点应当悬挂信号牌。任一区段行车时，各水平必须有信号显示。

⑤ 应当有跟车工，跟车工必须坐在设有手动制动装置把手的

位置。

⑥ 每班运送人员前，必须检查人车的连接装置、保险链和制动装置，并先空载运行一次。

(4) 采用平巷人车运送人员时，必须遵守下列规定。

① 每班发车前，应当检查各车的连接装置、轮轴、车门(防护链)和车闸等。

② 严禁同时运送易燃、易爆或者腐蚀性的物品，或者附挂物料车。

③ 列车行驶速度不得超过 4 m/s。

④ 人员上下车地点应当有照明，架空线必须设置分段开关或者自动停送电开关，人员上下车时必须切断该区段架空线电源。

⑤ 双轨巷道乘车场必须设置信号区间闭锁，人员上、下车时，严禁其他车辆进入乘车场。

⑥ 应当设跟车工，遇有紧急情况时立即向司机发出停车信号。

⑦ 两车在车场会车时，驶入车辆应当停止运行，让驶出车辆先行。

(5) 人员乘坐人车时，必须遵守下列规定。

① 听从司机及跟车工的指挥，开车前必须关闭车门或者挂上防护链。

② 人体及所携带的工具、零部件，严禁露出车外。

③ 列车行驶中及尚未停稳时，严禁上下车和在车内站立。

④ 严禁在机车上或者任意两个车厢之间搭乘。

⑤ 严禁扒车、跳车和超员乘坐。

(6) 使用的单轨吊车、卡轨车、齿轨车、胶套轮车、无极绳连续牵引车，应当符合下列要求。

① 运行坡度、速度和载重，不得超过设计规定值。

② 安全制动和停车制动装置必须为失效安全型，制动力应当

为额定牵引力的 1.5～2 倍。

③ 必须设置既可手动制动又能自动制动的安全闸。安全闸应当具备下列性能。

a. 绳牵引式运输设备的运行速度超过额定速度的 30%时，其他设备的运行速度超过额定速度的 15%时，能自动施闸，施闸时的空动时间不大于 0.7 s。

b. 在最大载荷、最大坡度上以最大设计速度向下运行时，制动距离应当不超过相当于在这一速度下 6 s 的行程。

c. 在最小载荷、最大坡度上向上运行时，制动减速度不大于 5 m/s。

④ 胶套轮材料与钢轨的摩擦系数，不得小于 0.4。

⑤ 柴油机和蓄电池单轨吊车、齿轨车和胶套轮车的牵引机车或者头车上，必须设置车灯和喇叭，列车的尾部必须设置红灯。

⑥ 柴油机和蓄电池单轨吊车，必须具备 2 路以上相对独立回油的制动系统，必须设置超速保护装置。司机应当配备通信装置。

⑦ 无极绳连续牵引车、绳牵引卡轨车、绳牵引单轨吊车，还应当符合下列要求。

a. 必须设置越位、超速、张紧力下降等保护。

b. 必须设置司机与相关岗位工之间的信号联络装置。设有跟车工时，必须设置跟车工与牵引绞车司机联络用的信号和通信装置。在驱动部、各车场，应当设置行车报警和信号装置。

c. 运送人员时，必须设置卡轨或者护轨装置。采用具有制动功能的专用乘人装置时，必须设置跟车工。制动装置必须定期试验。

d. 运行时绳道内严禁有人。

e. 车辆脱轨后复轨时，必须先释放牵引钢丝绳的弹性张力。人员严禁在脱轨车辆的前方或者后方工作。

(7) 采用单轨吊车运输时，应当遵守下列规定。

① 柴油机单轨吊车运行巷道坡度不大于25°,蓄电池轨吊车运行巷道坡度不大于15°,钢丝绳单轨吊车运行巷道坡度不大于25°。

② 必须根据起吊重物的最大载荷设计起吊梁和吊挂轨道,其安装与铺设应当保证单轨吊车的安全运行。

③ 单轨吊车运行中应当设置跟车工。起吊或者下放设备、材料时,人员严禁在起吊梁两侧;机车过风门、道岔、弯道时,必须确认安全后,方可缓慢通过。

④ 采用柴油机、蓄电池单轨吊车运送人员时,必须使用人车车厢;两端必须设置制动装置,两侧必须设置防护装置。

⑤ 采用钢丝绳牵引单轨吊车运输时,严禁在巷道弯道内侧设置人行道。

⑥ 单轨吊车的检修工作应当在平巷内进行。若必须在斜巷内处理故障时,应当制定安全措施。

⑦ 有防止淋水侵蚀轨道的措施。

(8) 采用无轨胶轮车运输时,应当遵守下列规定。

① 严禁非防爆、不完好无轨胶轮车下井运行。

② 驾驶员持有“中华人民共和国机动车驾驶证”。

③ 建立无轨胶轮车入井运行和检查制度。

④ 应设置工作制动、紧急制动和停车制动,工作制动必须采用湿式制动器。

⑤ 必须设置车前照明灯和尾部红色信号灯,配备灭火器和警示牌。

⑥ 运行中应当符合下列要求。

a. 运送人员必须使用专用人车,严禁超员。

b. 运人时,运行速度不超过25 km/h;运送物料时,运行速度不超过40 km/h。

c. 同向行驶车辆必须保持不小于50 m的安全运行距离。

d. 严禁车辆空挡滑行。

e. 应当设置随车通信系统或者车辆位置监测系统。

f. 严禁进入专用回风巷和微风、无风区域。

⑦ 巷道路面、坡度、质量，应当满足车辆安全运行要求。

⑧ 巷道和路面应当设置行车标识和交通管控信号。

⑨ 长坡段巷道内必须采取车辆失速安全措施。

⑩ 巷道转弯处应当设置防撞装置。人员躲避硐室、车辆躲避硐室附近应当设置标识。

⑪ 井下行驶特殊车辆或者运送超长、超宽物料时，必须制定安全措施。

二、人力推车的安全检查

人力推车必须遵守下列规定。

(1) 1 次只准推 1 辆车。严禁在矿车两侧推车。同向推车的间距，在轨道坡度小于或者等于 5‰时，不得小于 10 m；在轨道坡度大于 5‰时，不得小于 30 m。

(2) 推车时必须时刻注意前方。在开始推车、停车、掉道、发现前方有人或者有障碍物，从坡度较大的地方向下推车以及接近道岔、弯道、巷道口、风门、硐室出口时，推车人必须及时发出警号。

(3) 严禁放飞车和在巷道坡度大于 7‰时人力推车。

(4) 不得在能自动滑行的坡道上停放车辆，确需停放时必须用可靠的制动器或者阻车器将车辆稳住。

第四节　提升装置及升降人员的安全检查

一、提升装置的安全检查

(一) 制动装置的安全检查

(1) 提升绞车必须装设可靠的提升容器位置指示器、减速声光示警装置，必须设置机械制动和电气制动装置。

(2) 机械制动装置应当采用弹簧式,能实现工作制动和安全制动。工作制动必须采用可调节的机械制动装置。安全制动必须有并联冗余的回油通道。双滚筒提升机每个滚筒的制动装置必须能够独立控制,并具有调绳功能。

(3) 严禁司机擅自离开工作岗位。

(二) 提升装置装设安全保护的要求

(1) 过卷和过放保护:当提升容器超过正常终端停止位置或者出车平台 0.5 m 时,必须能自动断电,且使制动器实施安全制动。

(2) 超速保护:当提升速度超过最大速度的15%时,必须能自动断电,且使制动器实施安全制动。

(3) 过负荷和欠电压保护。

(4) 限速保护:提升速度超过 3 m/s 的提升机应当装设限速保护,以保证提升容器或者平衡锤到达终端位置时的速度不超过 2 m/s。当减速段速度超过设定值的 10% 时,必须能自动断电,且使制动器实施安全制动。

(5) 提升容器位置指示保护:当位置指示失效时,能自动断电,且使制动器实施安全制动。

(6) 闸瓦间隙保护:当闸瓦间隙超过规定值时,能报警并闭锁下次开车。

(7) 松绳保护:缠绕式提升机应当设置松绳保护装置,并接入安全回路或者报警回路。箕斗提升时,松绳保护装置动作后,严禁受煤仓放煤。

(8) 仓位超限保护:箕斗提升的井口煤仓仓位超限时,能报警并闭锁开车。

(9) 减速功能保护:当提升容器或者平衡锤到达设计减速点时,能示警并开始减速。

(10) 错向运行保护:当发生错向时,能自动断电,且使制动器实施安全制动。过卷保护、超速保护、限速保护和减速功能保护应当设置为相互独立的双线型。缠绕式提升机应当加设定车装置。

（三）罐笼提升立井井口应当采取的措施要求

（1）井口操车系统基础下部的负层空间应当与井筒隔离，并设置消防设施。

（2）操车系统液压管路应当采用金属管或者阻燃高压非金属管，传动介质使用难燃液，液压站不得安装在封闭空间内。

（3）井筒及负层空间的动力电缆、信号电缆和控制电缆应当采用煤矿用阻燃电缆，并与操车系统液压管路分开布置。

（4）操车系统机坑及井口负层空间内应当及时清理漏油，每天检查清理情况，不得留存杂物和易燃物。

（四）其他装置的安全检查

（1）升降人员或升降人员和物料的单绳罐笼提升必须装设可靠的防坠装置。

（2）箕斗提升必须采用定重装载。

（3）提升系统通信、信号装置完善，主、副井绞车房有能与矿调度室直通的电话。

（4）上、下井口及各水平应装设视频监视装置。

（5）地面的通风机房、绞车房、压风机房、变电所、矿调度室等必须设有应急照明设施。

（五）在罐笼或箕斗顶上检修工作的安全检查

（1）在罐笼或箕斗顶上，必须装设保险伞和栏杆。

（2）作业人员必须佩戴保险带。

（3）提升容器的速度一般为 0.3～0.5 m/s，最大速度不得超过 2 m/s。

（4）检修用信号必须安全、可靠。

（六）提升装置各重要部位的安全检查。

（1）提升容器、连接装置、防坠器、罐耳、罐道、阻车器、罐座、摇台、装卸设备、天轮和钢丝绳以及提升绞车各部分，包括滚筒、制动装置、深度指示器、防过卷装置、限速器、调绳装置、传动装置、电动机和控制设备以及各种保护和闭锁装置等，每天必须由专职人员检查1次，每月必须组织有关人员检查1次。发现问题，必须立即处理，检查和处理结果都应留有记录。

(2) 定期检查制度执行情况，检查记录应完备、无漏洞；井口和井底车场把钩人员必须认真执行岗位责任制。

(3) 新安装或者大修后的防坠器，必须进行脱钩试验，合格后方可使用。对使用中的立井罐笼防坠器，应当每6个月进行1次不脱钩试验，每年进行1次脱钩试验。对使用中的斜井人车防坠器，应当每班进行1次手动落闸试验，每月进行1次静止松绳落闸试验，每年进行1次重载全速脱钩试验。防坠器的各个连接和传动部分，必须处于灵活状态。

二、提升装置升降人员的安全检查

(一) 主提升机司机的检查

(1) 主要提升装置必须配有正、副司机。自动化运行的专用于提升物料的箕斗提升机，可不配备司机值守，但应当设图像监视并定期巡检。

(2) 升降人员的主要提升装置，在交接班升降人员的时间内，必须正司机操作、副司机监护。

(3) 每班升降人员前，应先空载运行1次，检查提升机动作情况；但连续运转时，不受此限。

(4) 如提升装置发生故障，必须立即停止提升机运行，并向矿调度室报告。

(二) 立井中升降人员的检查

(1) 立井提升容器和载荷，必须符合下列要求。

① 在立井中升降人员时，应当使用罐笼。在井筒内作业或者因其他原因，需要使用普通箕斗或救急罐升降人员时，必须制定安

全措施。

② 升降人员或者升降人员和物料的单绳提升罐笼必须装设可靠的防坠器。

③ 罐笼和箕斗的最大提升载荷和最大提升载荷差应当在井口公布，严禁超载和超最大载荷差运行。

④ 箕斗提升必须采用定重装载。

(2) 立井凿井期间采用吊桶升降人员时，应遵守下列规定。

① 乘坐人员必须挂牢安全绳，严禁身体任何部位超出吊桶边缘。

② 不得人、物混装。运送爆炸物品时应当执行有关规定。

③ 严禁用自动翻转式、底卸式吊桶升降人员。

④ 吊桶提升到地面时，人员必须从井口平台进出吊桶，并只准在吊桶停稳和井盖门关闭后进出吊桶。

⑤ 吊桶内人均有效面积应当不小于 0.2 m^2，严禁超员。

(3) 专为升降人员以及升降人员与物料的罐笼必须符合下列要求。

① 乘人层顶部应当设置可以打开的铁盖或者铁门，两侧装设扶手。

② 罐底必须满铺钢板。如果需要设孔时，必须设置牢固可靠的门。两侧用钢板挡严，不得有孔。

③ 进出口必须装设罐门或者罐帘，高度不得小于 1.2 m。罐门或者罐帘下部边缘至罐底的距离不得超过 250 mm，罐帘横杆的间距不得大于 200 mm，罐门不得向外开，门轴必须防脱。

④ 提升矿车的罐笼内必须装有阻车器。升降无轨胶轮车时，必须设置专用定车或者锁车装置。

⑤ 单层罐笼和多层罐笼的最上层净高(带弹簧的主拉杆除外)不得小于 1.9 m，其他各层净高不得小于 1.8 m。带弹簧的主拉杆必须设保护套筒。

⑥ 罐笼内每人占有的有效面积应当不小于0.18 m^2。罐笼每层内一次能容纳的人数应当明确规定，超过规定人数时，把钩工必须制止。

⑦ 升降无轨胶轮车时，仅限司机一人留在车内，且按提升人员要求运行。

(4) 罐笼和箕斗的最大提升载荷和最大提升载荷差，应在井口公布，严禁超载和超最大载荷差运行。箕斗提升必须采用定重装载。

(5) 升降人员或升降人员和物料的单绳提升罐笼，必须装设可靠的防坠器。

(6) 罐笼提升的井口和井底车场必须有把钩工。

(7) 人员上、下井时，必须遵守乘罐制度，听从把钩工指挥，开车信号发出后严禁进出罐笼。

(8) 严禁在罐笼同一层内人员和物料混合提升。

（三）提升信号的安全检查

(1) 每一提升装置，必须装有可从井底信号工发给井口信号工和从井口信号工发给司机的信号装置。

(2) 井口信号装置必须与提升机的控制回路相闭锁。只有在井口信号工发出信号后，提升机才能启动。除常用的信号装置外，还必须有备用信号装置。

(3) 井底车场与井口之间，井口与绞车司机操作台之间，除有上述信号装置外，还必须装设直通电话。

(4) 同一套提升装置服务多个水平时，从各水平发出的信号必须有区别。

(5) 井底车场的信号必须经由井口信号工转发，不得越过井口信号工直接向提升机司机发送开车信号。但是，有下列情况之一时，不受此限。

① 发送紧急停车信号。

② 箕斗提升(不包括带乘人间的箕斗的人员提升)。

③ 单容器提升。

④ 井上下信号连锁的自动化提升系统。

(6) 用多层罐笼升降人员或物料时,井上、下各层出车平台都必须设有信号工。各信号工发送信号时,必须遵守下列规定。

① 井下各水平的信号工收齐该水平各层信号工的信号后,方可向井口总信号工发出信号。

② 井口总信号工收齐井下各层信号工信号,并接到井下水平总信号工信号后,才可向提升机司机发出信号。

③ 信号系统必须设有保证按上述顺序发出信号的闭锁装置。

(四) 安全门与提升信号连锁的检查

(1) 井口、井底和中间运输巷的安全门必须与罐位和提升信号连锁。

罐笼到位并发出停车信号后安全门才能打开;安全门未关闭,只能发出调平和换层信号,但发不出开车信号;安全门关闭后才能发出开车信号;发出开车信号后,安全门不能打开。

(2) 井口、井底和中间运输巷都应当设置摇台或者锁罐装置,并与罐笼停止位置、阻车器和提升信号系统连锁。

罐笼未到位,放不下摇台或者锁罐装置,打不开阻车器;摇台或者锁罐装置未抬起,阻车器未关闭,发不出开车信号。

(3) 立井井口和井底使用罐座时,必须设置闭锁装置,罐座未打开,发不出开车信号。升降人员时,严禁使用罐座。

第十三章　矿井“一通三防”安全检查

第一节　矿井通风系统的安全检查

矿井通风系统是矿井通风方式、通风方法和通风网络的总称。矿井通风担负的任务有：供给井下足够的新鲜空气，满足人员对氧气的需要；冲淡井下有毒有害气体和粉尘，保证安全生产；调节井下气候，创造良好的工作环境；提高矿井的抗灾能力。

随着煤矿开采强度加大、开采深度增加，矿井通风系统在矿井中担负的使命越来越大，它对矿井正常生产和安全的作用也越来越明显。因此，可靠的通风系统对矿井的生产意义重大。通风是安全工作的基础，因此必须加强矿井通风工作，才能保证矿井的正常生产与安全。

对通风系统的安全检查重点是：矿井通风系统安全检查、采区通风系统安全检查、硐室通风安全检查、采掘工作面通风安全检查、通风设备及反风安全检查。

一、矿井通风系统安全检查

（一）通风系统检查

（1）新建、扩建矿井的回风井严禁兼作提升和行人通道。

（2）突出矿井严禁在井下安设辅助通风机。

（3）具备完整的独立通风系统。改变全矿井通风系统时，编制通风设计及安全措施，由企业技术负责人审批。

（4）开采容易自燃煤层的新建矿井应当采用分区式通风或者对角式通风。初期采用中央并列式通风的只能布置 1 个采区生产。

（二）矿井需风量检查

（1）矿井需要的风量应当按要求分别计算，并选取其中的最大值。

（2）使用煤矿用防爆型柴油动力装置机车运输的矿井，行驶车辆巷道的供风量还应当按同时运行的最多车辆数增加巷道配风量，配风量不小于 4 $m^3/(min \cdot kW)$。煤矿企业制定的风量计算方法，至少每 5 年修订 1 次。

（三）工作面风量配备检查

采掘工作面实际需要风量，必须使该地点风流中的甲烷、二氧化碳和其他有害气体的浓度，以及风速、温度和每人的供风量符合相关规程的规定。

（四）通风能力核定检查

矿井每年安排采掘作业计划时要核定生产和通风能力，按实际供风量核定矿井产量。严禁超通风能力生产。

（五）通风设施检查

进、回风井之间和主要进、回风巷之间的联络巷，要砌筑永久性风墙。需要使用的联络巷，要安设两道连锁的正向风门和两道反向风门。控制风流的风门、风桥、风墙、风窗等设施必须可靠。

（六）空气质量检查

（1）采掘工作面的进风流中氧气浓度不低于 20%，二氧化碳浓度不超过 0.5%。

（2）井下空气成分中一氧化碳的浓度不超 0.002 4%。

（3）甲烷、二氧化碳等允许浓度不超过规定要求。

（七）风速、温度、测风检查

（1）主要进、回风巷和采掘工作面等地点的风速必须符合要求。

（2）进风井口以下的空气温度（干球温度）在 2 ℃以上。

(3) 采掘工作面的空气温度超过 30 ℃、机电设备硐室的空气温度超过 34 ℃时,要停止作业。

(4) 超温地点要有降温设施。

(5) 应建立测风制度,每 10 天至少进行 1 次全面测风。

(6) 每次测风结果记录在测风地点的记录牌上。

(7) 总进风巷、总回风巷和一翼进风巷、回风巷要设置永久测风站,采掘工作面及其他用风地点要设置临时测风站。

(八) 通风仪器仪表检查

(1) 应配备足够数量的通风安全检测仪表。

(2) 仪表要由具备相应资质的检验单位进行检验,并在有效检验期内。

(九) 串联通风检查

(1) 采、掘工作面实行独立通风,严禁 2 个采煤工作面之间串联通风。

(2) 同一采区内 1 个采煤工作面在和与其相连接的 1 个掘进工作面、相邻的 2 个掘进工作面,布置独立通风有困难时,制定措施后,串联通风的次数不得超过 1 次。

(3) 采区内为构成新区段通风系统的掘进巷道或者采煤工作面遇地质构造而重新掘进的巷道,布置独立通风有困难时,其回风可以串入采煤工作面,但必须制定安全措施,且串联通风的次数不得超过 1 次。构成独立通风系统后,必须立即改为独立通风。

(4) 串联通风的采掘工作面,必须在进入被串联工作面的巷道中装设甲烷传感器,且甲烷和二氧化碳浓度都不得超过 0.5%,其他有害气体浓度都应当符合规程规定。

(5) 开采有瓦斯喷出、有突出危险的煤层或者在距离突出煤层垂距小于 10 m 的区域掘进施工时,严禁任何 2 个工作面之间串联通风。

（十）通风系统防火设计检查

（1）开采容易自燃煤层的新建矿井，应当采用分区式通风或者对角式通风。初期采用中央并列式通风的只能布置 1 个采区生产。

（2）开采容易自燃煤层的采（盘）区，必须设置至少 1 条专用回风巷。

（十一）通风阻力测定检查

新井投产前必须进行 1 次矿井通风阻力测定，以后每 3 年至少测定 1 次。生产矿井转入新水平生产、改变一翼或者全矿井通风系统后，必须重新进行矿井通风阻力测定。

（十二）通风图纸检查

（1）必须按季绘制、按月修改通风系统图，通风系统图应标明风流方向、风量和通风设施的安装地点。

（2）必须绘制矿井通风网络图。

（十三）漏风管理检查

（1）采掘工作面的进风和回风不得经过采空区或者冒顶区。无煤柱开采沿空送巷和沿空留巷时，应当采取措施防止巷道与采空区之间的漏风。

（2）矿井必须实行严格的漏风管理、采取有效的防止漏风措施。浅埋深煤层回采后与地面有漏风时，应当优化通风系统，降低矿井通风阻力，充填封堵与采空区相连通的地面裂隙，尽量减少地面裂隙漏风。

（十四）巷道贯通通风系统调整检查

（1）巷道贯通前做好调整通风系统的准备工作。贯通后，必须停止采区内的一切工作，立即调整通风系统，风流稳定后，方可恢复工作。

（2）突出煤层掘进工作面与煤层巷道交叉贯通前，被贯通的煤层巷道必须超过贯通位置，其超前距不得小于 5 m，并且贯通点周围 10 m 内的巷道应加强支护。在掘进工作面与被贯通巷道距离小于 50 m 的作业期间，被贯通巷道内不得安排作业，应保持正常通风，并且在掘进工作面爆破时不得有人；在贯通相距 50 m 以前实施钻孔一次打透，只允许向一个方向掘进。

二、采区通风系统安全检查

（一）开拓水平、采区通风系统检查

（1）矿井开拓新水平和准备新采区的回风，必须引入总回风巷或者主要回风巷中。在未构成通风系统前，可引入生产水平的进风中。但在有瓦斯喷出或有突出危险的矿井中，开拓新水平和准备新采区时，必须先在无瓦斯喷出或无突出危险的煤（岩）层中掘进巷道并构成通风系统，并制定由企业技术负责人批准的安全措施，回风流中的甲烷和二氧化碳浓度不超过 0.5%。

（2）突出矿井、有突出煤层的采区应当有独立的回风系统，并实行分区通风，采区回风巷和区段回风石门是专用回风巷。

（3）生产水平和采（盘）区须实行分区通风，采（盘）区回风应直接进入主要回风巷或总回风巷。

（二）准备采区通风系统设计检查

矿井开拓或者准备采区时，在设计中必须根据该处全风压供风量和瓦斯涌出量编制通风设计。掘进巷道的通风方式、局部通风机和风筒的安装和使用等应当在作业规程中明确规定。

（三）准备采区通风系统检查

（1）准备采区，必须在采区构成通风系统后，方可开掘其他巷道。采用倾斜长壁布置的，大巷必须至少超前 2 个区段并构成通风系统后，方可开掘其他巷道。采煤工作面必须在采（盘）区构成完整的通风、排水系统后，方可回采。

（2）下山采区未形成完整的通风、排水等生产系统前，严禁掘进回采巷道。

（3）准备采区时，突出煤层掘进巷道的回风不得经过有人作

业的其他采区回风巷。

（四）生产采区通风系统检查

(1) 采(盘)区实行分区通风。高瓦斯矿井、突出矿井的每个采(盘)区和开采容易自燃煤层的采(盘)区，必须设置至少1条专用回风巷。

(2) 低瓦斯矿井开采煤层群和分层开采采用联合布置的采(盘)区，必须设置专用回风巷。

(3) 专用回风巷不得设置电气设备，突出矿井专用回巷风严禁行人。

(4) 采区进、回风巷必须贯穿整个采区，严禁一段为进风巷、一段为回风巷。

（五）巷道封闭检查

(1) 采煤工作面通至采空区的巷道要及时封闭。

(2) 采区开采结束后45天内，要全部封闭采空区及不用的巷道。

三、硐室通风安全检查

（一）爆炸物品库通风检查

井下爆炸物品库有独立通风系统，回风风流直接引入矿井的总回风巷或主要回风巷中。

（二）充电硐室通风检查

井下充电室有独立的通风系统。井下充电室，在同一时间内，5 t及以下的电机车充电电池的数量不超过3组、5 t以上的电机车充电电池的数量不超过1组时，可不采用独立通风，但必须在新鲜风流中。

（三）机电硐室通风检查

(1) 机电设备硐室必须设在进风风流中。采用扩散通风的硐室，深度不超过6 m、入口宽度不小于1.5 m，并且无瓦斯涌出。

(2) 个别机电设备设在回风流中的，必须安装甲烷传感器并实现甲烷电闭锁。

(3) 采区变电所及实现采区变电所功能的中央变电所,要有独立通风系统。

(四) 柴油贮存硐室检查

井下使用柴油机车,如确需在井下贮存柴油的,必须设有独立通风的专用贮存硐室,并制定安全措施。井下柴油最大贮存量不得超过矿井3天的柴油需要量。专用贮存硐室应当满足井下机电设备硐室的安全要求。

四、采掘工作面通风安全检查

(一) 突出矿井采煤工作面通风系统检查

(1) 工作面回风应当直接进入专用回风巷。工作面回风侧不得设置调节风量的设施。

(2) 工作面必须采用矿井全风压通风,禁止采用局部通风机稀释瓦斯。

(3) 有突出危险的采煤工作面严禁采用下行通风。

(二) 突出矿井掘进工作面通风系统检查

(1) 井巷揭穿突出煤层前,具有独立的、可靠的通风系统。

(2) 工作面回风应当直接进入专用回风巷。准备采区时,掘进巷道的回风不得经过有人作业的其他采区回风巷。工作面回风侧不得设置调节风量的设施。

(3) 突出煤层双巷掘进工作面不得同时作业,其他突出煤层区域预测为危险区域的采掘工作面,其进入专用回风巷前的回风严禁切断其他采掘作业地点唯一安全出口。突出煤层采用局部通风机通风时,必须采用压入式。

(三) 采煤工作面通风系统检查

采煤工作面必须采用矿井全风压通风,禁止采用局部通风机稀释瓦斯。

（四）沿空工作面通风系统检查

进风和回风不得经过采空区、冒顶区。无煤柱开采沿空送巷和沿空留巷时，要采取防止向采空区漏风的措施。同一煤层、同翼、同一采区相邻的正在开采的采煤工作面沿空送巷时，采掘工作面不得同时作业。

（五）采煤工作面下行通风检查

（1）煤层倾角大于12°的采煤工作面采用下行通风时，应当报矿总工程师批准。

（2）采煤工作面风速不得低于1 m/s。

（3）在进、回风巷中设置消防供水管路。

（4）有突出危险的采煤工作面严禁采用下行通风。

（六）掘进工作面通风方式检查

（1）掘进巷道要采用矿井全风压通风或局部通风机通风。

（2）煤巷、半煤岩巷和有瓦斯涌出的岩巷掘进采用局部通风机通风时，应当采用压入式，不得采用抽出式（压气、水力引射器不受此限）；如果采用混合式，必须制定安全措施。

（七）高瓦斯、突出矿井局部通风机安全装备管理检查

（1）压入式局部通风机和启动装置安装在进风巷道中，安装位置和风量符合要求。

（2）煤巷、半煤岩巷和有瓦斯涌出的岩巷掘进工作面按规定安设备用局部通风机，并能自动切换。

（3）局部通风机必须采用三专供电。

（4）专用变压器最多可向4个不同的掘进工作面的局部通风机供电；备用局部通风机电源必须取自同时带电的另一电源。

（5）严禁使用3台及以上局部通风机同时向1个掘进工作面供风。

（6）不得使用1台局部通风机同时向2个及以上作业的掘进工作面供风。

(八) 低瓦斯矿井局部通风机安全装备管理检查

(1) 压入式局部通风机和启动装置安装在进风巷道中,安装位置和风量符合要求。

(2) 局部通风机可不配备备用局部通风机,但正常工作的局部通风机必须采用“三专”供电;或者正常工作的局部通风机配备安装一台同等能力的备用局部通风机,并能自动切换。正常工作的局部通风机和备用局部通风机的电源必须取自同时带电的不同母线段的相互独立的电源,保证正常工作的局部通风机故障时,备用局部通风机能投入正常工作。不得使用1台局部通风机同时向2个及以上作业的掘进工作面供风。

(九) 其他地点局部通风机安全装备检查

(1) 压入式局部通风机和启动装置安装在进风巷道中,安装位置和风量符合要求。

(2) 局部通风机可不配备备用局部通风机,但正常工作的局部通风机必须采用“三专”供电;或者正常工作的局部通风机配备安装一台同等能力的备用局部通风机,并能自动切换。正常工作的局部通风机和备用局部通风机的电源必须取自同时带电的不同母线段的相互独立的电源,保证正常工作的局部通风机故障时,备用局部通风机能投入正常工作。

(十) 局部通风机安全装备检查

(1) 正常工作和备用局部通风机均失电停止运转后,必须人工开启局部通风机。

(2) 必须实现风电闭锁和甲烷电闭锁。使用2台局部通风机同时供风的,必须同时实现风电闭锁和甲烷电闭锁。

(十一) 局部通风机安全装备试验检查

每15天至少进行1次风电闭锁和甲烷电闭锁试验,每天应当进行1次正常工作的局部通风机与备用局部通风机自动切换试验,试验期间不得影响局部通风,试验记录要存档备查。

（十二）风筒安装检查

应采用抗静电、阻燃风筒。风筒口到掘进工作面的距离、正常工作的局部通风机和备用局部通风机自动切换的交叉风筒接头的规格和安设标准，应当在作业规程中明确规定。

（十三）掘进工作面停风管理检查

使用局部通风机通风的掘进工作面，不得停风；因检修、停电、故障等原因停风时，必须将人员全部撤至全风压进风流处，切断电源，设置栅栏、警示标志，禁止人员入内。

五、通风设备及反风安全检查

（一）主要通风机及附属装置检查

（1）装有通风机的井口必须封闭严密，其外部漏风率必须符合要求。

（2）必须安装 2 套同等能力的主要通风机装置，其中 1 套备用，备用通风机必须能在 10 min 内开动。严禁采用局部通风机或者风机群作为主要通风机使用。装有主要通风机的回风井井口应当安装防爆门，主要通风机必须装有反风设施。

（3）至少每月检查 1 次主要通风机。改变主要通风机转数、叶片角度或者对旋式主要通风机运转级数时，必须经矿总工程师批准。反风设施，每季度至少检查 1 次。防爆门每 6 个月检查维修 1 次。

（二）主要通风机房管理检查

（1）主要通风机房内必须安装水柱计（压力表）、电流表、电压表、轴承温度计等仪表，还必须有直通矿调度室的电话，并有反风操作系统图、司机岗位责任制和操作规程。

（2）严禁主要通风机房兼作他用。

（3）主要通风机的运转应当由专职司机负责，司机应当按每小时将通风机运转情况记入运转记录簿内。

（4）实现主要通风机集中监控、图像监视的主要通风机房可不设专职司机，但必须实行巡检制度。

（三）主要通风机性能测定检查

新安装的主要通风机投入使用前，必须进行试运转和通风机性能测定，以后每5年至少进行1次性能测定。主要通风机技术改造及更换叶片后必须进行性能测试。

（四）全矿井停风管理检查

(1) 矿井必须制定主要通风机停止运转的应急预案。因检修、停电或者其他原因停止主要通风机运转时，必须制定停风措施。

(2) 变电所或者电厂在停电前，必须将预计停电时间通知矿调度室。

(3) 主要通风机停止运转时，必须立即停止工作、切断电源，工作人员先撤到进风巷道中，由值班矿领导组织全矿井工作人员全部撤出。

（五）反风演习检查

(1) 主要通风机反风时的供给风量不应小于正常供风量的40％。每年应当进行1次反风演习。

(2) 矿井通风系统有较大变化时，应当进行1次反风演习。

第二节　矿井瓦斯防治系统的安全检查

矿井瓦斯系统的现场检查内容包括瓦斯抽采系统、煤与瓦斯突出、瓦斯管理和安全监测系统的检查。

一、矿井瓦斯抽采系统的安全检查

（一）抽采合理性的检查

采煤工作面瓦斯涌出量大于5 m^3/min，掘进工作面大于3 m^3/min，采用通风方法解决瓦斯问题不合理时，应考虑瓦斯抽采。

（二）抽采系统完备性的检查

现场检查时，根据资料综合分析，是否具备瓦斯抽采所必需的设施、设备和相关的安全设施、检测设施、放水设施等。

（三）采抽关系的检查

对高瓦斯矿井来说，要出煤，就必须抽采瓦斯，因此，瓦斯抽采是高瓦斯矿井采掘过程中的一个重要环节。很多矿井都把采、掘、抽这三个环节按一定比例关系进行安排准备，如果它们之间的比例失调，在采掘过程中必然会造成严重的瓦斯威胁，不仅不能出煤，还会酿成重大事故。因此，采抽关系是抽采矿井检查的重要项目。

在检查时，要查预抽区抽采瓦斯与采煤、掘进的关系，即所谓的采抽比关系。一个采区开采时必须有几个采区抽采瓦斯，这是一个非常复杂的计划安排过程，它与一个矿井的井型、每个采区的可采量、生产能力、开采时间、准备时间、抽采时间、抽出率等多种因素有关。抚顺矿区的采抽比为 1∶3，即开采 1 个采区必须要有 3 个抽采区。在检查中，要遵循已抽采后的保护煤量大于年产量的原则，否则就是抽采不充分。在开采时，要采取边采边抽或其他安全措施。

（四）瓦斯抽采泵站的检查

（1）检查泵房构筑材料是否是不燃性材料。

（2）检查地面泵房有无防雷电保护装置。

（3）检查泵站距进风井口和主要建筑物的距离是否大于 50 m，有无栅栏和围墙保护；地面泵房周围 20 m 范围内是否有明火。

（4）检查是否备用一套瓦斯泵及附属设备。

（5）检查泵房内的电气设备及仪表是否采用防爆型，有无安全措施。

（6）检查泵房内有无电话直通矿调度室。

（7）检查瓦斯浓度、流量、压力的仪表是否齐全。

（8）检查是否有专人值班，并经常检查管路中的瓦斯浓度；抽采泵的运转记录及修泵时间、措施如何。

(9) 检查泵房是否在停泵时通知用户。

(10) 检查干式抽采瓦斯泵吸气管路中以及瓦斯利用的抽采泵吸气和出气的管路中是否有防回火、防回气和防爆炸安全装置。

(11) 检查瓦斯被利用时,抽采的瓦斯浓度是否小于30%。

(12) 检查瓦斯不被利用时,干式抽采浓度是否小于26%。

(五) 瓦斯抽采主要管路的检查

(1) 检查瓦斯抽采主要管路是否按计划施工接设。

(2) 检查瓦斯抽采主要管路管径是否符合有关规定。

(3) 检查瓦斯抽采管路是否靠帮,吊挂的管路是否每一节都用两根铅丝吊牢。

(4) 检查瓦斯抽采管路之间的连接螺丝是否齐全。

(5) 检查瓦斯抽采管路是否有漏气(进气)、破孔洞,在两条巷道的交叉处是否能保证通车行人。

(6) 检查瓦斯抽采管路中有无防止同带电物体接触和碰坏管路的措施。

(7) 检查瓦斯抽采管路低洼处是否有放水装置。

(8) 检查瓦斯抽采管路是否有一定数量的测孔。

瓦斯主要管路会出现的主要问题有水堵塞瓦斯管路,造成抽采区、抽采钻场、钻孔正压,严重的会造成大量瓦斯涌出;瓦斯管被破坏,进入空气;造成抽采浓度降低。

(六) 瓦斯抽采区、抽采钻场、钻孔的检查

对一个矿井来说,瓦斯抽采区可分为预抽区、边采边抽区及采空区,因此,可分开进行检查。

1. 预抽区钻场、钻孔及管路的检查

(1) 检查钻场之间的距离,钻孔的布置,抽采负压,钻场及钻孔的施工管理(包括检查、测量)。钻场、钻孔之间的距离可根据抽采的影响半径来确定,一般来说钻场距离在影响半径之内为好,但

也不是越近越好，可根据矿井实际情况而定。

（2）检查时，可根据矿井所定的距离进行检查。每个钻场的断面（长、宽、高）支护形式应以能摆开钻机为宜，长度不应超过6 m，支护应完好、无活石。钻孔布置应按设计图纸施工，钻孔应打到煤层顶板，封孔要严密不漏气。钻场中要有栅栏、警标、检查牌板、钻孔布置牌板，以及负压表和测孔及放水器。

（3）钻场、钻孔的施工要制定安全措施，尤其是打突出煤层的钻孔，要有打钻防突的安全措施。相关措施内容包括：钻孔见煤之前，先将排放瓦斯管路铺成，实行边钻边抽或将钻孔中的瓦斯引入回风巷中；钻杆同管口接触处，要用耐磨不燃性材料封堵严密；加大施工钻场的风量；安设瓦斯自动检测报警断电仪或瓦斯检定器，经常进行检查，保持施工中的钻孔有一定的抽采负压。当抽采系统发生故障、碰见顶钻、瓦斯大量涌出、钻孔内有响声时，要立即停止进钻并撤人。

2. 边采（掘）边抽区的检查

检查边抽率是否达到设计指标；钻场密度是否满足设计抽采量的要求；钻孔抽采负压是否大于通风作用在该处钻孔的压差；钻孔开孔位置是否布置在围岩稳定的煤层中，终孔是否打到瓦斯密集的破裂的区（带）；封孔是否严密不漏气，封孔深度在煤层中是否大于5 m，在岩石中是否大于3 m；钻场是否是专用的，钻孔布置方式、深度和角度大小是否在设计中明确规定。检查时，发现问题要及时整改，尤其要避免钻孔出现正压、瓦斯大量涌出及抽采瓦斯管路堵塞现象。

3. 采空区抽采瓦斯的检查

（1）抽采点必须用不燃性材料建筑永久性密闭，其厚度不得小于600 mm，每个密闭前都要设反水池，要设灌浆管。

（2）每个抽采钻场的抽采瓦斯管上都要设阀门、观测孔、流量计（或流量孔）、水柱计和放水装置。在检查中，主要检查漏气情况和孔内温度，当温度高时，要及时通知有关人员灌浆注水，以防采空区着火。

二、煤与瓦斯突出的安全检查

（一）区域性防突措施的检查

1. 预抽瓦斯

当突出煤层的透气性系数等于或大于 0.001 时，应采取预抽瓦斯措施，否则就是不合格。采取措施后，突出煤层残余瓦斯含量应小于该煤层在该突出区域始突出深度的煤层原始瓦斯含量，否则为不合格。计算煤层瓦斯预抽率应大于 30%，否则为不合格。

2. 开采保护层

检查保护层与被保护层间的距离是否满足要求；保护层的保护范围是否符合要求；开采保护层是否报矿总工程师批准；开采保护层时，采空区是否留有煤柱，如果必须留煤柱，是否经集团总工程师批准。

3. 效果检验

预抽煤层瓦斯或开采保护层以后，必须进行效果检验。主要检查 4 个指标：煤的破坏类型，瓦斯放散初速度 Δp_1，煤的坚固性系数 f_1，煤层瓦斯压力 p_0。如果其中有一项指标不合乎要求，说明突出危险依然存在，还需要重新采取措施。

（二）突出煤层中施工的检查

（1）对突出煤层中施工时通风系统的检查。突出煤层施工中应该具备独立回风系统，在现场检查中，发现突出煤层施工的回风进入其他采掘区域时，要立即停止工作，并追究责任。

（2）对突出矿井巷道布置的检查。如果不合乎要求，要通知有关部门立即整改。

（三）局部防突措施的检查

1. 对石门揭穿突出危险煤层时的检查

（1）检查在石门工作面距突出煤层 10 m 以内是否有防治突

出的专门设计和措施，并报集团总工程师批准。如果没有设计、专门措施，以及未经集团总工程师的批准，应立即停止石门掘进。

(2) 检查石门是否布置在地质构造复杂的破坏地带，可以根据巷道布置的地质资料剖面图对照检查。石门与突出煤层中已掘巷道贯通时，该巷道应超过石门贯通位置 5 m 以上，并保持正常通风。

(3) 对石门揭穿突出危险煤层专门设计内容的检查应对照专门设计图纸以及施工取岩芯记录资料进行。在石门距煤层 10 m 时，应打 2 个穿煤层全厚的钻孔，钻孔一直打到煤层顶(底)板不小于 0.5 m 处，其倾角不同可以保证确切掌握煤层厚度、倾角变化以及地质构造和瓦斯情况。

(4) 在距突出煤层 5 m 时，打 2 个测压钻孔，测定突出煤层的瓦斯压力。当瓦斯压力大于 1 MPa 时，必须采取防突措施；只有当瓦斯压力小于 1 MPa 时，才能揭穿石门。现场检查时，既可查看实测瓦斯压力资料，也可实际观察现场实测孔的压力表。

(5) 对石门揭穿突出煤层留设岩柱的检查，要根据防治突出措施和岩石的性质、煤层的倾角进行，急倾斜煤层岩柱厚度不得小于 3 m，缓倾斜煤层岩柱厚度不得小于 2 m。禁止用震动性爆破揭穿煤层。

(6) 不管采取哪种防突措施，都必须进行效果检验的检查。如果检验结果中 4 项指标有一项达不到要求，就不能揭穿突出煤层。

(7) 当石门揭穿突出危险煤层时，检查的重点内容有：揭穿突出煤层前是否有防突措施，是否进行效果检验，检验是否合乎要求；是否有独立可靠的回风系统；是否在入风侧设置两道坚固的反向风门；原煤层顶(底)板是否都是按震动性爆破措施管理；爆破参数、爆破地点、避灾路线、停电、撤人、警戒范围、自救器、专职瓦斯检查工以及安全防护措施是否具备。措施不全，无专门设计，设计不经矿总工程师批准的，都不准进行揭穿突出煤层的工作。

2. 煤巷掘进防突措施的检查

检查内容包括是否有煤巷掘进的专门防突措施；是否报矿总工程师批准；是否布置2个相向的工作面同时回采；是否有安全防护措施。

3. 管理措施的检查

管理措施包括组织领导、人事安排、经费、管理制度、图纸资料台账以及培训等内容。

4. 组织机构及各种记录、计划的检查

在此项检查中，重点检查集团、矿的防突机构是否有年度计划，是否每月召开1次防突领导小组会，是否有会议记录；检查防突专业组各种防突措施的编制，集团、矿领导的审批意见。

5. 综合防突措施的检查

综合防突措施检查的内容包括突出危险性预测、防治突出措施、效果检验、安全防护措施，以及现场作业人员的培训及发证情况等。

三、矿井瓦斯管理的安全检查

矿井主要进风井井筒、大巷，在一般情况下不会出现瓦斯问题，但是由于有的进风井井筒、大巷穿过煤层或打在煤层中，有的穿过与煤层相通的地质破坏带，有的距煤层较近或已采区密闭不好等，风流中可能出现瓦斯浓度超过0.5%的现象。

检查时当发现风流瓦斯浓度超过0.5%时，要立即通知通风部门和矿总工程师检查原因并进行处理；当发现有局部瓦斯积聚时，要通知通风部门采取措施进行处理，在20 m半径范围内停止一切机电设备运转；在架线式机车的大巷中出现瓦斯积聚时，要切断电源，进行处理。

《煤矿安全规程》对采掘工作面的瓦斯浓度检查次数规定如下：

(1) 低瓦斯矿井，每班至少 2 次。

(2) 高瓦斯矿井，每班至少 3 次。

(3) 突出煤层、有瓦斯喷出危险或者瓦斯涌出较大、变化异常的采掘工作面，必须有专人经常检查。

四、安全监测系统的安全检查

随着煤炭科学技术的发展和煤矿装备水平的提高，煤矿安全监测监控系统所起的作用越来越大，保证其安全可靠运转十分重要。安全检查的主要内容如下。

(1) 检查甲烷等传感器数量是否满足生产要求，甲烷传感器是否垂直悬挂，距顶板是否不大于 300 mm，距巷道侧壁是否不小于 200 mm；风速、压差、温度、一氧化碳传感器是否悬挂在能正确反映该点测值的地点。

(2) 检查井下主机或分站是否安设在便于人员观察、调试、检验，支护良好，无滴水、无杂物的进风巷或硐室之中；是否加垫支架，距巷道底板是否不小于 300 mm 或悬挂在巷道之中。

(3) 检查井下监测设备之间是否使用不延燃电缆连接，每隔 100 m 是否有长度为 100 mm 的黄色标志。

(4) 检查声、光报警器是否悬挂在经常有人工作、便于观察的地点。

(5) 检查中心站是否配备备用计算机、打印机和显示器，是否使用不间断电源。

(6) 检查设备备用量是否不小于 20%，是否配有零配件和维修校正用仪表。

(7) 检查是否使用校准气样和空气样按产品说明书的要求对甲烷传感器、甲烷检测仪、甲烷报警矿灯等进行定期调校。

(8) 检查设施发生故障、井下无法处理时是否在 24 h 内更换。

(9) 检查设施在井下连续运行 6～12 个月后，是否运到井上进行全面维修。

(10) 检查是否建立健全安全监测系统管理制度、安全检查工岗位责任制,并有效实施。

(11) 检查是否建立设备仪表台账、装置故障登记表、检修记录、巡检记录、中心站运行日志,装置使用情况的月报、季报、监测信息是否及时呈报有关部门和人员。

五、瓦斯事故预防措施的安全检查

加强矿井通风管理和瓦斯管理(通常是“一通三防”管理),防止瓦斯积聚和浓度超限,杜绝瓦斯超限作业,杜绝引爆火源,是预防瓦斯事故的根本措施。在日常检查中,安全检查工对瓦斯事故预防措施的安全检查重点内容如下。

(1) 矿井必须加强“一通三防”管理工作,加强领导,明确责任制度,完善管理制度,从严管理,切实把预防瓦斯事故当作矿井整个管理和安全工作的重中之重,抓紧落实,务求实效,坚决杜绝瓦斯事故的发生。

(2) 加强通风管理,防止瓦斯积聚超限。严格按规定对瓦斯进行检查,杜绝瓦斯检查中空班漏检和假报瓦斯检测数据,健全有效的瓦斯检查和控制的“三道防线”。杜绝超限作业是防止瓦斯事故的基础和关键。

(3) 矿井总回风巷或一翼回风巷中瓦斯或二氧化碳浓度超过0.75%时,必须立即查明原因,进行处理。

(4) 采区回风巷、采掘工作面回风巷风流中瓦斯浓度超过1.0%或二氧化碳浓度超过1.5%时,必须停止工作,撤出人员,采取措施,进行处理。

(5) 采掘工作面及其他作业地点风流中瓦斯浓度达到1.0%时,必须停止用电钻打眼;爆破地点附近20 m以内风流中瓦斯浓度达到1.0%时,严禁爆破。

采掘工作面及其他作业地点风流中、电动机或其开关安设地点附近 20 m 以内风流中的瓦斯浓度达到 1.5%，必须停止工作，切断电源，撤出人员，进行处理。

采掘工作面及其他巷道内，体积大于 0.5 m^3 的空间内积聚的瓦斯浓度达到 2.0%时，附近 20 m 范围内必须停止工作，撤出人员，切断电源，进行处理。

对因瓦斯浓度超过规定被切断电源的电气设备，必须在瓦斯浓度降到 1.0%以下时，方可通电开动。

(6) 采掘工作面风流中二氧化碳浓度达到 1.5%时，必须停止工作，撤出人员，查明原因，制定措施，进行处理。

(7) 矿井必须从采掘生产管理上采取措施，防止瓦斯积聚。当发生瓦斯积聚时，必须及时处理。

矿井必须有因停电和检修主要通风机停止运转或通风系统遭到破坏后恢复通风、排除瓦斯和送电的安全措施。恢复正常通风后，所有受到停风影响的地点，都必须经过通风、瓦斯检查工的检查，证实无危险后，方可恢复工作。所有安装电动机及其开关的地点附近 20 m 的巷道内，都必须检查瓦斯，瓦斯浓度符合《煤矿安全规程》规定后，方可开启。

临时停工的地点不得停风，否则必须切断电源，设置栅栏、提示警标，禁止人员进入，并向矿调度室报告。停工区内瓦斯或二氧化碳浓度达到 3.0%时或其他有害气体浓度超过《煤矿安全规程》的规定不能立即处理时，必须在 24 h 内封闭完毕。

恢复已封闭的停工区或采掘工作面接近这些地点时，必须事先排除其中积聚的瓦斯，排除瓦斯工作必须制定安全技术措施。

(8) 严格禁止在停风或瓦斯超限的区域内工作。

(9) 高瓦斯矿井煤巷掘进工作面应安设隔(抑)爆设施。

(10) 杜绝引爆火源，尤其要加强机电设备管理、消灭电气设备失爆。对按钮、电铃、打点器等常用的、移动的"五小"电气设备应作为防爆管理和检查的重点。

(11) 加强带式输送机的管理,底托辊和输送机机头是关键部位,要防止输送带打滑和底输送带摩擦发热着火引爆瓦斯。因此,要有防滑保护、煤仓堆煤保护和过热保护,还应有烟雾报警、断电和自动喷水灭火装置。

(12) 液力耦合器应使用难燃液,并保持易熔保险塞良好、有效,防止过载发热而发生火灾引爆瓦斯。

(13) 供电系统坚持用漏电断电保护,防止电缆漏电短路着火引爆瓦斯。所有电缆要认真吊挂不准拖地,电缆上不准有"羊尾巴"及明接头。

(14) 加强采空区管理,及时封闭,杜绝向采空区跑风、漏风,防止采空区产生高温火点引爆瓦斯。

(15) 加强爆破管理,严格规范装配引药、装药和爆破操作,封泥长度必须符合规定并使用水炮泥,严禁放糊炮、明炮和明火爆破。杜绝爆破引爆瓦斯。

(16) 井下严禁打开头灯。严禁带电移挪电气设备。

第三节　矿井防尘系统的安全检查

矿井防尘系统检查的重点包括:检查防尘洒水系统的有效性,水量、水压、供水管路是否满足矿井降尘的需要;检查矿井喷雾降尘、洒水降尘等工作是否正常进行,以及降尘效果如何等。

检查的具体内容包括以下几个方面。

(1) 检查蓄水池容积水量是否满足矿井防尘洒水的需要;水压是否达到洒水、注水的要求。检查时,根据注水钻场注水量与洒水量之和确定全矿需水量。一般情况下有水源补充时,蓄水池水量应为矿井日需水量的2倍以上;如果水源补充不及时,应为日需水量的10倍。

(2) 检查供水管径能否满足需要；大巷供水管路每 50 m 是否设置调节阀门；供水管路是否靠帮靠顶；供水管路通过巷道交叉处时是否妨碍行人和通车。应根据用水量和压力进行检查，发现供水不足、管径小、漏水或堵塞时，要及时通知整改。

(3) 检查工作地点的喷洒头是否足够；喷雾时是否呈雾状；水质是否清洁，不清洁时有无过滤装置。主要检查井下煤仓、溜煤眼、翻罐笼、装煤转载点的喷雾装置及其使用情况。

(4) 检查井巷清扫、冲洗是否正常进行，巷道有无积尘。

(5) 检查矿井是否有完备的防尘资料，包括煤尘爆炸鉴定报告、矿井综合降尘措施、清扫煤尘记录、防尘洒水系统图、注水钻场及钻孔台账、防尘洒水月报和季报等。

第四节　矿井防灭火系统的安全检查

一、煤炭自然发火常见地点

断层线附近，采煤工作面进风巷、回风巷和停采线附近，遗留煤柱、破裂的煤壁、煤巷的高冒处、假顶工作面、密闭墙内、溜煤眼、联络巷及浮煤堆积的地方，都是煤炭自然发火高发地点。

二、直接灭火方法

(一) 常用灭火剂

1. 水

水是最经济且来源广泛的灭火材料。用水灭火时，应注意以下事项。

(1) 水是导电的，所以用水灭电气火灾时，必须首先切断电源。

(2) 由于水比油重，不能用水扑灭油类火灾。

(3) 水流应从火源的外围逐渐逼近火区中心。

(4) 水量必须充足。

(5) 人要站在上风侧保证正常通风,及时排除火烟和水蒸气。

2. 泡沫

泡沫是一种体积小、表面由液体围成的气泡群。泡沫的比重小但流动性好,可实现远距离立体灭火,具有持久性和抗燃烧性,导热性能低、黏着力大。但是,泡沫能导电,在扑灭电气设备火灾时,必须切断电源。

3. 干粉

干粉灭火器应用范围较广。

4. 砂子和岩粉

砂子和岩粉能覆盖火源,可将燃烧物和空气隔绝,从而使火熄灭。砂子和岩粉可用来熄灭电气设备和油类火灾。

(二) 挖除火源

当火灾处于初起阶段、波及范围不大、火区无瓦斯积聚、无煤尘爆炸危险,且火源位于人员可以直接到达的地点时,可以将已经发热或燃烧的煤炭及其他可燃物挖除、消灭、运出井外。

但是,此法具有一定的危险性,要组织力量制定严格的安全措施,力求在最短的时间内完成。

三、现场检查重点

矿井地质条件与开采技术条件不同,其防灭火方法和技术手段也会有差别。在现场检查过程中,应根据矿井实际情况,重点检查以下五个方面。

(一) 灌浆系统检查

(1) 检查灌浆站的容积、蓄水池水量、取土场的大小是否满足井下防灭火的要求。检查时,应根据井下需浆量进行分析。

(2) 检查灌浆管管径是否与灌浆量相适应;管路架设是否平直,是否靠帮和靠腰线以上架设;管路每隔 20～50 m 是否有安全阀;管路压力倍线是否大于 3.5 倍。应一段一段地检查,发现问题,及时通知有关部门整改。

(3) 检查采区设计中是否明确规定灌浆系统、输水系统，是否有疏水和灌浆后防溃浆、突水的措施。

(二) 注氮系统

(1) 检查氮气是否充足，浓度是否在97%以上。

(2) 检查是否有专用氮气输送管路及其附属安全设施。

(3) 检查注氮管路是否平直、严密、不漏气，低洼处是否有放水设施。

(4) 检查是否有能连续监测采空区气体变化的监测系统；是否有专人定期进行检查、分析和整理有关记录。

(三) 地面消防水池和井下消防管路系统检查

(1) 检查消防水池是否经常保持200 m^3 以上的水量。

(2) 检查消防管路是否每隔100 m设置支管和阀门，带式输送机巷道中的消防管路是否每隔50 m设置支管和阀门。应按照要求对照现场进行分段检查。

(四) 防火措施检查

(1) 检查木料场、矸石山距进风井的距离是否小于80 m。

(2) 检查进风井口是否装设防火铁门，或是否有防止烟火进入矿井的安全措施。

(3) 检查《煤矿安全规程》规定禁用可燃性材料支护的地点是否使用可燃性材料。

(4) 检查使用电焊、气焊和喷灯焊接时，是否有安全措施并经矿长批准。

(5) 检查井上、井下是否按规定设置消防材料库。

(6) 检查每季度矿长是否组织矿井防火检查。

(五) 火区管理

(1) 检查是否绘制火区位置关系图，是否建立火区管理卡片。

(2) 检查火区所有永久性防火墙是否都有编号，并在火区位置关系图中注明。

(3) 检查是否按《煤矿安全规程》要求进行防火墙管理。

(4) 检查启封已熄灭火区是否制定安全措施,并报矿务局总工程师批准。

第五节　采煤工作面与掘进工作面“一通三防”的安全检查

一、采煤工作面“一通三防”的安全检查

采区瓦斯涌出集中,产尘量大,工作面又处于移动之中,容易发生“一通三防”事故。由于通风与瓦斯、煤尘和火灾防治的关系密切,安全检查中要进行综合评价。

现场安全检查的重点包括:采区通风系统的完备性及其抗灾防灾能力;采煤工作面回风隅角,这是采煤工作面瓦斯浓度最高的区域,当回风流瓦斯浓度达 0.7%～0.8%时,回风隅角瓦斯就可能超限;采煤机机组附近,这是瓦斯涌出集中、产尘量大的地点;采煤工作面回风巷。

检查的主要内容与方法如下。

(一) 采区通风的检查

重点检查采区通风系统是否健全,是否采用分区通风,采采串联、采掘串联是否符合《煤矿安全规程》规定;采煤工作面通风形式和风速是否符合有关要求,风量能否满足排放瓦斯和煤尘的要求;采区尤其是采空区漏风情况;采区通风是否稳定可靠。

具体检查内容如下。

(1) 检查工作面的配风量是否符合《煤矿安全规程》规定。

(2) 检查风速是否超过《煤矿安全规程》规定。

(3) 检查采区巷道断面是否影响通风的要求。

(4) 检查工作面的温度是否超过 30 ℃。

(5) 检查同煤层上、下相邻两个工作面总长度超过 400 m 是

否有串联通风。

(6) 检查工作面(回采)与相邻掘进巷道口是否有1次以上的串联通风。

(7) 检查采煤工作面与硐室工作面是否有1次以上的串联通风。

(8) 检查在地质构造复杂或残采地区的采煤工作面2次以上的串联通风,3个工作面总长度超过100 m时,是否经局长批准。

(9) 检查工作面是否用局部通风机通风。

(10) 检查采区内的回风是否是专用回风道。

(11) 检查是否有一段为入风、一段为回风的情况。

(12) 检查煤层倾角大于12°的采煤工作面采用下行风时,风速是否超过1 m/s。

(13) 检查突出工作面是否采用下行通风。

(14) 检查采区内的漏风是否进入采空区。

(15) 检查采区内是否有控制风门。

(16) 检查采区内的风量是否能进行调节。

(17) 检查采区内的角联网络是否稳定。

(18) 检查采区巷道是否有无风的地点。

(二) 瓦斯防治的检查

重点检查采区瓦斯治理是否有效,是否存在瓦斯积聚;瓦斯管理制度是否健全和有效执行;应急措施和避灾路线是否完善。

具体检查内容如下。

(1) 检查采区进风巷道风流中的瓦斯浓度超过0.5%时,是否采取措施、是否切断工作面的所有电源。

(2) 检查工作面风流瓦斯及回风巷道的瓦斯浓度达到1%时,是否停止打眼。

(3) 检查工作面风流瓦斯浓度超过1.5%时,是否停止工作、撤出人员、切断电源并进行处理。

(4) 检查爆破地点附近 20 m 以内风流中瓦斯浓度在 1%时，是否爆破。

(5) 检查电动机或其开关附近 20 m 以内风流中瓦斯浓度达到1.5%，是否停止运转、撤出人员、切断电源进行处理。

(6) 检查采区内有无体积大于 0.5 m^3、浓度达 2%的瓦斯积聚地点。

(7) 检查瓦斯积聚附近的 20 m 内是否停止工作，撤出人员，切断电源进行处理。

(8) 检查采掘工作面风流中二氧化碳浓度达到 1.5%时，是否停止工作、撤出人员、查明原因、采取有效措施并报矿总工程师批准进行处理。

(9) 检查排放瓦斯有无安全措施。

(10) 检查排放瓦斯时，是否有班组长、电工、瓦斯检查工在场。

(11) 检查瓦斯检查工是否配齐。

(12) 检查高瓦斯工作面和煤与瓦斯突出工作面是否配有专职瓦斯检查工。

(13) 检查高瓦斯工作面是否每班检查瓦斯 3 次，低瓦斯工作面是否每班检查瓦斯 2 次。

(14) 检查瓦斯检查是否有记录，是否做到检查牌板(检查箱)、记录、汇报“三对口”。

(15) 检查工作面是否有瓦斯检查牌板(检查箱)，是否认真填写。

(16) 检查瓦斯检查工检查记录是否随身携带，记录是否齐全。

(17) 检查瓦斯检查工是否在现场交接班，有无脱岗现象，有无漏检行为。

(18) 检查仪器使用是否正常、准确。

(19) 检查工作面是否执行“一炮三检”制度。

(20) 检查在停风区内是否有人作业。

(21) 检查停风区是否有栅栏、警示标志,是否禁止人员进入。

(三) 煤尘防治的检查

重点检查风流中煤尘浓度是否超限,是否存在积尘,防尘措施是否有效。

具体检查内容如下。

(1) 检查采区(工作面)风流中的含尘量是否符合要求。

(2) 检查在采区巷道两帮顶、底,管子、支架上是否有厚度超过 2 mm、长度超过 5 m 的积尘。

(3) 检查是否有清洗煤尘制度,对巷道是否经常清洗。

(4) 检查爆破前后是否洒水。

(5) 检查是否使用水炮泥,每个炮眼的水炮泥数量是多少。

(6) 检查采区刮板输送机、带式输送机、转载点是否有喷雾洒水装置,是否灵活、可靠。

(7) 检查工作面是否采用湿式煤电钻进行打眼。

(8) 检查工作面是否有煤层注水措施,注水量、时间、水压是否满足要求。

(9) 检查注水后湿润煤量是否满足要求。

(10) 检查注水钻场、钻孔是否满足注水要求。

(11) 检查注水钻场、钻孔是否有注水表、压力表,是否有人经常检查。

(12) 检查封孔质量是否合乎要求,有无漏水的地点。

(13) 检查供水管路是否合乎防尘、洒水、注水的要求。

(14) 检查供水管路有无阀门控制。

(15) 检查供水管路是否接到所有供水地点。

(16) 检查供水管路有无漏水的地点,是否经常修理。

(17) 检查割煤机的内外喷雾使用是否正常,是否经常清洗堵塞喷雾的煤粉。

(18) 检查岩粉棚、水棚、水袋、水槽的岩粉量、水量是否满足要求。

(19) 检查隔爆设施安设的位置是否合适,是否能起到隔爆作用。

(20) 检查每个隔爆棚的间距是否合乎要求,吊棚是否合适。

(21) 检查岩粉棚的岩粉是否经常更换,有无结块。

(22) 检查水棚、水槽的水质是否清洁,是否经常补充并清扫槽内的杂物。

(四) 自然发火防治的检查

重点检查采区是否具备较大自然发火危险,防治自然发火的措施是否有效,

具体检查内容如下。

(1) 检查采区巷道是否布置在煤层中,有无防火措施。

(2) 检查是否采用后退式布置工作面。

(3) 检查是否对旧巷认真处理。

(4) 检查巷道冒顶是否处理。

(5) 检查高顶有无搭凉棚并处理。

(6) 检查打穿矸过破碎地点是否处理。

(7) 检查三角点是否处理。

(8) 检查工作面结束后是否处理。

(9) 检查采区结束后是否在 45 d 内进行永久性封闭。

(10) 检查采区内温度是否超过 30 ℃,如果超过是否处理。

(11) 检查采区一氧化碳浓度大的地点是否经常采取措施进行处理。

(12) 检查是否经常进行气体分析。

(13) 检查对 30 ℃高温,一氧化碳的浓度为 0.001%,个别地点一氧化碳的浓度达 0.000 5%时,是否经常处理。

(14) 检查对隐患地点是否经常注水，能否起作用。

(15) 检查采空区是否根据推进度经常注泥浆、阻化剂和河沙。

(16) 检查泥水比、阻化剂浓度是否合乎要求。

(17) 检查是否采用注氮防火，注氮的浓度是否在97%以上。

(18) 检查注氮管、注泥管、注砂管是否接设到位。

(19) 检查灭火管路的接设是否满足要求，平时堵管口有无异物或有无煤块在管内。

(20) 检查是否采用束管监测，其探头位置是否合适。

(21) 检查是否利用束管监测来分析自然发火规律，有问题是否及时处理。

二、掘进工作面"一通三防"的安全检查

掘进巷道常采用局部通风设备通风，可靠性容易受到干扰而发生事故。资料表明，掘进工作面瓦斯煤尘爆炸事故占爆炸事故总数的60%～70%。因而，有必要加强对掘进"一通三防"的安全检查。

掘进工作面"一通三防"安全检查的重点包括：通风系统的完备性，必须具备完备的通风系统，采用局部通风机通风或全风压通风，禁止扩散通风；通风系统的可靠性，尤其是局部通风机的安全可靠运转和风筒管理。

检查的主要内容如下。

(一) 局部通风机的检查

(1) 检查风机是否为低噪声，或者是否安设消声器。

(2) 检查风机有无整流器、高压垫圈及吸风罩，入风处有无风流净化装置。

(3) 检查风机是否安设在进风流中，距巷道回风口是否大于10 m。

(4) 检查风机吸风量是否小于全风压供给该处的风量，是否产生循环风。

(5) 检查风机吊挂是否结实。

(6) 检查安装在底板的风机是否加垫,垫高是否大于 300 mm,是否牢靠。

(7) 检查风机是否有"三专两闭锁"装置,是否有效使用。

(8) 检查风机是否有专人管理,是否保持正常运转,停风时是否撤出人员、切断电源。

(9) 检查风机并联运转是否做到风量、风压匹配。

(二) 风筒的检查

(1) 检查是否使用抗静电阻燃风筒。

(2) 检查风筒是否环环吊挂,是否做到"两靠一直"(靠帮、靠顶,平直)。

(3) 检查末节风筒距工作面的距离,在岩巷是否不大于 10 m,在煤巷是否不大于 5 m。

(4) 检查风筒分叉有无三通,拐弯是否平缓。

(5) 检查风筒间接头是否不漏风,风筒有无破口。

(三) 瓦斯管理的检查

瓦斯管理安全检查的重点包括:工作面风流中的瓦斯浓度是否超限;瓦斯超限时是否按《煤矿安全规程》要求采取措施;是否存在瓦斯积聚;瓦斯监测传感器的设置、报警、断电浓度及控制断电范围的设定是否符合规定;瓦斯检查是否按规定执行。

具体检查内容如下。

(1) 检查进风流中瓦斯和二氧化碳浓度是否超过 0.5%,氧气浓度是否低于 20%。

(2) 检查工作面及其回风巷风流瓦斯浓度超过 1%时,是否停止打眼。

(3) 检查工作面瓦斯或二氧化碳浓度超过 1.5%时,是否停止工作、撤出人员、切断电源。

(4) 检查爆破地点附近 20 m 内瓦斯浓度超过 1%时，是否停止爆破。

(5) 检查电动机附近 20 m 内瓦斯浓度达到 1.5%时，是否停止运转、撤出人员、切断电源。

(6) 检查有无体积大于 0.5 m^3、空间内浓度达到 2%的瓦斯积聚地点。如果有，检查附近 20 m 内是否停止工作、撤出人员、切断电源、进行处理。

(7) 检查瓦斯浓度达到 3%、其他有害气体超过规定不能立即处理时，是否在 24 h 内封闭。

(8) 检查是否执行瓦斯检查制度、“一炮三检”制度和“三人连锁爆破”制度。

(9) 检查瓦斯检查工是否配齐，其资质是否达到《煤矿安全规程》要求。

(10) 检查工作面是否设置瓦斯检查牌板，是否认真填写。

(11) 检查瓦斯检查工检查记录是否随身携带，填写是否齐全、认真，有无脱岗现象。

(12) 检查瓦斯检测仪器是否完好，精度能否保证。

(13) 检查瓦斯检测传感器是否按规定设置和使用。

(四) 防尘管理的检查

防尘管理安全检查的重点包括：有无防尘设计；有无风流净化措施；矿尘浓度和落尘堆积是否超过规定；工作面防尘措施是否有效；是否建立矿尘检查与测定制度；是否执行个体防护措施。

具体检查内容如下。

(1) 检查掘进巷道风流中矿尘浓度是否符合规定。

(2) 检查巷道是否有积尘，是否经常清扫。

(3) 检查工作面是否用采用湿式打眼。

(4) 检查工作面爆破前后是否洒水降尘。

(5) 检查工作面是否使用水炮泥。

(6) 检查掘进机内外喷雾是否正常使用。

(7) 检查工作面注水时水压、时间、注水量是否满足要求。

(8) 检查隔爆设施的位置、间距、岩粉(水)量是否符合规定，是否有人管理。

(9) 检查是否制定和执行矿尘测定制度。

(10) 检查工作人员的个体防护情况。

(五) 防火管理的检查

(1) 检查掘进过程中出现高顶、高冒时，是否有浮煤，是否搭凉棚。

(2) 检查是否建立自然发火预测预防制度，专用防火记录簿的使用是否正常。

(3) 检查有自然发火隐患时，是否认真处理。

(4) 检查消防管道是否接到掘进巷道中。

第十四章　煤矿防治水安全检查

第一节　防治水基础工作的安全检查

煤矿防治水工作应当坚持“预测预报、有疑必探、先探后掘、先治后采”的原则，根据不同水文地质条件，采取探、防、堵、疏、排、截、监等综合防治措施。

“预测预报”是水害防治的基础，是指在勘探查清矿井充水水文地质条件的基础上，使用先进的水害评价预测理论和方法，分析与诊断矿井突水水情，对矿井水害风险做出评价和预测分区。

“有疑必探”是指根据矿井水害评价结论和具体预测分区，针对矿井具体的采掘工程规划方案，对可能存在水害威胁的具体采掘工作面，采用物探、钻探和化探等综合超前探放水技术手段，查明或排除水害威胁。

“先探后掘”是指先综合超前探查，确定巷道掘进没有水害威胁后，方可掘进施工。

“先治后采”是指根据查明的水害情况，采取有针对性的治理措施并排除水害隐患后，方可安排采掘工程。

一、防治水“三专”安全检查

煤矿应当根据本单位的水害情况，配备满足工作需要的防治水专业技术人员，配齐专用的探放水设备，建立专门的探放水作业队伍(简称“三专”)，储备必要的水害抢险救灾设备和物资。

(一) 检查防治水专业技术人员

每个煤矿必须配备满足工作需要的防治水专业技术人员。水文地质类型复杂、极复杂的煤矿应当设立专门的防治水机构，配备防治水副总工程师，防治水专业技术人员不少于3人。防治水专业技术人员、防治水副总工程师必须受过正规院校地质、水文地质专业教育或长期从事煤矿防治水工作。

（二）检查探放水作业队伍

水文地质类型简单、中等的煤矿配备探放水作业人员不少于3人。水文地质类型复杂、极复杂的煤矿配备探放水作业人员不少于6人。探放水作业人员必须取得特种作业操作证。

（三）检查探放水设备

水文地质类型简单、中等的煤矿至少配备2台专用的探放水钻机及配套设备。水文地质类型复杂、极复杂的煤矿至少配备3台专用的探放水钻机及配套设备。严禁使用煤电钻等非专用钻机探放水。

（四）检查防治水岗位责任制及制度建设

煤矿企业、煤矿应当结合本单位实际情况，建立健全水害防治岗位责任制、水害防治技术管理制度、水害预测预报制度、水害隐患排查治理制度、探放水制度、重大水患停产撤人制度以及应急处置制度等。

（五）检查紧急撤人的权力

煤矿主要负责人必须赋予调度员、安全检查员、井下带班人员、班组长等相关人员紧急撤人的权力，发现突水（透水、溃水，下同）征兆、极端天气可能导致淹井等重大险情，立即撤出所有受水患威胁地点的人员，在原因未查清、隐患未排除之前，不得进行任何采掘活动。

（六）检查防治水教育和培训

煤矿企业、煤矿应当对井下职工进行防治水知识的教育和培训，对防治水专业人员进行新技术、新方法的再教育，以提高防治水工作技能和有效处置水灾的应急能力。

二、矿井水文地质工作安全检查

(一) 检查水文地质类型划分

矿井应当按照相关指标正确划分矿井水文地质类型，编制矿井水文地质类型报告。矿井水文地质类型报告由煤矿企业总工程师组织审批。矿井水文地质类型应当每3年修订1次，当发生较大以上水害事故或者因突水造成采掘区域被淹的，应当在恢复生产前重新确定矿井水文地质类型。

(二) 检查水文地质补充勘探

矿井有下列情形之一的，应当开展水文地质补充勘探工作。

(1) 矿井主要勘探目的层未开展过水文地质勘探工作的。

(2) 矿井原勘探工作量不足，水文地质条件尚未查清的。

(3) 矿井经采掘揭露煤岩层后，水文地质条件比原勘探报告复杂的。

(4) 矿井水文地质条件发生较大变化，原有勘探成果资料难以满足生产建设需要的。

(5) 矿井开拓延深、开采新煤系(组)或者扩大井田范围设计需要的。

(6) 矿井采掘工程处于特殊地质条件部位，强富水松散含水层下提高煤层开采上限或者强富水含水层上带压开采，专门防治水工程设计、施工需要的。

(7) 矿井井巷工程穿过强含水层或者地质构造异常带，防治水工程设计、施工需要的。

(三) 检查水文地质信息管理系统

矿井应当建立水文地质信息管理系统，实现矿井水文地质文字资料收集、数据采集、台账编制、图件绘制、计算评价和水害预测预报一体化。

(四) 检查地下水动态监测系统

矿井应当建立地下水动态监测系统，对井田范围内主要充水含水层的水位、水温、水质等进行长期动态观测，对矿井涌水量进行动态监测。

三、图件、台账资料安全检查

(一) 检查基础台账

矿井应当根据实际情况建立下列防治水基础台账，并至少每半年整理完善1次。

(1) 矿井涌水量观测成果台账。

(2) 气象资料台账。

(3) 地表水文观测成果台账。

(4) 钻孔水位、井泉动态观测成果及河流渗漏台账。

(5) 抽(放)水试验成果台账。

(6) 矿井突水点台账。

(7) 井田地质钻孔综合成果台账。

(8) 井下水文地质钻孔成果台账。

(9) 水质分析成果台账。

(10) 水源水质受污染观测资料台账。

(11) 水源井(孔)资料台账。

(12) 封孔不良钻孔资料台账。

(13) 矿井和周边煤矿采空区相关资料台账。

(14) 防水闸门(墙)观测资料台账。

(15) 物探成果验证台账。

(16) 其他专门项目的资料台账。

(二) 检查图纸

(1) 建设矿井应当编制下列主要成果及图件。

① 水文地质观测台账和成果。

② 突水点台账，防治水的技术总结，注浆堵水记录和有关资料。

③ 井筒及主要巷道水文地质实测剖面。

④ 建井水文地质补充勘探成果(如井筒检查孔等)。

⑤ 建井地质报告,应当包含防治水的相关内容。

(2) 生产矿井应当编制包括防治水内容的生产地质报告,并按照规定编制下列水文地质图件。

① 矿井综合水文地质图。

② 矿井综合水文地质柱状图。

③ 矿井水文地质剖面图。

④ 矿井充水性图。

⑤ 矿井涌水量与相关因素动态曲线图。

矿井水文地质图件至少每半年修订 1 次。

四、"三区""三线"安全检查

(1) 具有煤矿隐蔽致灾因素普查相关资料。

(2) 编制煤矿防治水"三区"管理报告,分煤层划分可采区、缓采区、禁采区(简称"三区")。以采掘工程平面图为底图,分煤层绘制防治水"三区"管理图。严禁在禁采区内进行采掘作业,严禁在缓采区内进行回采作业和与水害探查、治理无关的掘进作业。煤矿防治水"三区"管理报告应当由煤矿上级公司总工程师组织审批,无上级公司的煤矿应当聘请专家会审。

(3) 采掘工作面探水前,应当编制探放水设计和施工安全技术措施,确定积水线、探水线和警戒线(简称"三线"),并绘制在采掘工程平面图和矿井充水性图上。

第二节　地面防治水的安全检查

(1) 煤矿应当查清矿区、井田及其周边对矿井开采有影响的河流、湖泊、水库等地表水系和有关水利工程的汇水、疏水、渗漏情况,掌握当地历年降水量和历史最高洪水位资料,建立疏水、防水和排水系统。

(2) 煤矿应当查明采矿塌陷区、地裂缝区分布情况及其地表汇水情况。

(3) 矿井井口和工业场地内建筑物的地面标高，应当高于当地历史最高洪水位；否则，应当修筑堤坝、沟渠或者采取其他可靠防御洪水的措施。不具备采取可靠安全措施条件的，应当封闭填实该井口。在山区应当避开可能发生泥石流、滑坡等地质灾害危险的地段。

(4) 当矿井井口附近或者塌陷区波及范围的地表水体可能溃入井下时，必须采取安全防范措施。

(5) 在地表容易积水的地点，应当修筑沟渠，排泄积水。修筑沟渠时，应当避开煤层露头、裂隙和导水岩层。特别低洼地点不能修筑沟渠排水的，应当填平压实。如果低洼地带范围太大无法填平时，应当采取水泵或者建排洪站专门排水，防止低洼地带积水渗入井下。

(6) 当矿井受到河流、山洪威胁时，应当修筑堤坝和泄洪渠，防止洪水侵入。

(7) 对于排到地面的矿井水，应当妥善处理，避免再渗入井下。

(8) 对于漏水的沟渠(包括农田水利的灌溉沟渠)和河床，如果威胁矿井安全，应当进行铺底或者改道。地面裂缝和塌陷地点应当及时填塞。进行填塞工作时，应当采取相应的安全措施，防止人员陷入塌陷坑内。

(9) 在有滑坡危险的地段，可能威胁煤矿安全时，应当进行治理。

(10) 在井田内季节性沟谷下开采前，需对是否有洪水灌井的危险进行评价，开采应避开雨季，采后及时做好地面裂缝的填堵工作。

(11) 严禁将矸石、炉灰、垃圾等杂物堆放在山洪、河流可能冲刷到的地段，以免淤塞河道、沟渠。

(12) 发现与煤矿防治水有关系的河道中存在障碍物或者堤坝破损时，应当及时报告当地人民政府，采取措施清理障碍物或者修复堤坝，防止地表水进入井下。

(13) 使用中的钻孔，应当按照规定安装孔口盖。报废的钻孔应当及时封孔，防止地表水或者含水层的水涌入井下，封孔资料等有关情况记录在案，存档备查。观测孔、注浆孔、电缆孔、下料孔、与井下或者含水层相通的钻孔，其孔口管应当高出当地历史最高洪水位。

(14) 报废的立井应当封堵填实，或者在井口浇注坚实的钢筋混凝土盖板，设置栅栏和标志。

(15) 报废的斜井应当封堵填实，或者在井口以下垂深大于 20 m 处砌筑 1 座混凝土墙，再用泥土填至井口，并在井口砌筑厚度不低于 1 m 的混凝土墙。

(16) 报废的平硐，应当从硐口向里封堵填实至少 20 m，再砌封墙。

(17) 位于斜坡、汇水区、河道附近的井口，充填距离应当适当加长。报废井口的周围有地表水影响的，应当设置排水沟。

(18) 封填报废的立井、斜井或者平硐时，应当做好隐蔽工程记录，并填图归档。

(19) 每年雨季前，必须对煤矿防治水工作进行全面检查，制定雨季防治水措施，建立雨季巡视制度，组织抢险队伍并进行演练，储备足够的防洪抢险物资。对检查出的事故隐患，应当制定措施，落实资金，责任到人，并限定在汛期前完成整改。需要施工防治水工程的应当有专门设计，工程竣工后由煤矿总工程师组织验收。

(20) 煤矿应当与当地气象、水利、防汛等部门进行联系，建立灾害性天气预警和预防机制。应当密切关注灾害性天气的预报预警信息，及时掌握可能危及煤矿安全生产的暴雨洪水灾害信息，采取安全防范措施;加强与周边相邻矿井信息沟通,发现矿井水害可能影响相邻矿井时,立即向周边相邻矿井发出预警。

(21) 煤矿应当建立暴雨洪水可能引发淹井等事故灾害紧急情况下及时撤出井下人员的制度,明确启动标准、指挥部门、联络人员、撤人程序和撤退路线等,当暴雨威胁矿井安全时,必须立即停产撤出井下全部人员,只有在确认暴雨洪水隐患消除后方可恢复生产。

(22) 煤矿应当建立重点部位巡视检查制度。当接到暴雨灾害预警信息和警报后,对井田范围内废弃老窑、地面塌陷坑、采动裂隙以及可能影响矿井安全生产的河流、湖泊、水库、涵闸、堤防工程等实施 24 h 不间断巡查。矿区降大到暴雨时和降雨后,应当派专业人员及时观测矿井涌水量变化情况。

第三节 井下防治水的安全检查

一、探放水安全检查

按照《煤矿防治水细则》规定,在地面无法查明水文地质条件时,应当在采掘前采用物探、钻探或者化探等方法查清采掘工作面及其周围的水文地质条件。

采掘工作面遇有下列情况之一的,必须进行探放水。

(1) 接近水淹或者可能积水的井巷、老空或者相邻煤矿时。

(2) 接近含水层、导水断层、溶洞或者导水陷落柱时。

(3) 打开隔离煤柱放水时。

(4) 接近可能与河流、湖泊、水库、蓄水池、水井等相通的导水通道时。

(5) 接近有出水可能的钻孔时。

(6) 接近水文地质条件不清的区域时。

(7) 接近有积水的灌浆区时。

(8) 接近其他可能突水的地区时。

二、防隔水煤柱安全检查

(1) 相邻矿井的分界处,应当留设防隔水煤(岩)柱。矿井以断层分界的,应当在断层两侧留设防隔水煤(岩)柱。有下列情况之一的,应当留设防隔水煤(岩)柱。

① 煤层露头风化带。

② 在地表水体、含水冲积层下或者水淹区域邻近地带。

③ 与富水性强的含水层间存在水力联系的断层、裂隙带或者强导水断层接触的煤层。

④ 有大量积水的老空区。

⑤ 导水、充水的陷落柱、岩溶洞穴或者地下暗河。

⑥ 分区隔离开采边界。

⑦ 受保护的观测孔、注浆孔和电缆孔等。

(2) 矿井应当根据地质构造、水文地质条件、煤层赋存条件、围岩物理力学性质、开采方法及岩层移动规律等因素确定相应的防隔水煤(岩)柱的尺寸。防隔水煤(岩)柱的尺寸要求满足相关规定,但不得小于 20 m。

(3) 矿井防隔水煤(岩)柱一经确定,不得随意变动。严禁在各类防隔水煤(岩)柱中进行采掘活动。

(4) 有突水淹井历史或者带压开采并有突水淹井威胁的矿井,应当分水平或者分采区实行隔离开采,留设防隔水煤(岩)柱。多煤层开采矿井,各煤层的防隔水煤(岩)柱必须统一考虑确定。

第十五章　煤矿监测监控系统安全检查

第一节　煤矿监测监控系统的结构组成及原理

一、煤矿监测监控系统的结构组成

煤矿监测监控系统一般由传感器、执行机构、信息传输装置(包括传输接口、分站、传输线等)、电源箱(或电控箱)、中心站或中心站的硬件(包括主机、打印机、显示装置、UPS电源等)、管理工作站、服务器、路由器、中心站或主站的计算机软件等组成。如图15-1所示。

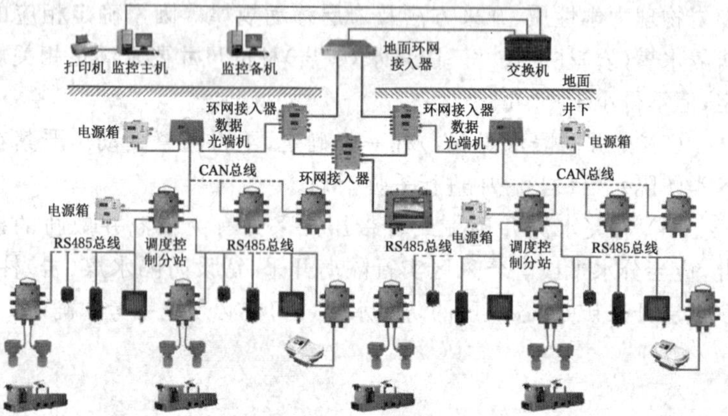

图15-1　煤矿监测监控系统构成图示例

传感器将被测物理量转换为电信号,经3芯或4芯矿用电缆(其中1芯用于地线、1芯用于信号线、1芯用于分站向传感器供电)与分站相连,并具有显示和声光报警功能。

执行机构(含声光报警及显示设备)将控制信号转换为被控物理量,使用矿用电缆与监控分站相连。

分站接收来自传感器的信号,并按通信方式(时分制或频分制等)远距离传送给主站(或传输接口),同时,接收来自主站(或传输接口)多路复用信号(时分制或频分制等)。分站还具有线性校正、超限判别、逻辑运算等简单的数据处理能力,对传感器输入的信号和主站(或传输接口)传输来的信号进行处理,控制执行机构工作。传感器及执行机构距分站的最大传输距离一般不大于 2 km。因此,一般采用星形网络结构(1 个传感器或 1 个执行机构使用 1 根电缆与分站相连)单向模拟传输。分站至主站之间最大传输距离不小于 10 km,为减少电缆用量、降低系统电缆投资、便于安装维护提高系统可靠性,通常采用 2 芯(用于单工或单向)、3 芯或 4 芯(用于双向)矿用信号电缆时分制或频分制多路复用(也有采用码分制),树形网络结构或环形网络结构或树形与星形混合网络结构,串行数字传输(基带传输或频带传输、异步传输或同步传输)。

电源箱将井下交流电网电源转换为系统所需的本质安全型直流电源,并具有维持电网停电后正常供电不小于 4 h 的蓄电池作为应急电源。

主站(或传输接口)接收分站远距离发送的信号,并送主机处理;接收主机信号并送相应分站。主站(或传输接口)主要完成地面非本质安全型电气设备与井下本质安全型电气设备的隔离。主站还具有控制分站的发送与接收、多路复用信号的调制与解调、系统自检等功能。

主机一般选用工控微型计算机或普通台式微型计算机、双机热备或多机备份。主机主要用于接收监测信号、校正、报警判别、数据统计、磁盘存储、显示、声光报警、人机对话、输出控制、控制打印输出与管理网络连接等。

投影仪、模拟盘、大屏幕、多屏幕、电视墙等用于扩大显示面积，以便于在调度室远距离观察。

管理工作站或远程终端一般设置在业务科室、矿长及总工程师办公室，以便随时了解矿井安全及生产状况。

路由器用于企业网与广域网及电话线入网等协议转换、安全防范等。

二、煤矿监测监控系统的工作原理

煤矿监测监控系统是以工业控制计算机为核心的全网络化分布式监控系统，主要由传感器、执行器、数据传输接口装置、监控分站防爆电源、计算机、监控软件、打印机、UPS电源、网络终端等组成。整个系统由地面监控中心站集中、连续地对地面和井下各种环境参数、工矿参数以及监测子系统的信息进行实时采集、分析处理动态显示、统计存储、超限报警、断电控制和统计报表查询打印、网上共享等；井下监控分站及电源完成对各种传感器的集中供电，并对采集到的传感器信息进行分析预处理，超限可发出声光报警和断电控制信号，同时与地面进行数据通信。

三、煤矿监测监控系统实现的功能

(1) 可实现煤矿安全监控系统、煤矿瓦斯抽采(放)监控系统、煤矿轨道运输监控系统、煤矿胶带运输监控系统、煤矿供电监控系统、煤矿排水监控系统、煤矿火灾监控系统、矿山压力监控系统、煤与瓦斯突出监控系统、人员定位监测系统等各类煤矿安全生产监控系统的远程、实时、全面、多级联网。

(2) 视频监控联网可实现煤矿地面及井下场景视频监控的远程、实时、多级联网。

(3) 煤矿全方位综合监管可实现矿井基本信息管理、安全生产制度、设备管理、职工安全管理、矿井水监管、矿图管理、开采区域及越层越界管理、隐患事故管理与督查督办、违规、奖惩管理等。

(4) 煤矿应急指挥调度可实现应急救援机构、队伍和设施管理及应急预案管理和指挥调度等。

(5) 安全监管办公可实现短信息即时通信、监管公告与通报、安全生产报表、数据统计查询等。

(6) 矿井自我远程监管可实现自我远程监控,对煤矿安全监控系统、视频监控系统、产量计量系统等各类煤矿本地监控系统进行远程监控和调度;自我全方位综合管理,煤矿管理、技术人员通过远程或在本地,实现对自己煤矿安全生产的全方位综合管理等。

(7) 煤矿管理信息共享可实现安全生产政策法规文件共享、安全生产技术信息共享、安全生产管理经验共享、现场信息共享、人才信息共享等。

第二节　煤矿监测监控系统的安全检查

一、煤矿监测监控系统一般规定的安全检查

(1) 煤矿企业应建立安全仪表计量检验制度。矿区应建立安全仪表计量鉴定站,负责校准气样配置、计量检定、各种安全监控设备的性能检验等工作。各矿必须建立安全监控管理机构,安全监控管理机构负责安全监控设备的安装、调试和维护工作。安全监控管理机构应配备一定数量具有安全监控和通风专业知识的工程技术人员和安全监测工。安全监测工必须经过专业培训,经考试合格并持证上岗。

(2) 采区设计、采掘作业规程和安全技术措施,必须对安全监控设备的种类、数量和位置,信号电缆和电源电缆的敷设,控制区域等明确规定,并绘制布置图。设计及作业规程和安全措施中要有文字说明,要有矿井或采区采掘工作面布置图和供电系统图。在平面图上应标明传感器、分站、专用开关安设的位置及电缆敷设线路。在供电系统图上,应标明监测监控设备的供电电源开关在系统中的位置,并说明每台仪器的报警、断电设定值和断电范围。

(3) 由于矿井安全监控系统除具有瓦斯超限声光报警、超限断电、甲烷风电闭锁功能外,还可在地面监视和存储矿井瓦斯等参数变化、馈电或断电状态等,具有可靠性高、漏报概率小、功能强等优点。因此,高瓦斯矿井、煤与瓦斯突出矿井必须装备矿井安全监控系统。

(4) 有条件的低瓦斯矿井应优先装备矿井安全监控系统。没有装备矿井安全监控系统的矿井的煤巷、半煤岩巷和有瓦斯涌出的岩巷的掘进工作面,必须装备甲烷风电闭锁装置或风电闭锁装置和瓦斯断电仪。甲烷风电闭锁装置除具有瓦斯断电仪全部功能外,还具有风电闭锁功能,其功能较风电闭锁装置和瓦斯断电仪两种仪器共同使用时的全部功能多。因此,有条件时,应优先采用甲烷风电闭锁装置。

(5) 没有装备矿井安全监控系统的无瓦斯涌出的岩巷的掘进工作面,必须装备风电闭锁装置,也可装备甲烷风电闭锁装置。

(6) 没有装备矿井安全监控系统的低瓦斯矿井的采煤工作面必须装备甲烷断电仪。

二、煤矿监测监控系统安装的安全检查

(一) 井上部分的安全检查

(1) 井上设备要求安装环境条件相对好一些,尽可能有专用机房,有一定的防尘措施,要避免过高的温度(一般不大于40 ℃)、强烈的震动及强烈的电磁干扰。

(2) 在供电方面,要尽可能保证设备单独供电,供电电源相对稳定,不应有大的波动,尤其应避免与大型动力设备共用电源。

(3) 如果设备有接地要求,一定要严格按照要求做好接地极并接好地线,否则极易损坏设备。

(4) 按照说明书要求连接好各种电缆。接好电缆后可以送电检验,首先用测试软件对设备的硬、软件进行全面检查;然后运行操作程序,连续运转至少48 h后考核其可靠性、稳定性。经测试

和考核后的井上设备才能连接井下设备。

（二）井下传输电缆安装的安全检查

（1）传输电缆在敷设时应充分注意远离动力电缆（至少应有300 mm的距离），如果在架线电机车运输巷道敷设电缆，需要选用屏蔽电缆，其屏蔽层必须在井上机房的终端处良好接地。

（2）入井的传输电缆应采取严格措施与井上其他电源隔离，与其他室内电缆保持一定的距离。如果入井电缆端加有安全栅栏或其他隔离措施，绝对不能随意解除或不用。

（3）煤矿安全监控设备之间必须使用专用阻燃电缆或光缆连接，严禁与调度电话电缆或动力电缆等共用。防爆型煤矿安全监控设备之间的输入、输出信号必须为本质安全型信号。

（4）监控电缆接头处要用本质安全型接线盒连接，电缆进线嘴连接要牢固、密封要良好，密封圈直径和厚度要合适，电缆与密封圈之间不得包扎其他物品。电缆护套应伸入器壁内5～15 mm。接线应整齐、无毛刺，芯线裸露处距卡爪或平垫圈不大于5 mm，腔内连线松紧适当。接线盒不得设置在淋水处，接线盒处电缆要有一定的余量，并用尼龙扎丝扎紧。

（三）井下设备安装的安全检查

（1）井下设备中，甲烷传感器是一种常用设备，在入井安装前应在井上至少送电48 h，观察其零点漂移，考核其精度和报警等各项性能参数。经考核无误的传感器方可下井。

（2）在井下重要地点（如采掘工作面）安装的甲烷传感器除符合有关规定外，还要及时安装断电控制设备，对这些地点的机电设备实行严格的电气闭锁或断电控制。

（四）注意事项

（1）安全监控管理机构负责安全监控设备的安装、调试和维护工作。安装安全监控设备前，必须根据已批准的作业规程或安全技术措施提出安装申请单并分别送通风和机电部门。在安装断电控制系统时，使用单位或机电部门必须根据断电范围要求，提供断电条件接通井下电源及控制线，在连接时必须有安全监测人员在场监护。

(2) 为防止瓦斯超限断电而切断安全监控设备的供电电源，安全监控设备的供电电源必须取自被控开关的电源侧，严禁接在被控开关的负荷侧。

(3) 模拟量传感器应设置在能正确反映被测物理量的位置。开关量传感器应设置在能正确反映被监测状态的位置。声光报警器应设置在经常有人工作、便于观察的地点。

(4) 隔爆兼本质安全型等复合型本质安全型防爆电源应设置在采区变电所，严禁设置在断电范围内。隔爆兼本质安全型防爆电源严禁设置在低瓦斯和高瓦斯矿井的采煤工作面和回风巷内，煤(岩)与瓦斯突出矿井的采煤工作面、进风巷和回风巷，采用串联通风的被串联采煤工作面、进风巷和回风巷，采用串联通风的被串掘进巷道内。

三、煤矿监测监控系统使用与维护的安全检查

(一) 中心站的检查

中心站值班应设置在矿调度室内，实行 24 h 值班制度。值班人员应认真监视监视器所显示的各种信息，详细记录系统运行状态，接收上一级网络中心下达的指令并及时进行处理，填写运行日志、打印安全监控日报表，报矿主要负责人和主要技术负责人审阅。中心站重点检查以下内容。

(1) 中心站的检查应在检测技术负责人和专责电工的配合下进行。

(2) 安全监控系统是否按规定与上级监控中心联网。

(3) 安全监控系统的主机是否双机或多机备份，是否 24 h 不间断运行。

(4) 当工作主机发生故障时，备份主机是否在 5 min 内投入

工作。

(5) 中心站的供电电源是否双回路供电并配备不小于 2 h 在线式不间断电源。当交流电停电时备用直流电源是否保证连续监控时间不小于 2 h。

(6) 中心站的接地装置和防雷装置是否完善,每季度的测试记录、各种参数是否符合规定。

(7) 监控系统是否装备防火墙等网络安全设备。

(8) 中心站是否使用录音电话。

(9) 监控系统馈电异常显示、报警、查询等功能是否完善,运行是否正常。

(10) 分站、传感器等装置在井下连续使用 6—12 个月应升井全面检修,井下装置的完好率为 100%,装置的待修率不超过 20%,并有检修记录。

(12) 安全监控系统的主机必须双机或多机备份,24 h 不间断运行。中心站应双回路供电并配备不小于 4 h 在线不间断电源,即电网停电后,监控系统备用电源应能保持系统连续工作时间不小于 4 h。监控系统地面中心站当工作主机发生故障时,备份主机应在 5 min 内投入工作。

(二) 分站的检查

(1) 分站安装的位置是否正确。井下分站,应设置在便于人员观察、调试、检验及支护良好、无滴水、无杂物的进风巷道或硐室中,安设时应垫支架,使其距巷道底板不小于 300 mm,或吊挂在巷道中。

(2) 分站的供电电源是否选择合理。《煤矿安全规程》第四百九十一条规定:安全监控设备的供电电源必须取自被控开关的电源侧或者专用电源,严禁接在被控开关的负荷侧。

分站的供电电源宜取自采区变电所电压稳定、能保证连续供电、不被任何装备断电和闭锁的供电电源的电源侧。

(3) 分站的防爆性能是否符合规定。

(4) 分站的显示值是否准确。

(5) 分站在接通电源 1 min 内,是否继续闭锁该设备所监控区域的全部非本质安全型电气设备的电源。

(6) 分站在甲烷传感器发生故障或断电时,是否切断该设备所监控区域的全部非本质安全型电气设备的电源并闭锁。

(7) 分站断电闭锁的范围是否符合规定。

(8) 分站断电接点的分断容量是否不小于接点分断容量。

(三) 传感器的检查

(1) 为保证安全监控设备灵敏、可靠,安全监控仪器设备必须定期调试校正,每月至少进行一次。

使用中的传感器是否经常擦拭,清除外表积尘,保持清洁。传感器是否被洒水淋湿。

甲烷传感器应使用校准气样和空气气样在设备设置地点调校,便携式甲烷检测报警仪、甲烷检测报警矿灯等在仪器维修室调校。采用载体催化原理的甲烷传感器、便携式甲烷检测报警仪、甲烷检测报警矿灯等,每隔 15 d 至少调校 1 次。采用激光原理甲烷传感器等,每 6 个月至少调校 1 次。调校时,应先在新鲜空气中或使用空气样调校零点,使仪器显示值为零,再通入浓度为 1%～2%的甲烷校准气体,调整仪器的显示值与校准气体浓度一致,气样流量应符合产品使用说明书的要求。

(2) 甲烷电闭锁和风电闭锁功能每 15 d 至少测试 1 次;可能造成局部通风机停电的,每半年测试 1 次。

(3) 安全监控仪器及设备校正包括零点、灵敏度、报警点、复电点、指示值、控制逻辑等。

除甲烷以外的其他气体监控设备应采用空气样和标准气样按产品说明书进行调校。风速传感器选用经过标定的风速计调校。温度传感器选用经过标定的温度计调校。其他传感器和便携式检测仪器也应按使用说明书要求定期调校。

(4) 井下安全监测工必须 24 h 值班,每天检查煤矿安全监控系统及电缆的运行情况。使用便携式甲烷检测报警仪或便携式光学甲烷检测仪与甲烷传感器进行对照,并将记录和检查结果报地面中心站值班员。当两者读数误差大于允许误差时,先以读数较大者为依据,采取安全措施,并必须在 8 h 内将两种仪器调准。

(5) 安装在采煤机、掘进机和电机车上的机(车)载断电仪,由司机负责监护,并应经常检查清扫,每天使用便携式甲烷检测报警仪与甲烷传感器进行对照,当两者读数误差大于允许误差时,先以读数最大者为依据,采取安全措施,并立即通知安全监测工,在 8 h 内将两种仪器调准。

(6) 对需要经常移动的传感器、声光报警器、断电器及电缆等安全监控设备,必须由采掘班组长负责按规定移动,严禁擅自停用。

(7) 与安全监控设备关联的电气设备、电源线及控制线在拆除或改线时,必须与安全监控管理部门共同处理。检修与安全监控设备关联的电气设备,需要安全监控设备停止运行时,须经过矿调度室同意,并制定安全措施后方可进行。

(8) 安全监控设备发生故障时,必须及时处理,在故障期间必须采用人工监测等安全措施,并填写故障登记表。

(9) 各个地点传感器的安设位置、报警点、断电点、复电点及断电范围都必须符合规定要求。

四、煤矿监测监控系统断电控制的安全检查

(1) 在矿井安全生产监控系统中必须具备风电闭锁和甲烷超限断电闭锁功能。

(2) 用于控制井下交流电网断电的启动器或馈电开关,其各项技术指标必须符合《煤矿安全规程》的要求。断电控制必须准确可靠,用于断电控制的继电器接点容量或晶闸管的电压、电流值,也必须满足要求。

(3) 手动控制:在监控主机上进行控制操作,控制执行器动作,系统中心站发出相应的显示和声光报警信号。

(4) 自动控制:初始化设置后,当模拟量和开关量发生异常时,在规定的30 s内控制执行器动作,系统中心站发出相应的显示和声光报警。瓦斯电闭锁自动控制时间为2 s。

(5) 异地控制:通过一台分站设备控制另一台分站设备执行控制动作,在规定的60 s内被控的异地控制执行器动作,系统中心站发出相应的显示和声光报警。

五、煤矿监测监控系统管理制度与技术资料的检查

(一) 管理制度的检查

(1) 煤矿应建立安全监测监控管理机构。安全监测监控管理机构由煤矿主要技术负责人领导,配备足够的人员。

(2) 从事安全监测仪器管理、维护、检修、值班人员应经培训合格,持证上岗。

(3) 各工种的岗位责任制度,各工种的操作规程,各种仪器、仪表的定期检查制度,各种设备和账、卡的管理制度,各工种的交接班制度,设备入井检查制度等管理制度要完善。

(4) 矿用产品必须有生产许可证和安全标志证书。

(5) 国有重点煤矿要实现集团(公司)所属高瓦斯和煤与瓦斯突出矿井的安全监控系统联网;国有地方和乡镇煤矿要实现县(市)范围内高瓦斯和煤与瓦斯突出矿井安全监控系统联网,并能正常运行。

(6) 煤矿区(科)长以上管理人员、班组长、安全检查作业人员、井下爆破作业人员、井下电气作业人员下井时必须全部携带便携式甲烷检测仪或甲烷检测报警矿灯。

(7) 煤矿采掘工、打眼工、在回风流工作的工人下井时宜携带甲烷检测报警矿灯或甲烷报警矿灯。

（二）技术资料的检查

(1) 检查采区设计、采掘作业规程和安全技术措施中对安全监测监控仪器的种类、数量、位置，信号电缆和电源电缆的敷设，断电区域等的规定是否完善。

(2) 检查监测监控系统的布置图和断电闭锁控制图是否完善，并与实际相符。

(3) 检查账卡及报表：① 安全监控仪器台账；② 安全监控仪器故障登记表；③ 检修记录；④ 巡检记录；⑤ 传感器调校记录；⑥ 中心站运行日志；⑦ 安全监控日报；⑧ 报警断电记录月报；⑨ 甲烷超限断电闭锁和甲烷风电闭锁功能测试记录；⑩ 安全监控仪器使用情况月报等。

第十六章　安全检查工实际操作

第一节　重大事故隐患的排查与处理

在煤矿生产过程中，常常因为潜在的事故隐患未能得到及时消除而导致灾难性的事故，因此排查隐患是煤矿安全检查工现场检查的重点。

事故隐患分为一般事故隐患和重大事故隐患。一般事故隐患，是指危害和整改难度较小，发现后能够立即整改排除的隐患。重大事故隐患，是指危害和整改难度较大，应当全部或者局部停产停业，并经过一定时间整改治理方能排除的隐患，或者因外部因素影响致使生产经营单位自身难以排除的隐患。

一、煤矿重大事故隐患的判定

为了准确认定、及时消除重大事故隐患和违法行为，根据《安全生产法》和《国务院关于预防煤矿生产安全事故的特别规定》(简称《特别规定》)等法律法规，应急管理部制订了《煤矿重大生产安全事故隐患判定标准》，其中提出了对各类煤矿重大事故隐患的判定标准。

(一) 超能力、超强度或者超定员组织生产

“超能力、超强度或者超定员组织生产”重大事故隐患，是指有下列情形之一的：

(1) 煤矿全年原煤产量超过核定(设计)生产能力幅度在10%以上，或者月原煤产量大于核定(设计)生产能力的10%的。

(2) 煤矿或其上级公司超过煤矿核定(设计)生产能力下达生

产计划或者经营指标的。

(3) 煤矿开拓、准备、回采煤量可采期小于国家规定的最短时间，未主动采取限产或者停产措施，仍然组织生产的（衰老煤矿和地方人民政府计划停产关闭煤矿除外）。

(4) 煤矿井下同时生产的水平超过 2 个，或者一个采（盘）区内同时作业的采煤、煤（半煤岩）巷掘进工作面个数超过《煤矿安全规程》规定的。

(5) 瓦斯抽采不达标组织生产的。

(6) 煤矿未制定或者未严格执行井下劳动定员制度，或者采掘作业地点单班作业人数超过国家有关限员规定 20%以上的。

（二）瓦斯超限作业

“瓦斯超限作业”重大事故隐患，是指有下列情形之一的：

(1) 瓦斯检查存在漏检、假检情况且进行作业的。

(2) 井下瓦斯超限后继续作业或者未按照国家规定处置继续进行作业的。

(3) 井下排放积聚瓦斯未按照国家规定制定并实施安全技术措施进行作业的。

（三）煤与瓦斯突出矿井，未依照规定实施防突出措施

“煤与瓦斯突出矿井，未依照规定实施防突出措施”重大事故隐患，是指有下列情形之一的：

(1) 未设立防突机构并配备相应专业人员的。

(2) 未建立地面永久瓦斯抽采系统或者系统不能正常运行的。

(3) 未按照国家规定进行区域或者工作面突出危险性预测的（直接认定为突出危险区域或者突出危险工作面的除外）。

(4) 未按照国家规定采取防治突出措施的。

(5) 未按照国家规定进行防突措施效果检验和验证，或者防突措施效果检验和验证不达标仍然组织生产建设，或者防突措施效果检验和验证数据造假的。

(6) 未按照国家规定采取安全防护措施的。

(7) 使用架线式电机车的。

(四) 高瓦斯矿井未建立瓦斯抽采系统和监控系统,或者系统不能正常运行

“高瓦斯矿井未建立瓦斯抽采系统和监控系统,或者系统不能正常运行”重大事故隐患,是指有下列情形之一的:

(1) 按照《煤矿安全规程》规定应当建立而未建立瓦斯抽采系统或者系统不正常使用的。

(2) 未按照国家规定安设、调校甲烷传感器,人为造成甲烷传感器失效,或者瓦斯超限后不能报警、断电或者断电范围不符合国家规定的。

(五) 通风系统不完善、不可靠

“通风系统不完善、不可靠”重大事故隐患,是指有下列情形之一的:

(1) 矿井总风量不足或者采掘工作面等主要用风地点风量不足的。

(2) 没有备用主要通风机,或者两台主要通风机不具有同等能力的。

(3) 违反《煤矿安全规程》规定采用串联通风的。

(4) 未按照设计形成通风系统,或者生产水平和采(盘)区未实现分区通风的。

(5) 高瓦斯、煤与瓦斯突出矿井的任一采(盘)区,开采容易自燃煤层、低瓦斯矿井开采煤层群和分层开采采用联合布置的采(盘)区,未设置专用回风巷,或者突出煤层工作面没有独立的回风系统的。

(6) 进、回风井之间和主要进、回风巷之间联络巷中的风墙、风门不符合《煤矿安全规程》规定,造成风流短路的。

(7) 采区进、回风巷未贯穿整个采区,或者虽贯穿整个采区但

一段进风、一段回风，或者采用倾斜长壁布置，大巷未超前至少2个区段构成通风系统即开掘其他巷道的。

(8) 煤巷、半煤岩巷和有瓦斯涌出的岩巷掘进未按照国家规定装备甲烷电、风电闭锁装置或者有关装置不能正常使用的。

(9) 高瓦斯、煤(岩)与瓦斯(二氧化碳)突出矿井的煤巷、半煤岩巷和有瓦斯涌出的岩巷掘进工作面采用局部通风时，不能实现双风机、双电源且自动切换的。

(10) 高瓦斯、煤(岩)与瓦斯(二氧化碳)突出建设矿井进入二期工程前，其他建设矿井进入三期工程前，没有形成地面主要通风机供风的全风压通风系统的。

(六) 有严重水患、未采取有效措施

“有严重水患，未采取有效措施”重大事故隐患，是指有下列情形之一的：

(1) 未查明矿井水文地质条件和井田范围内采空区、废弃老窑积水等情况而组织生产建设的。

(2) 水文地质类型复杂、极复杂的矿井未设置专门的防治水机构、未配备专门的探放水作业队伍，或者未配齐专用探放水设备的。

(3) 在需要探放水的区域进行采掘作业未按照国家规定进行探放水的。

(4) 未按照国家规定留设或者擅自开采(破坏)各种防隔水煤(岩)柱的。

(5) 有突(透、溃)水征兆未撤出井下所有受水患威胁地点人员的。

(6) 受地表水倒灌威胁的矿井在强降雨天气或其来水上游发生洪水期间未实施停产撤人的。

(7) 建设矿井进入三期工程前，未按照设计建成永久排水系统，或者生产矿井延深到设计水平时，未建成防、排水系统而违规开拓掘进的。

(8) 矿井主要排水系统水泵排水能力、管路和水仓容量不符合《煤矿安全规程》规定的。

(9) 开采地表水体、老空水淹区域或者强含水层下急倾斜煤层,未按照国家规定消除水患威胁的。

(七) 超层越界开采

"超层越界开采"重大事故隐患,是指有下列情形之一的:

(1) 超出采矿许可证载明的开采煤层层位或者标高进行开采的。

(2) 超出采矿许可证载明的坐标控制范围进行开采的。

(3) 擅自开采(破坏)安全煤柱的。

(八) 有冲击地压危险,未采取有效措施

"有冲击地压危险,未采取有效措施"重大事故隐患,是指有下列情形之一的:

(1) 未按照国家规定进行煤层(岩层)冲击倾向性鉴定,或者开采有冲击倾向性煤层未进行冲击危险性评价,或者开采冲击地压煤层,未进行采区、采掘工作面冲击危险性评价的。

(2) 有冲击地压危险的矿井未设置专门的防冲机构、未配备专业人员或者未编制专门设计的。

(3) 未进行冲击地压危险性预测,或者未进行防冲措施效果检验以及防冲措施效果检验不达标仍组织生产建设的。

(4) 开采冲击地压煤层时,违规开采孤岛煤柱,采掘工作面位置、间距不符合国家规定,或者开采顺序不合理、采掘速度不符合国家规定、违反国家规定布置巷道或者留设煤(岩)柱造成应力集中的。

(5) 未制定或者未严格执行冲击地压危险区域人员准入制度的。

（九）自然发火严重，未采取有效措施

“自然发火严重，未采取有效措施”重大事故隐患，是指有下列情形之一的：

（1）开采容易自燃和自燃煤层的矿井，未编制防灭火专项设计或者未采取综合防灭火措施的。

（2）高瓦斯矿井采用放顶煤采煤法不能有效防治煤层自然发火的。

（3）有自然发火征兆没有采取相应的安全防范措施继续生产建设的。

（4）违反《煤矿安全规程》规定启封火区的。

（十）使用明令禁止使用或者淘汰的设备、工艺

“使用明令禁止使用或者淘汰的设备、工艺”重大事故隐患，是指有下列情形之一的：

（1）使用被列入国家禁止井工煤矿使用的设备及工艺目录的产品或者工艺的。

（2）井下电气设备、电缆未取得煤矿矿用产品安全标志的。

（3）井下电气设备选型与矿井瓦斯等级不符，或者采（盘）区内防爆型电气设备存在失爆，或者井下使用非防爆无轨胶轮车的。

（4）未按照矿井瓦斯等级选用相应的煤矿许用炸药和雷管、未使用专用发爆器，或者裸露爆破的。

（5）采煤工作面不能保证2个畅通的安全出口的。

（6）高瓦斯矿井、煤与瓦斯突出矿井、开采容易自燃和自燃煤层（薄煤层除外）矿井，采煤工作面采用前进式采煤方法的。

（十一）煤矿没有双回路供电系统

“煤矿没有双回路供电系统”重大事故隐患，是指有下列情形之一的：

（1）单回路供电的。

（2）有两回路电源线路但取自一个区域变电所同一母线

段的。

(3) 进入二期工程的高瓦斯、煤与瓦斯突出、水文地质类型为复杂和极复杂的建设矿井,以及进入三期工程的其他建设矿井,未形成两回路供电的。

(十二) 新建煤矿边建设边生产,煤矿改扩建期间,在改扩建的区域生产,或者在其他区域的生产超出安全设施设计规定的范围和规模

"新建煤矿边建设边生产,煤矿改扩建期间,在改扩建的区域生产,或者在其他区域的生产超出安全设施设计规定的范围和规模"重大事故隐患,是指有下列情形之一的:

(1) 建设项目安全设施设计未经审查批准,或者审查批准后作出重大变更未经再次审查批准擅自组织施工的。

(2) 新建煤矿在建设期间组织采煤的(经批准的联合试运转除外)。

(3) 改扩建矿井在改扩建区域生产的。

(4) 改扩建矿井在非改扩建区域超出设计规定范围和规模生产的。

(十三) 煤矿实行整体承包生产经营后,未重新取得或者及时变更安全生产许可证而从事生产,或者承包方再次转包,以及将井下采掘工作面和井巷维修作业进行劳务承包

"煤矿实行整体承包生产经营后,未重新取得或者及时变更安全生产许可证而从事生产,或者承包方再次转包,以及将井下采掘工作面和井巷维修作业进行劳务承包"重大事故隐患,是指有下列情形之一的:

(1) 煤矿未采取整体承包形式进行发包,或者将煤矿整体发包给不具有法人资格或者未取得合法有效营业执照的单位或者个人的。

(2) 实行整体承包的煤矿,未签订安全生产管理协议,或者未

按照国家规定约定双方安全生产管理职责而进行生产的。

(3) 实行整体承包的煤矿,未重新取得或者变更安全生产许可证进行生产的。

(4) 实行整体承包的煤矿,承包方再次将煤矿转包给其他单位或者个人的。

(5) 井工煤矿将井下采掘作业或者井巷维修作业(井筒及井下新水平延深的井底车场、主运输、主通风、主排水、主要机电硐室开拓工程除外)作为独立工程发包给其他企业或者个人的,以及转包井下新水平延深开拓工程的。

(十四) 煤矿改制期间,未明确安全生产责任人和安全管理机构,或者在完成改制后,未重新取得或者变更采矿许可证、安全生产许可证和营业执照

"煤矿改制期间,未明确安全生产责任人和安全管理机构,或者在完成改制后,未重新取得或者变更采矿许可证、安全生产许可证和营业执照"重大事故隐患,是指有下列情形之一的:

(1) 改制期间,未明确安全生产责任人进行生产建设的。

(2) 改制期间,未健全安全生产管理机构和配备安全管理人员进行生产建设的。

(3) 完成改制后,未重新取得或者变更采矿许可证、安全生产许可证、营业执照而进行生产建设的。

(十五) 其他重大事故隐患

"其他重大事故隐患",是指有下列情形之一的:

(1) 未分别配备专职的矿长、总工程师和分管安全、生产、机电的副矿长,以及负责采煤、掘进、机电运输、通风、地测、防治水工作的专业技术人员的。

(2) 未按照国家规定足额提取或者未按照国家规定范围使用安全生产费用的。

(3) 未按照国家规定进行瓦斯等级鉴定,或者瓦斯等级鉴定

弄虚作假的。

(4) 出现瓦斯动力现象,或者相邻矿井开采的同一煤层发生了突出事故,或者被鉴定、认定为突出煤层,以及煤层瓦斯压力达到或者超过 0.74 MPa 的非突出矿井,未立即按照突出煤层管理并在国家规定期限内进行突出危险性鉴定的(直接认定为突出矿井的除外)。

(5) 图纸作假、隐瞒采掘工作面,提供虚假信息、隐瞒下井人数,或者矿长、总工程师(技术负责人)履行安全生产岗位责任制及管理制度时伪造记录,弄虚作假的。

(6) 矿井未安装安全监控系统、人员位置监测系统或者系统不能正常运行,以及对系统数据进行修改、删除及屏蔽,或者煤与瓦斯突出矿井存在第七条第二项情形的。

(7) 提升(运送)人员的提升机未按照《煤矿安全规程》规定安装保护装置,或者保护装置失效,或者超员运行的。

(8) 带式输送机的输送带入井前未经过第三方阻燃和抗静电性能试验,或者试验不合格入井,或者输送带防打滑、跑偏、堆煤等保护装置或者温度、烟雾监测装置失效的。

(9) 掘进工作面后部巷道或者独头巷道维修(着火点、高温点处理)时,维修(处理)点以里继续掘进或者有人员进入,或者采掘工作面未按照国家规定安设压风、供水、通信线路及装置的。

(10) 露天煤矿边坡角大于设计最大值,或者边坡发生严重变形未及时采取措施进行治理的。

(11) 国家矿山安全监察机构认定的其他重大事故隐患。

二、煤矿重大事故隐患排查与处理

为排查煤矿安全生产隐患,整顿关闭不具备安全生产条件和非法煤矿,根据《安全生产法》、《特别规定》和《国务院办公厅关于坚决整顿关闭不具备安全生产条件和非法煤矿的紧急通知》(简称《紧急通知》)等相关法律法规及国务院有关文件规定,制定了《煤矿隐患排查和整顿关闭实施办法(试行)》。

第二条规定,煤矿企业是安全生产隐患排查、治理的责任主体,煤矿企业主要负责人(包括一些煤矿企业的实际控制人)对本企业安全生产隐患的排查和治理全面负责。

第三条规定,县级以上地方人民政府负责煤矿安全生产监督管理的部门对本行政区域内煤矿的重大隐患和违法行为负有日常监督检查和依法查处的职责;煤矿安全监察机构对所辖区域内煤矿的重大隐患和违法行为负有重点监察、专项监察、定期监察和依法查处的职责。

第六条规定,煤矿企业要建立安全生产隐患排查、治理制度,组织职工发现和排除隐患。煤矿主要负责人应当每月组织一次由相关煤矿安全管理人员、工程技术人员和职工参加的安全生产隐患排查。查出的隐患登记建档。

煤矿企业要加强现场监督检查,及时发现和查处违章指挥、违章作业和违反操作规程的行为。发现存在重大隐患,要立即停止生产,并向煤矿主要负责人报告。

第七条规定,煤矿安全生产隐患实行分级管理和监控。

一般隐患由煤矿主要负责人指定隐患整改责任人,责成立即整改或限期整改。对限期整改的隐患,由整改责任人负责监督检查和整改验收,验收合格后报煤矿主要负责人审核签字备案。

重大隐患由煤矿主要负责人组织制定隐患整改方案、安全保障措施,落实整改的内容、资金、期限、下井人数、整改作业范围,并组织实施。

第八条规定,煤矿企业应当于每季度第一周将上季度重大隐患及排查整改情况向县级以上地方人民政府负责煤矿安全生产监督管理的部门、煤矿安全监察机构提交书面报告,报告应当经煤矿企业主要负责人签字。报告要包括产生重大隐患的原因、现状、危害程度分析、整改方案、安全措施和整改结果等内容。重要情况应当随时报告。

第九条规定，县级以上地方人民政府负责煤矿安全生产监督管理的部门、煤矿安全监察机构接到煤矿企业重大隐患整改报告后，对不符合要求和措施不完善的提出修改意见，并对煤矿重大隐患登记建档，指定专人负责跟踪监控，督促企业认真整改。

第二节 煤矿“三违”行为的安全检查

“三违”行为是安全生产的大敌，是导致煤矿事故的主要原因之一。因此，严查“三违”行为是煤矿安全检查工的重要职责之一。

一、违章指挥行为的安全检查及原因分析

（一）煤矿严重违章指挥行为的安全检查重点

1. 共性方面

(1) 无规程措施，布置安排生产。

(2) 安全设施不齐备，强令工人作业。

(3) 现场存在的事故隐患未处理，强令工人作业。

(4) 特殊工种未经培训上岗，井下人员未取得安全资格证。

(5) 可引发造成人身非伤亡事故的其他严重“三违”行为。

2. 采煤方面

(1) 采煤工作面空顶作业。

(2) 进入采空区作业行为。

3. 掘进方面

(1) 掘进迎头空顶作业。

(2) 独立作业岗位人员随机、随意，散兵作业、管理分散。

4. 机电方面

(1) 不严格执行规定，随意停送电。

(2) 带电检修、搬迁电气设备。

(3) 工作面设备安装、撤除过程中违章。

5. 提升运输方面

(1) 斜巷运输不按规定使用保险绳、马镫。

(2) 在斜巷中摘挂钩、装卸料不采取安全措施。

6. 通防方面

(1) 采掘工作面风量不足强行生产。

(2) 在瓦斯、一氧化碳等有害气体超限的地点及停风区域强行作业。

(3) 发现火情不及时汇报。

7. 火工品管理方面

(1) 剩余炸药、雷管不及时交回炸药库，或者私藏炸药、雷管。

(2) 不执行“一炮三检”制度或“三人连锁爆破”制度。

8. 其他方面

无证驾驶、操作各种车辆(包括行车、吊车等)的行为。

(二) 一般违章指挥行为的安全检查重点

(1) 没有建立安全生产责任制，不按照安全生产责任制有关本职工作规定履行职责。

(2) 不按规定对员工进行安全教育培训；对从事机动车辆、锅炉、压力容器、电气、焊接、起重、爆破等特种作业的工人不进行专业培训和考核发证；采用新工艺、新技术、新设备、新材料生产时，操作者未经学习教育；节假日加班不进行安全教育等。

(3) 不及时传达和贯彻上级有关安全生产精神，未能及时落实安全会议纪要精神，未采取果断措施。

(4) 强令职工冒险违章作业，特殊作业未安排专人进行现场安全监护，安排无证人员上岗、指派身体健康状况很不适应本工种要求的人员上岗操作。

(5) 新建、改建、扩建、挖潜革新项目，不执行“三同时”的。

不经竣工验收，擅自决定投入使用。规定，不履行审批手续；不按有关规定要求设计施工，乱改乱建。

(6) 对已发现的事故隐患，不及时采取有效措施，放任自流；现场监督不力，未能及时制止违章作业行为。

(7) 多工种、多层次同时作业，现场无人指挥和监护，不制定安全措施，不执行危险作业审批制度和不执行安全措施；交叉作业，没有安排统一的安全协调人。

(8) 下井时使用不防爆电气设备和工具。

(9) 引进不合格产品。

(10) 设备安装不按照技术标准和规程进行施工检查、验收、移交；对在检查验收中提出的问题尚未解决前就擅自投入使用；对安全监察部门和安全技术部门已发出停止使用通知单的设施，未消除隐患就擅自安排使用。

(11) 在机电设备检修的同时，不把安全防护保险装置项目纳入检修计划。

(12) 在有事故隐患、安全防护装置缺少或失灵的设备上，强行安排生产任务；对特种设备(锅炉、压力容器、起重设备、电气、机动车辆等)不按规定制造、购置、安装和使用。在使用中，不采取有效的防护措施或安全防护装置缺损时，仍安排生产。

(13) 不给职工提供必要的劳动防护用品。

(14) 不制订作业计划；安排工作量不依据定额和现场实际，造成工作量过大，职工按正规操作根本完不成任务；关注结果，不注重过程，即只对工作的最后结果关心，而对完成工作的措施、流程漠然置之。

(15) 偷工减料、粗制滥造，造成严重后果的。

(16) 没有为职工创造良好的安全生产环境和条件，劳动纪律松弛，生产管理混乱；工作现场脏、乱、差，放任自流，不积极治理，影响安全生产。

(17) 对职工违章作业持默许和回避态度；发生工伤事故，不按“四不放过”的原则认真接受教训和采取必要的防范措施，仍继续冒险作业等。

(18) 对井下出现灾害事故，判断不准确，决策失误，造成更大损失。

二、违章作业行为的安全检查与原因分析

(一) 煤矿严重违章作业行为的检查重点

1. 共性方面

(1) 特殊工种未经培训上岗、井下人员未取得安全资格证。

(2) 作业时，不按规定佩戴保险带。

(3) 可引发造成人身或非伤亡事故的其他严重"三违"行为。

2. 采煤方面

(1) 采煤工作面空顶作业。

(2) 进入采空区作业。

(3) 支护、打眼、爆破与回柱放顶平行作业达不到规定距离。

(4) 采煤机、刮板输送机等设备检修时不停电闭锁。

3. 掘进方面

(1) 掘进迎头空顶作业。

(2) 独立作业岗位人员随机、随意，散兵作业、管理分散。

(3) 顶板维护不及时、支护质量差。

4. 机电方面

(1) 不严格执行规定，随意停送电。

(2) 带电检修、搬迁电气设备。

(3) 工作面设备安装和撤除过程中违章安装、撤除、装配、运输。

(4) 将保护装置甩掉不用。

(5) 强行送电。

(6) 井下打开电气设备前未检查瓦斯。

(7) 电器安装设置不规范，甚至失爆。

(8) 开关打木楔或用铜丝、铁丝钩保险。

5. 提升运输方面

(1) 爬输送带、爬车、跳车、蹬钩头(车梯)。

(2) 电绞眼走钩时,绳道内有人,"走钩走人、走人走钩"。

(3) 无措施用输送带或刮板输送机运送物料。

(4) 超挂车。

(5) 斜巷运输不按规定使用"一坡三挡"安全设施。

(6) 斜巷运输不按规定使用保险绳、马镫。

(7) 在斜巷中摘挂钩、装卸料不采取安全措施。

(8) 平板车与正规矿车组成一列车牵引。

(9) 斜巷运输平板车,每次松拉超过一辆车以上。

6. 通防方面

(1) 采掘工作面风量不足,强行生产。

(2) 破坏通风设施。

(3) 同时打开同一地点的风门造成风流短路。

(4) 瓦斯检查工脱岗、空班漏检、弄虚作假。

(5) 在瓦斯、一氧化碳等有害气体超限的地点及停风区域强行作业。

(6) 人为造成局部通风机无计划停风或任意停局部通风机造成瓦斯超限。

(7) 发现火情不及时汇报。

(8) 采掘工作面干打眼。

(9) 无措施擅自进入盲巷。

7. 火工品管理方面

(1) 爆破时不装水炮泥。

(2) 放明炮或糊炮。

(3) 不按规定方法处理瞎炮或套残眼。

(4) 剩余炸药、雷管不及时交回炸药库,或者私藏炸药、雷管。

(5) 不执行"一炮三检"制度或"三人连锁爆破"制度。

8. 其他方面

无证驾驶、操作各种车辆(包括行车、吊车等)的行为。

(二) 一般违章操作行为的安全检查

不同工种岗位、操作作业、设备设施等工作中操作者的违章操作千差万别,需要具体分析、控制和消除。重点查以下行为。

(1) 工作不负责任,在工作时间做与本职工作无关的事。

(2) 不严格按规程作业,简化工作程序,违反作业程序。

(3) 没有经过安全培训,没有做到应知应会就上岗。

(4) 操作前不检查设备、工具和工作场地就进行作业,现场巡检未做认真的安全确认就开机操作。

(5) 擅自离开运转中的机械,置机械于无人管理状态。

(6) 发现设备或安全防护装置缺损时,不向领导反映,继续操作。

(7) 不按操作规程、工艺要求操作设备。

(8) 在不断电、不办理任何票证的情况下,就进入设备内进行检查和修理。

(9) 对运转的机械装置进行清理、加油或修理时,不停机便清理高速运转的滚筒黏煤。

(10) 不严格按火工品管理规定领退、使用爆炸物品。

(11) 不经批准、没有措施,擅自在井下动用氧气焊或不严格按措施操作。

(12) 未经领导批准,私自操作不会使用的设备。

(13) 在安全措施不全、没有监护的情况下单人在带电场所作业。

(14) 高空作业时不使用安全带。

(15) 忽视安全,忽视警告,冒险进入危险区域。

(16) 危险作业未经审批,或者虽经审批但未认真落实安全措施。

(17) 在禁火区吸烟或明火作业。

(18) 停电操作存在严重的随意性。

(19) 发现隐患不排除、不报告,冒险操作。

(20) 特种作业人员无证操作。

(21) 开始工作前没有认真检查现场安全防护措施是否符合要求。

(22) 不执行规定的安全防范措施,对违章指挥盲目服从、不加抵制。

(23) 新进矿、进厂工人和变换工种复工人员未经安全教育就上岗。

(24) 不按规定使用各种劳动保护用品。

(25) 穿戴不符合安全要求的劳动保护用品。

(26) 工作场所不戴安全帽。

三、违反劳动纪律行为的安全检查

违反劳动纪律是“三违”行为的一种具体表现。违反劳动纪律,可能会诱发灾难性事故。“不出事是侥幸,出了事则是必然。”在对违反劳动纪律行为进行检查时,重点要检查以下行为。

(1) 不遵守劳动时间:上班迟到、早退,旷工。

(2) 不坚守工作岗位:脱岗、串岗或睡岗。

(3) 在工作时间内看书、看报或做与本职工作无关的事。

(4) 在工作场所、工作时间内聊天、打闹。

(5) 无理取闹、纠缠领导,影响正常工作。

(6) 未经安排或同意私自顶岗、换岗。

(7) 上班不干活、消极怠工。

(8) 没有完成生产任务或者工作任务,保证不了生产质量。

(9) 工作中不服从分配和管理,不听从指挥。

(10) 无故拒绝主管人员的安排或临时指派。

(11) 未经许可从事非本工种作业。

(12) 私自动用他人的工具、设备。

(13) 不遵守各项规章制度,违反工作纪律和操作规程。

在检查工作中，员工往往会由于经常地从事某一项单一的作业，而忽视必要的操作步骤和保护措施，因此需要建立劳动纪律并进行严格的检查和监督，实行组织监督与群众监督相结合、明察与暗访相结合，使员工在生产中形成一种认真工作的习惯，避免和减少意外事故的发生。

第三节　安全管理制度及安全技术措施的监督执行

一、安全生产管理制度的分类

安全生产管理制度是安全生产规章制度的重要组成部分。通常把生产经营单位的安全生产管理制度划分为以下三类。

（一）综合安全生产管理制度

综合安全生产管理制度包括安全生产管理总则、安全生产责任制、安全生产教育制度、安全生产检查制度、安全生产奖惩制度、安全技术措施管理制度、安全生产设施管理制度、危险作业安全管理制度、危险点安全管理制度、劳动防护用品发放管理制度、事故隐患管理制度、事故管理制度、“三同时”管理制度、发包（承包）安全生产管理制度、出租（承租）安全生产管理制度、防火安全管理制度、安全生产会议制度、安全生产值班制度、特种作业人员安全管理制度和厂内道路交通安全管理制度等。

（二）安全技术管理制度

安全技术管理制度包括生产工艺规程（安全技术规程），各种生产设备（设施）的安全技术标准，“一通三防”“一炮三检”“三人连锁爆破”等安全生产制度，特种设备安全管理制度，易燃易爆有毒有害物品安全生产管理制度。

（三）职业健康管理制度

职业健康管理制度包括女工保护制度、未成年工保护制度、控制加班加点管理制度、防暑降温管理制度、防寒保暖管理制度、有毒有害作业场所环境监测制度、从事有毒有害作业人员体检制度、保健食品发放管理制度、防止职业中毒管理制度和防职业病管理制度等。

二、主要安全管理制度和技术措施的监督执行

（一）检查安全生产责任制度

安全生产责任制是最基本的安全管理制度，是所有安全管理制度的核心，是“企业负责”的具体落实。在对安全生产责任制进行检查时，主要是检查安全生产责任制的违法情况和落实情况，是否按照岗位、职能、权利和责任相统一的原则，明确各级负责人、职能机构和各岗位人员承担的安全生产责任和义务；是否将企业、部门或单位的全部安全生产责任逐项分解，逐级落实到各岗位和人员。

（二）检查“一通三防”安全措施的落实

“一通三防”是煤矿安全工作的重中之重，也是杜绝重大事故、实现安全状况根本好转的关键。所以，煤矿安检工作和安全检查工必须把好“一通三防”关，并将其作为安全检查的重中之重。

（三）检查特殊工种持证上岗情况

重点检查各种司机、爆破工、瓦斯检查工、电钳工等特殊工种是否持证上岗。无证者不许操作，按严重违章处理，并追究允许安排无证上岗的有关责任人的责任。

（四）检查规程编制、审批、贯彻、学习考试情况

煤矿有三大规程和各工种岗位作业标准、防止重大事故措施、矿井灾害预防处理计划以及集团、矿制定的规章制度和措施，还有各矿、单位相对应的规章制度的编制、审批、贯彻学习和考核规定。上述规程、措施、计划、制度的贯彻落实是否到位，必须经常检查。

（五）检查工程质量、操作质量、设备的完好情况

工程质量、操作质量和设备完好是煤矿安全工作的基础，安全检查中应随时随地对工程质量、操作质量、设备的完好情况和电气防爆情况进行检查，必要时要开展专项检查。对存在的问题和隐

患，要认真对待，严肃处理。

（六）检查区队安全活动、班前安全教育和规程学习情况

一要检查活动开展形式是否由主要干部主持，二要检查是否有专题和内容，三要检查是否有签到和记录。区队的安全活动是发动和宣传广大职工学习规章和有关安全的会议、文件以及讲评本单位安全工作的极好时机；是对职工进行全方位、多角度安全培训教育，提高职工安全素质，增强职工安全意识，具有较强针对性的好形式；是安全系统工程中的重要一环。因此，应将其列入安全检查工作内容，要经常性抓紧抓好。

（七）检查区队干部跟班上岗情况

区队干部靠前指挥，跟班上岗，是煤矿安全工作的一大特色和优良传统，也是加强现场安全管理的需要。井下作业现场，尤其是采、掘工作面是多工种、多单位交叉作业的现场，其危险性和工作难度很大，如运输、综采、液压支护等工种间隔距离作业，相互看不见也叫不到，尤其需要干部盯岗到位，加强指挥和组织工作。对此，安全管理部门要指派责任心和业务能力较强的安全检查工或安全干部到现场监督检查。

（八）入井安全检查

入井的所有人员，无论何种工种和职业，也不论干部还是普通生产的职工，都必须遵守入井须知的有关规定，接受安全检查人员的安全检查，并互相监督共同遵守。每位职工从入井的第一天开始就应自觉养成安全生产的良好习惯，自觉约束自己。

（九）检查工业卫生与文明生产情况

（1）所有巷道和作业场所都应是干净整洁卫生的，无积水，无悬浮沉落的煤岩尘，无杂物的乱堆放，各种类型的材料应分门别类码放整齐，不得影响通风、行人和行车安全。

（2）各种管线电缆都必须吊挂敷设整齐、规范，不准悬挂拖地或弯曲悬空穿过巷道。

(3) 主要大巷要按期和按规定冲洗和刷白，照明齐全，光亮安全。各类巷道都要支护良好、安全，便于通行，否则应及时维修好。

三、典型事故案例分析

【案例】 顶板掉矸伤人事故

某日，某矿综采准备队员工熊某在 11001 综采工作面回撤通道上绳连网前，没有执行敲帮问顶制度，以致在处理顶板活矸、联网作业时，发生顶板掉矸事故，造成 1 人重伤。

1. 事故地点概况

发生事故地点为 11001 综采工作面回撤通道。11011 工作面井下标高 −487～−502 m，走向长度 729～1 021 m，倾向长度 206.1 m，煤层厚度为 6.20 m，煤层结构简单，采用倾斜分层走向长壁后退式采煤法，综合机械化采煤工艺，ZF10000/20/38 型液压支架(127 架)和 ZFG10000/20/38 型液压支架(7 架)。回撤通道设计高度 3.5 m，宽度 2.8 m(梁端至煤壁)。在上绳连网过程中，由于工作面掉矸严重，多处网片被矸石撕破掉落，并且顶板压力大，顶板破碎，上圆木时反复连续降架升架，顶板破碎更加严重，影响施工安全和进度。

2. 事故经过

某日，综采准备队在 11001 综采工作面进行上绳连网工作。员工熊某在 11001 工作面第 68# 支架处从事上绳连网工作。连好网后利用液压单体支柱配合半圆木将菱形网升起，熊某站在新巷的 68# 支架下侧、丁某站在支架上侧分别拽住网片，防止网片折叠，在支架工许某操作支架伸出伸缩梁时，顶板掉下一块长为 300 mm、宽为 400 mm、厚为 300 mm 的矸石，并顺着煤壁滚落到熊某的左脚上，造成熊某左脚脚面骨折。

3. 事故原因

(1) 职工在进行工作面上绳连网前，没有进行敲帮问顶，没有及时处理顶板活矸，是造成事故的直接原因。

(2) 操作支架伸缩梁时，职工站在被操作支架的下侧，属违章行为，是造成事故的重要原因。

(3) 现场安全管理不到位，职工自保、互保安全意识差，相互配合时没有做到“四不伤害”，是造成事故的间接原因。

4. 防范措施

(1) 加强顶板管理，严格执行敲帮问顶制度；操作支架伸缩梁时，杜绝职工站在支架下侧。

(2) 管理人员要加强现场安全管理，紧盯现场，落实安全管理责任，发现不安全行为及时制止。

(3) 加强职工安全培训，提高职工自保、互保安全意识，增强职工安全操作技能，杜绝违章作业。

【案例】 约时停送电导致触电伤人事故

某日，某矿机电队郭某、王某在西区排水巷更换 2.2 kW 潜水泵时，与配电房值班电工刘某事前约定时间进行停送电。刘某按约定时间送电时，郭某工作未结束，正在接线，最终导致郭某触电死亡。

1. 事故地点概况

该矿西区排水巷位于 12 采区上部，在巷道中部低洼处安装有 2 台 2.2 kW 潜水泵，由西区上部平台变电所供电。

2. 事故经过

某日，某矿井西区排水巷排水期间，配电房值班电工擅自甩掉漏电继电器供电运行。机电队职工郭某、王某在西区排水巷更换 2.2 kW 潜水泵时，与配电房值班电工约定好了送电时间。变电所值班电工刘某按约定时间送电时，郭某的更换工作未结束，还正在接线，结果郭某当场触电死亡。

3. 事故原因

(1) 按约定时间送电时现场接线工作未结束，导致正在接线的郭某触电，是事故发生的直接原因。

(2) 矿井电气检修制度执行不到位，未严格按停送电管理制度进行停电、闭锁、挂牌、打短路接地线、谁停电谁送电，是事故发生的直接原因。

（3）矿供电管理不到位，配电工违反《煤矿安全规程》规定关闭漏电保护装置，使潜水泵出现漏电时馈电开关不能及时断开电源；各级管理人员“安全第一”思想淡化，对关闭漏电保护装置的现象制止不力、处理不严，是导致事故发生的重要原因。

4. 防范措施

（1）电气检修必须严格执行停送电管理制度，对所检修电气设备按要求二级停电，且停电后对开关闭锁、挂牌、加机械锁、谁停电谁送电，在工作人员看得见的地方打短路接地线。严禁约时送电。

（2）加强井下供电“三大保护”的管理，严禁各种甩保护现象的发生，一经发现，严肃处理。

（3）加强对职工的安全教育，规范职工行为，提高职工的自主保安意识，确保按章操作。

【案例】 采煤工作面冒顶，引起瓦斯超限事故

某日8点班，某矿11050综采工作面割煤过程中发生冒顶，堵塞上安全口处，造成工作面回风巷瓦斯超限。

1. 事故地点概况

11050工作面位于一盘区上部，工作面切眼东南199 m是F18断层，西北侧是一盘区三条大巷，东北侧是正在掘进的11071工作面，西南侧是正在掘进的11030工作面。11050工作面采用走向长壁后退式采煤方法、一次采全高综合机械化采煤工艺，沿煤层顶板回采，采高为4.5～6.5 m，一个循环推进度为800 mm；液压支架支护顶板，采用全部垮落法处理采空区。

2. 事故经过

某日8点班，工作面上平巷回采至546 m处时，综采一队副队长李某安排徐某、李某开采煤机。15时20分采煤机割到刮板输

送机机头处时，第 4～5 架顶板开始掉矸、冒顶，矸石将机头处堵塞。工作面上安全出口以外风量减小，造成了这次瓦斯超限事故，T_1 瓦斯探头从 15 时 23 分 17 秒到 15 时 32 分 39 秒发生断续超限报警，瓦斯浓度最大值为 1.47％。

3. 原因分析

(1) 11050 工作面上平巷与工作面三角区域受周期来压影响，顶板破碎发生冒顶，导致风量变小，是造成这次事故的直接原因。

(2) 11050 工作面上平巷带式输送机上方锚索有压断现象，进行超前支护时，没有补打锚索，对冒顶区域没有进行超前注浆加固，是发生事故的重要原因。

(3) 在移转载机前，将转载机里侧部分单体支柱提前摘掉，移过转载机后没有及时补打单体支柱，是发生事故的重要原因。

(4) 11050 工作面推进速度缓慢，不能有效地躲开采动压力的影响，也是发生事故的重要原因。

4. 防范措施

(1) 加强对上平巷与工作面三角区域的顶板管理，支架保证足够的支撑力，且支架前梁要紧贴顶板。

(2) 进行超前支护时，在压断锚索处必须补打锚索加强支护，超前 5 m 对煤壁顶板进行注浆加固，并对空顶空间进行注浆充填，减少瓦斯积聚。

(3) 移过转载机后，将转载机里侧部分提前摘掉的单体支柱及时补打，保证顶板正常维护。

(4) 在上平巷沿巷道下帮打锚索加强顶板支护，顶板下沉段用工钢梁将 π 形梁背至顶板上，加大顶板支护强度。

(5) 对顶板破碎易发生冒顶区域，减少循环进度，并及时移架护顶。

(6) 利用顶板动态监控系统对工作面及煤壁前方顶板状况进

行动态监测，建立分析、处理制度，搞好顶板管理。

(7) 加强现场监督，通风区、安监科及综采队跟班人员现场进行交接班，发现问题及时处理，防止冒顶和瓦斯超限。

【案例】 综掘机截割头伤人事故

某日零点班，某矿综掘队职工王某在12011上平巷掘进工作面支护作业期间，被风锚头管线绊倒、左腿拖到综掘机截割头下，造成左脚骨折。

1. 事故地点概况

12011上平巷掘进工作面巷道断面为矩形，采用锚网索＋槽钢梁补强支护方式，净宽为4.5 m，净高为3.5 m，净断面为15.75 m^2；掘进宽度为4.7 m，掘进高度为3.6 m，掘进断面积为16.92 m^2。

作业方式：循环进尺0.8 m，掘进一排，支护一排。

临时支护：前探梁采用4根2寸无缝钢管＋吊环制成，最大控顶距为1.5 m。

施工流程：安全检查→掘进机截割上部煤体、装煤、运煤→敲帮问顶→挂连顶网、钢筋梯→临时支护→打锚杆、锚索眼→锚注锚杆、锚索，锚杆开丝，上锚索托盘、索具将锚索预紧→截割下部煤体→挂连下部帮网→打锚杆、锚索眼→锚注锚杆、锚索，锚杆开丝，上锚索托盘、索具将锚索预紧→检查工程质量。

打锚杆施工按照由外向里、先顶后帮、先中间后两边的顺序依次进行。

2. 事故经过

某日零点班，某矿综掘队在12011工作面进行掘进作业。当班出勤19人，具体分工如下：掘进机司机1人，刮板输送机司机1人，带式输送机司机1人，顶帮支护工12人，运料工4人。5点10分，组长孙某和杨某支护完第四排顶板锚杆后，由王某和侯某开始支护右帮帮部锚杆，孙某在未安排迎头施工人员撤离的情况下，私自开动综掘机出煤。5点30分，综掘机出煤过程中截割头绞住拖在地上的风锚头管线并缠绕，王某被风锚头管线绊倒、左腿拖到综掘机截割头下，导致左脚骨折。

3. 事故原因

(1) 当班组长在未通知迎头施工人员撤离的情况下，违章开动综掘机，是造成事故发生的直接原因。

(2) 现场管理不到位，跟班队长没有在现场靠前指挥，未及时排除安全隐患，是造成事故的重要原因。

(3) 区队对职工安全教育不够，致使职工违章作业，是造成事故发生的另一个重要原因。

4. 防范措施

(1) 应加强职工安全教育和培训力度，提高职工安全意识和素质，杜绝违章作业现象发生。

(2) 综掘机在启动前，必须发出警报，只有在所有人员都撤至安全地点后，确定铲板前方和截割臂附近无人时，方可启动综掘机。

(3) 应加强现场安全管理，区队干部、跟班在现场要靠前指挥，及时排查安全隐患。